Apprendre à programmer

2e édition

Christophe Dabancourt

Apprendre à programmer

Algorithmes et conception objet

2e édition

EYROLLES

ÉDITIONS EYROLLES
61, bd Saint-Germain
75240 Paris Cedex 05
www.editions-eyrolles.com

Table des matières

PARTIE II

Les objets 65

CHAPITRE 4

Utilisation des objets 65

CHAPITRE 5

Écriture d'une classe simple 79

Avant-propos

Voici la deuxième édition de ce manuel d'introduction à la programmation orientée objet. À la demande de lecteurs, vous y découvrirez de nouveaux exercices et de nombreux exemples d'application dans trois langages : Java, C++ et Visual Basic.

L'objectif de cet ouvrage est d'apprendre à programmer dans des langages informatiques de haut niveau. Ne vous attendez donc pas à des programmes compliqués ou à des méthodes miracles pour créer en quelques clics une application parfaite. L'apprentissage de la programmation demande tout d'abord de maîtriser un certain nombre de concepts de base assez simples. Vous en étudierez ensuite d'autres un peu plus compliqués. En abordant ce livre sans connaissances particulières, vous saurez concevoir, à la fin de sa lecture, des programmes assez complexes dans plusieurs langages : vous développerez, par exemple, un logiciel de jeu de Puissance 4 que vous aurez plus de mal à battre qu'à programmer.

Le langage algorithmique

Un langage pour réfléchir sur papier

Ce livre s'articule autour d'un langage algorithmique inspiré du langage Java (qui est le langage d'application de beaucoup d'étudiants). Ce langage algorithmique possède deux avantages par rapport aux langages de programmation classiques (Java, C++, Visual Basic...).

- Il oblige le programmeur à travailler sur papier : la réflexion avec un crayon est en effet une étape nécessaire.
- Il permet de se libérer des contraintes liées à l'implémentation d'un langage sur ordinateur. Les notions algorithmiques sont introduites de manière simple, sans avoir à se préoccuper des particularités d'un langage.

Un langage transposable

Le langage algorithmique a un avantage didactique et pédagogique indéniable : il permet à l'étudiant de se détacher du programme pour se focaliser sur la réflexion. Cependant, si vous préférez apprendre l'algorithmique objet par le biais d'un langage exécutable sur ordinateur comme Java, C++ ou Visual Basic, ce manuel vous sera aussi utile puisque ce langage algorithmique peut être facilement transposé dans n'importe quel langage objet existant. Le chapitre 12 présente ainsi des exemples d'applications des notions théoriques dans trois langages : Java, C++ et Visual Basic. L'annexe 3 donne d'ailleurs la correspondance entre le langage algorithmique et les langages de programmation Java, C++ et Visual Basic.

Structure de l'ouvrage

Le livre vous donne les outils pour bien concevoir un algorithme et un programme. Pour cela, chaque chapitre se clôt par une série d'exercices dont les solutions figurent dans la dernière partie de l'ouvrage. Les solutions en Java, C++ et Visual Basic de ces exercices sont accessibles depuis le site www.editions-eyrolles.com.

La première partie introduit longuement les variables et leur utilisation, les conditionnelles, les boucles et les fonctions.

La deuxième partie est consacrée aux objets : leur utilisation et leur écriture.

L'écriture de nouvelles classes et l'étude d'algorithmes essentiels seront abordées à travers des structures de données classiques, présentées dans la troisième partie.

Enfin, pour appliquer les connaissances concrètes acquises, ce livre se termine par la conception et l'écriture d'un jeu de Puissance 4 permettant de jouer contre l'ordinateur. Cette dernière partie contient également les solutions des exercices, ainsi que des exemples d'applications en Java, C++ et Visual Basic.

À qui s'adresse cet ouvrage ?

Cet ouvrage est destiné à tous ceux qui souhaitent s'initier à la programmation : il utilise une méthode qui favorise la réflexion et la conception.

Il s'adresse tout particulièrement aux étudiants de premier cycle en informatique qui pourront appréhender les notions et les méthodes de programmation qu'ils aborderont dans leurs études.

Enfin, les programmeurs désireux de découvrir l'approche orientée objet se concentreront sur les parties 2 à 4 pour comprendre toute la puissance de la conception et de la programmation objet.

Partie I

Algorithmique simple

Cette partie introduit les notions classiques et fondamentales nécessaires à l'écriture d'algorithmes simples. La définition et l'utilisation pertinente des variables, les structures de contrôle (la conditionnelle et la boucle), et enfin l'écriture des fonctions forment les trois chapitres de cette partie.

1

Les variables

L'écriture d'un programme est une opération complexe qui requiert de nombreuses étapes. Le plus important est de comprendre l'objectif final et de le respecter. Pour cela, il est souvent préférable de décomposer le traitement souhaité en une succession d'opérations plus petites et plus simples. Un algorithme est constitué de la suite de ces opérations élémentaires. Elles devront être décrites avec précision dans un ordre cohérent. Pour pouvoir représenter cette suite d'opérations, nous allons introduire un langage algorithmique et une présentation précise.

Structure d'un algorithme

Les algorithmes ont pour vocation de nous faire réfléchir, mais pas de s'exécuter sur un ordinateur : pour cela, il sera nécessaire de traduire l'algorithme dans un langage de programmation. L'algorithme décrit sur papier un traitement : il est nécessaire d'en simuler le déroulement.

Définition

Algorithme

Un algorithme est une suite d'opérations élémentaires permettant d'obtenir le résultat final déterminé à un problème.

Propriété d'un algorithme

Un algorithme, dans des conditions d'exécution similaires (avec des données identiques) fournit toujours le même résultat.

Notre langage structure un algorithme en deux parties.

* La première ligne indique le nom de l'algorithme.

* La deuxième partie, le traitement, située entre les mots clés Debut et Fin, contient le bloc d'instructions.

Définition

Bloc d'instructions

Un bloc d'instructions est une partie de traitement d'un algorithme, constituée d'opérations élémentaires situées entre Debut et Fin ou entre accolades.

La structure d'un algorithme est la suivante :

```
Algorithme nom-de-l'algorithme  // partie en-tête
Debut                           // partie traitement
    bloc d'instructions;
Fin
```

Chaque ligne comporte une seule instruction. L'exécution de l'algorithme correspond à la réalisation de toutes les instructions, ligne après ligne, de la première à la dernière, dans cet ordre.

Définition

Commentaires

Les commentaires sont des explications textuelles inscrites dans l'algorithme par le programmeur à la suite des deux caractères //. Ils ne sont pas exécutés : ils sont invisibles au moment de l'exécution de l'algorithme.

Ces commentaires seront utiles aux programmeurs qui veulent comprendre ou modifier l'algorithme. La complexité des algorithmes impose de les commenter judicieusement : ni trop, ni trop peu, toujours de manière utile.

Écrivons l'algorithme permettant d'afficher "bonjour tout le monde". Pour cela, nous avons besoin d'une fonction ecrire("phrase") permettant d'écrire dans le résultat la phrase écrite entre parenthèses. Soit l'algorithme suivant :

```
Algorithme algo-bonjour
Debut
    ecrire("bonjour tout le monde");
Fin
```

Pour résoudre un problème, nous imaginons souvent plusieurs solutions. Dans notre exemple, l'algorithme suivant conviendra également, sachant que les lignes du traitement seront toutes exécutées de la première à la dernière, dans cet ordre.

```
Algorithme algo-bonjour2
Debut
    ecrire("bonjour");
    ecrire("tout le monde");
Fin
```

Mais comme l'exécution de ces deux algorithmes fournit un résultat identique, il est souvent préférable de choisir le plus simple (ici, le premier).

Les données

Déclaration et utilisation des variables

La plupart des problèmes nécessitent le traitement de valeurs : certaines sont données dans l'énoncé, d'autres sont le résultat des calculs issus de l'exécution de l'algorithme. Une troisième catégorie de valeurs intermédiaires nous servira pour calculer le résultat à partir des données : nous les introduirons dans le chapitre suivant.

Les valeurs, pour pouvoir être manipulées, sont stockées dans des variables.

Définition

Variable

Une variable désigne un emplacement mémoire qui permet de stocker une valeur. Une variable est définie par :

- un nom unique qui la désigne ;
- un type de définition unique ;
- une valeur attribuée et modifiée au cours du déroulement de l'algorithme.

Dans tous les cas, les variables utilisées au cours de l'exécution de l'algorithme sont déclarées immédiatement après le nom de l'algorithme. Il suffit d'indiquer le nom de la variable suivi de son type, séparés par deux points « : ».

La syntaxe

La structure d'un algorithme (déclarant une variable nommée indice et de type entier) est alors la suivante :

```
Algorithme nom-de-l'algorithme     // partie en-tête
variables: indice: entier          // partie des déclarations des variables

Debut                              // partie traitement
    bloc d'instructions;
Fin
```

La partie supplémentaire, placée nécessairement avant le bloc Debut – Fin, décrit les variables à déclarer pour arriver au résultat. Ici, une variable nommée indice de type entier a été déclarée, et pourra donc être initialisée et utilisée dans le bloc d'instructions.

Le nom – le type – la valeur

Définition

Nom d'une variable – identifiant d'une variable

Le nom d'une variable permet de l'identifier de manière unique au cours de l'algorithme.

Pour faciliter la lecture des algorithmes, il convient de respecter des règles (inspirées du langage Java) pour nommer les variables.

- Le nom d'une variable commence par une minuscule.
- Le nom d'une variable ne comporte pas d'espace.
- Si le nom de la variable est composé de plusieurs mots, il faut faire commencer chacun d'eux par une majuscule (par exemple : `laVitesse`, `valeurMaxOuMin`) et ne pas faire figurer de traits d'union.
- Il faut également faire attention à bien donner aux variables un nom explicite (proscrire `i2`, `zz2`...).

Définition

Type – domaine de définition

Le type (appelé aussi domaine de définition) de la variable indique l'ensemble des valeurs que la variable peut prendre.

Les variables peuvent appartenir à plusieurs domaines (entier, réel, caractère, booléen, etc.), chacun étant associé à des opérations spécifiques. Les différents domaines et leurs opérations sont étudiés au chapitre suivant.

La valeur de la variable est la seule caractéristique qui soit modifiée au cours de l'algorithme. Au début de l'algorithme, toutes les variables ont des valeurs inconnues. Les variables changent de valeur grâce à l'opération d'affectation.

Définition

Affectation

L'affectation est une opération qui fixe une nouvelle valeur à une variable. Le symbole de l'affectation est ←.

Détermination des variables

Lorsque le problème a été décomposé en une suite d'opérations simples, il faut toutes les résoudre. Pour écrire un algorithme, nous vous conseillons de commencer par définir l'ensemble des variables nécessaires à son traitement. Il peut sembler simple de définir les données et le résultat du problème, mais la moindre erreur dans la détermination des bonnes variables à utiliser au cours d'un algorithme est lourde de conséquence.

Soit le problème suivant : calculer et écrire le double d'un nombre réel donné.

Étudions ce problème : il nous informe qu'un nombre réel nous est donné (par exemple 7), et qu'un autre nombre réel sera calculé (7 × 2 donc 14) puis affiché. Introduisons donc deux variables associées respectivement à la donnée et au résultat. La structure de l'algorithme est alors la suivante :

```
Algorithme double
variables: nombre, resultat: réel;
Debut
    nombre ← 7;
    resultat ← nombre × 2;
    ecrire(resultat);
Fin
```

L'algorithme se déroule de manière séquentielle et ligne après ligne, les variables changent parfois de valeurs à mesure du déroulement. Au départ, lors de la déclaration, les valeurs sont inconnues : leur valeur est indiquée par « ? ». L'existence des variables n'a de sens que le temps de l'exécution de l'algorithme.

Algorithme double		
`variables:nombre, resultat:réel;`	Déclaration des variables	
`Debut`	nombre = ?	résultat = ?
`  nombre ← 7;`	nombre = 7	résultat = ?
`  resultat ← nombre × 2;`	nombre = 7	résultat = 14
`  ecrire(resultat);`	nombre = 7	résultat = 14
`Fin`	Les variables n'existent plus	

Cet algorithme est constitué de trois instructions qui seront effectuées, dans le traitement du programme correspondant, les unes après les autres. Les variables `nombre` et `résultat` sont déclarées comme étant réelles. À la suite de ces déclarations, ces deux variables n'ont aucune valeur particulière.

La première instruction consiste à affecter à la variable `nombre` la valeur 7. À la fin de cette instruction, donc après le point-virgule, la variable `nombre` vaut 7.

La seconde instruction `resultat ← nombre × 2;` est un peu plus complexe. C'est une affectation. Mais la valeur à affecter n'est pas encore connue : elle doit être évaluée. La valeur 7 de la variable `nombre` est multipliée par 2, et la partie droite de l'expression est alors remplacée par le résultat 14. Cette valeur est ensuite affectée exactement comme si la ligne avait été `resultat ← 14;`.

La troisième instruction ne modifie pas la valeur des variables. On remarque que les deux premières instructions de cet algorithme ne sont pas permutables.

Les erreurs à éviter

Les erreurs les plus courantes concernant l'utilisation des variables sont :

- Une variable n'est déclarée qu'une seule fois dans un algorithme.
- Une variable est déclarée au début de l'algorithme et non dans la partie réservée aux instructions de traitement.
- Avant de pouvoir utiliser une variable, il faut l'avoir déclarée dans le bloc des variables.
- Avant de pouvoir utiliser la valeur d'une variable, une valeur doit lui être attribuée.

```
Algorithme variables-erreurs
variables: nombre, resultat: réel;
Debut
    resultat ← nombre × 2;   // erreur : nombre n'a pas de valeur
    valeur ← 1;              // erreur : valeur n'a pas été définie
Fin
```

Dans l'algorithme précédent, la première instruction ne peut pas être exécutée, puisque la variable `nombre` n'a pas de valeur et qu'ainsi l'expression à droite du signe d'affectation ne peut pas être évaluée.

Types des variables

Examinons les domaines de base, appelés aussi types de base ou types primitifs ou encore types simples, définis et utilisables dans le langage algorithmique : les entiers, les réels, les caractères et les booléens.

Le type réel et le type entier

Description

Définition

Le type réel – le type entier

Les variables de type numérique utilisées dans l'algorithme ont comme domaines usuels ceux fournis par les mathématiques : réel ou entier.

```
Algorithme type-réel                                    // partie en-tête
variables: nombre1, nombre2, resultat: réel;            // partie des
           var1: entier;                                // déclarations des variables
Debut
    nombre1 ← 1.2;
    nombre2 ← 15;
    var1 ← 2;
    resultat ← nombre1 / nombre2 × var1;                // opération : 1.2 / 15 × 2
Fin
```

Les opérations utilisables sur les éléments de ces domaines sont tous les opérateurs arithmétiques classiques : l'addition (+), la soustraction (−), le produit (×) et la division (/).

On pourra utiliser, sur les éléments de type entier ou réel, les opérateurs de comparaison classiques :

$$> \quad < \quad \neq \quad = \quad \geq \quad \leq$$

Deux opérations sont spécifiques aux entiers : la division entière DIV et le modulo MOD.

L'opération DIV (respectivement MOD) entre deux entiers retourne le résultat (respectivement le reste) entier de leur division.

Par exemple : 15 DIV 2 vaut 7 et 15 MOD 2 vaut 1, en effet, $15 = 7 \times 2 + 1$.

Ces deux opérations sont très utiles pour savoir si un nombre est pair ou impair (avec MOD 2), et pour récupérer la valeur du dernier chiffre d'un nombre (avec MOD 10).

Conversion

Convertir un entier en réel est naturel : cette opération n'entraîne pas de perte d'information. Par exemple, l'entier 15 deviendra 15,0.

Convertir un réel en entier entraîne une perte d'information : les chiffres décimaux sont perdus. Par exemple, le réel 15,75 deviendra 15. Cette conversion sera étudiée au chapitre 3, traitant des fonctions.

```
Algorithme conversion-numerique
variables: nombre1: entier;
           nombre2: réel;
Debut
        nombre1 ← 15;
```

```
        nombre2 ← nombre1;        // nombre2 vaut 15,0
        nombre1 ← nombre2 + 0,5;  // erreur : impossible
Fin
```

Le type caractère

Description

Définition

Le type caractère

Il s'agit du domaine constitué des caractères alphabétiques, numériques et de ponctuation.

On ne devra pas confondre le signe '3' (noté entre deux « simples quotes ») en tant que caractère et l'entier 3. Les seules opérations élémentaires pour les éléments de type caractère sont les opérations de comparaison.

$$> \quad < \quad \neq \quad = \quad \geq \quad \leq$$

En fait, à chaque caractère est associé une unique valeur numérique entière (le code ASCII établit cette correspondance : par exemple, la lettre 'A' correspond à la valeur 65) et les comparaisons porteront sur ces valeurs numériques cohérentes avec l'ordre lexicographique.

Les caractères de ponctuation ne possèdent ni majuscule, ni minuscule. Citons l'espace tout d'abord, ainsi que le point, la virgule, le point-virgule…

Pour écrire un algorithme, nous ne devons pas connaître par cœur les valeurs de la table ASCII. Mais nous utiliserons trois principes caractérisant l'ordre des valeurs entières associées aux caractères :

- Les entiers correspondant aux caractères 'A', 'B'… 'Z' se suivent dans cet ordre.
- Les entiers correspondant aux caractères 'a', 'b'… 'z' se suivent dans cet ordre.
- Les entiers correspondant aux caractères numériques '0' à '9' se suivent dans cet ordre.

Conversion

Alors, pour convertir un caractère minuscule en majuscule, il suffit de lui ajouter la différence qui les sépare : 'c' + ('A' − 'a') vaut 'C'.

La conversion de type caractère vers entier : pour convertir le caractère '3' en une valeur entière 3, il suffit de calculer la différence entre les deux caractères : '3' − '0', qui vaut 3.

La conversion de type entier vers caractère : pour convertir l'entier 3 en une valeur caractère '3', il suffit de calculer la somme pour obtenir le caractère : 3 + '0', qui vaut '3'.

Voici un exemple simple :

```
Algorithme conversion-caractere-entier
variables: car: caractere;
           nombre: entier;
Debut
    car ← '3';
    nombre ← '3' − '0';     // nombre vaut 3
    nombre ← nombre + 2;    // nombre vaut 5
```

```
        car ← '0' + nombre ;    // car vaut '5'
    Fin
```

Le type logique booléen

Description

> **Définition**
>
> **Le type booléen**
>
> Le domaine des booléens est l'ensemble formé des deux seules valeurs {vrai, faux}.

Les opérations admissibles sur les éléments de ce domaine sont réalisées à l'aide de tous les connecteurs logiques, notés :

- ET : pour le « et logique » ;
- OU : pour le « ou logique inclusif » (il est vrai si l'un des deux booléens testés vaut vrai) ;
- NON : pour le « non logique ».

La table de vérité donne la réponse « Vrai » ou « Faux » des opérations logiques.

Opération ET	Faux	Vrai
Faux	Faux	Faux
Vrai	Faux	Vrai

Opération OU	Faux	Vrai
Faux	Faux	Vrai
Vrai	Vrai(*)	Vrai

(*) signifie : « Vrai OU Faux » vaut « Vrai ».

Exemples

```
Algorithme type-booleen
variables: booleen1, booleen2: booléen;
Debut
    booléen1 ← 5 < 6 ;           // booleen1 prend la valeur Vrai
    booléen2 ← NON booleen1;     // booleen2 prend la valeur Faux
    booléen2 ← (5<7) OU (3>8);   // booleen2 prend la valeur Vrai
    booléen1 ← vrai;             // booleen1 prend la valeur Vrai
Fin
```

Les erreurs à éviter

Lors d'une affectation, la valeur de la partie droite doit obligatoirement être du type de la variable dont la valeur est modifiée.

```
Algorithme type-erreurs
variables: car: caractere;
Debut
    car ← 1.56;        // erreur : car n'est pas du type réel
    car ← 5 < 8 ;      // erreur : car n'est pas du type booléen
Fin
```

Fonctions d'entrée-sortie

Les algorithmes ont pour vocation de nous faire réfléchir sur papier. Il est néanmoins nécessaire de simuler le déroulement de notre algorithme. Les programmes utilisent fréquemment des instructions permettant l'affichage à l'écran et la saisie de valeurs au clavier par l'utilisateur. Nous allons nous munir de deux opérations analogues permettant de simuler :

- l'affichage d'une phrase avec l'instruction `ecrire()` ;
- la saisie d'une valeur par l'utilisateur avec l'instruction `lire()`.

La fonction lire

L'instruction de saisie de données par l'utilisateur est :

```
lire(nomDeLaVariable);
```

L'exécution de cette instruction consiste à :

1. Demander à l'utilisateur de saisir une valeur sur le périphérique d'entrée ;
2. Modifier la valeur de la variable passée entre parenthèses.

Avant l'exécution de cette instruction, la variable de la liste avait ou n'avait pas de valeur. Après, elle a la valeur lue au clavier (le périphérique d'entrée).

La fonction ecrire

L'instruction d'affichage à l'écran (le périphérique de sortie) d'une expression est :

```
ecrire(expression);
```

Cette instruction réalise simplement l'affichage de l'expression passée entre parenthèses. Cette expression peut être simplement une variable ou des commentaires écrits sous la forme d'une suite de caractères entre guillemets ou encore à la fois des phrases et des valeurs séparées par une virgule.

```
Algorithme exemple-lire-ecrire
variables: nb: réel;
Debut
    lire(nb);                              // l'utilisateur saisit le nombre au clavier
    ecrire("la valeur de nb");             // une phrase est affichée à l'écran
    ecrire(nb);                            // une valeur est affichée à l'écran
    ecrire("la valeur de nb est: ", nb);   // une phrase, suivie
                    // de la valeur est affichée à l'écran
Fin
```

Le langage algorithmique nous permet dès à présent de résoudre des petits problèmes. Écrivons un algorithme qui demande à l'utilisateur de saisir au clavier trois nombres réels et qui affiche à l'écran la somme de ces trois nombres.

L'analyse de l'énoncé nous montre l'utilisation de 3 données (les 3 nombres réels saisis) et d'un résultat (la somme). Introduisons 4 variables pour construire l'algorithme suivant :

```
Algorithme Somme-de-3-reels
variables: nb1, nb2, nb3, somme: réel;
Debut
    lire(nb1);                    // l'utilisateur saisit le premier nombre au clavier
    lire(nb2);
    lire(nb3);
    somme ← nb1 + nb2 + nb3;
    ecrire(somme);                // la somme est affichée à l'écran
Fin
```

Les types objet : une boîte à outils

Nous avons introduit les types primitifs (entier, réel, caractère, booléen) avec les opérations usuelles associées. De la même manière, introduisons une boîte à outils définissant un nouveau type appelé de manière générale type objet, permettant la manipulation de données : le type Chaîne et le type Date. Chaque type de donnée est associé à des opérations particulières. Nous pourrons alors gérer des chaînes de caractères et des dates de manière simple. Il s'agit d'une approche spécifiquement intuitive de la notion d'objet, l'approche profonde sera faite dans le chapitre 4. Le lecteur appréhende l'objet d'abord par la manipulation.

Les chaînes de caractères

Présentation de la classe Chaine

Une chaîne de caractères est composée de caractères alphanumériques formant un mot ou une phrase.

Il est impossible de manipuler les chaînes de caractères avec les opérations usuelles définies pour les réels ou les entiers : la classe Chaine nous fournit donc des opérations spécifiques.

L'interface utilisateur de la classe Chaine (l'ensemble des opérations définies pour les manipuler) est décrite dans le schéma suivant (figure 1-1). Y sont déclarées toutes les « opérations » que l'on peut effectuer sur n'importe quelle chaîne. Ces « opérations » seront appelées des méthodes. La manipulation des objets se fait exclusivement à l'aide de ces méthodes.

Figure 1-1

L'interface utilisateur de la classe Chaine.

```
Chaine
+ Chaine()
+ Chaine(Chaine)
+ Chaine(suite de caractères)
+ Chaine(entier)
+ ecrire(): vide
+ lire(): vide
+ longueur(): entier
+ iemeCar(entier): caractère
+ modifierIeme(entier, caractere): vide
+ concatener(Chaine): vide
```

Détaillons les méthodes de la classe `Chaine` (chaque méthode est par la suite expliquée grâce à un exemple d'utilisation) :

- `Chaine()` permet de créer une chaîne en mémoire.
- `ecrire()` permet d'écrire la chaîne sur l'écran.
- `lire()` permet à l'utilisateur de saisir le contenu de la chaîne.
- `longueur()` fournit le nombre de caractères de la chaîne.
- `iemeCar(entier)` fournit le caractère qui est à la position passée en paramètre (le premier caractère est à la position 0).
- `modifierIeme(entier, caractere)` remplace le caractère situé à la position donnée en paramètre (le premier caractère est à la position 0).
- `concatener(Chaine)` modifie la chaine en lui juxtaposant la chaine passée en mémoire.

Utilisation d'une chaîne

Expliquons comment utiliser une chaîne dans un algorithme à travers des exemples de déclaration et d'utilisation. La manipulation d'une chaîne nécessite deux étapes :

1. Il faut créer la chaîne. En effet, la simple déclaration dans le bloc variable ne suffit pas à la créer.
2. On peut alors utiliser la chaîne grâce aux méthodes de l'interface utilisateur.

Déclaration

On déclare une variable de type `Chaine` de la manière suivante :

```
variables: nomDeLaVariable: Chaine;
```

Ensuite, on construit effectivement l'objet (appelé aussi instance) dans le corps du programme avec l'opérateur `new` :

```
nomDeLaVariable ← new Chaine();    // la variable est initialisée
```

Remarquons que l'on a utilisé, pour cette construction, la première méthode de construction `Chaine` qui initialise un texte à vide.

On doit initialiser les chaînes avant de les utiliser. Par exemple, les variables `nom`, `prenom` et `frere` sont initialisées par les trois méthodes suivantes :

```
Algorithme creation-de-la-Chaine
variables: nom, prenom, frere: Chaine;
Debut
    nom ← new Chaine("Dupond");
    // la variable nom est initialisée et contient "Dupond"

    frere ← new Chaine(nom);
    // la variable frere contient aussi "Dupond"

    prenom ← new Chaine();
    // cette chaîne est initialisée, mais vide.

Fin
```

Chaque instruction new déclenche dans la mémoire la création d'une zone réservée schématisée par une case contenant la chaîne créée. Représentons l'état de la mémoire à la fin de l'exécution de l'algorithme précédent.

Figure 1-2

État de la mémoire.

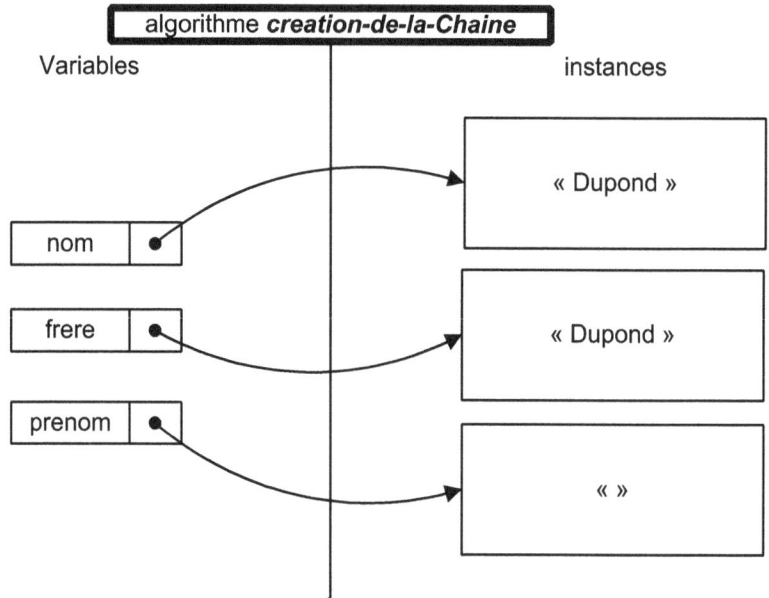

Nous ne pouvons accéder au contenu d'une chaîne qu'après l'avoir fabriquée. Nous pourrons alors l'utiliser à l'aide des méthodes suivantes que nous allons détailler à travers un exemple.

Utilisation

La méthode fonctionne en association avec une case spécifique (précisée lors de l'appel) du schéma mémoire.

```
Algorithme utilisation-de-la-Chaine
variables: nom: Chaine;
           lg: entier;
           car: caractere;
Debut
  nom ← new Chaine();
  nom.lire();                  // l'utilisateur saisit ce qu'il veut
  lg ← nom.longueur();         // lg contient la longueur du mot nom
  car ← nom.iemeCar(3);        // car contient la 4e lettre du mot nom
                               // précisons que la première est à l'indice 0
  nom.modifierIeme(5, 't');    // la sixième lettre change
  nom.ecrire();                // on écrit le nom
Fin
```

Devant chaque méthode, séparée par un point, il faut indiquer le nom de la chaîne sur laquelle s'applique l'opération. La méthode est déclenchée par l'objet spécifié devant le point. Représentons l'état de la mémoire à la fin de l'exécution de l'algorithme précédent, en supposant que l'utilisateur a saisi la chaîne "Dupond" lors de la lecture au clavier (voir figure 1-3).

Figure 1-3

État de la mémoire.

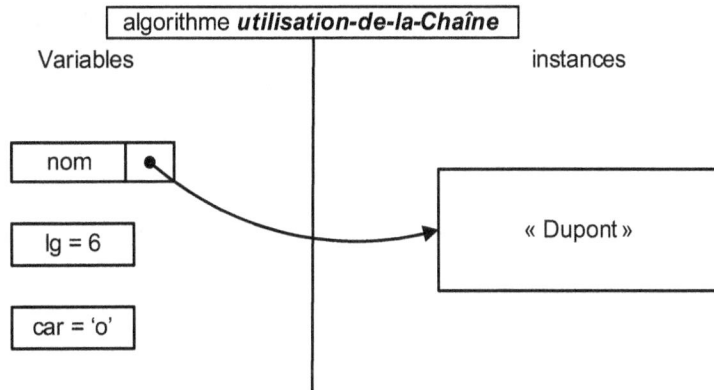

Les erreurs à éviter

- ne pas oublier de créer la chaîne avant de lui appliquer une opération ;
- préciser sur quelle chaîne est appliquée l'opération (ne pas oublier le point « . » devant une méthode) ;
- toujours mettre des parenthèses ;
- utiliser des paramètres convenables pour les opérations iemeCar et modifierIeme ;
- pour lire et écrire des chaînes, utiliser les méthodes lire et ecrire et non les fonctions d'entrée-sortie lire et ecrire.

Voici un algorithme avec cinq erreurs d'utilisation des méthodes :

```
Algorithme utilisation-de-la-Chaine-avec-des-erreurs
variables: nom, prenom: Chaine;
           lg: entier;
           car: caractere;
Debut
   nom ← new Chaine();
   lg ← prenom.longueur();   // la chaîne prenom n'a pas été créée.
   lg ← longueur();          // la longueur de quoi ?
   lg ← nom.longueur;        // il manque les parenthèses
   car ← nom.iemeCar();      // il faut préciser le numéro de la lettre
   lire(nom);                // il faut utiliser l'opération : nom.lire()
   ecrire(nom);              // il faut utiliser l'opération : nom.ecrire()
Fin
```

Les dates

Présentation de la classe Date

Une date est un type objet permettant de gérer les dates désignées par le jour, le mois et l'année. Avec la classe Date, il convient de fournir l'ensemble des opérations capables de gérer des dates. L'interface utilisateur de la classe Date est décrite dans la figure 1-4.

Figure 1-4

L'interface utilisateur de la classe Date.

```
Date

+ Date()

+ Date(jour, mois, an: entier)

+ Date(d: Date)

+ dateEnChaine(): Chaine

+ estBissextile(): booléen

+ precede(d: Date): booléen
```

- Date() permet de créer une date en mémoire initialisée au 01/01/1970.
- dateEnChaine() retourne la date sous forme de chaîne de caractères.
- estBissextile() indique si l'année est bissextile (Vrai ou Faux).
- precede(d: Date) indique si la date est antérieure ou non à celle passée entre parenthèses.

Utilisation de la classe Date

On déclare une variable de type Date de la manière suivante :

```
variables: identificateur: Date;
```

Et on construit l'objet dans le corps du programme avec l'opérateur new :

```
identificateur ← new Date(23, 4, 2003);
                    // la variable identificateur est initialisée au 23 avril 2003.
```

On doit initialiser les dates avant de les utiliser. Par exemple, les variables d1, d2 et d3 sont initialisées par les trois méthodes suivantes :

```
Algorithme construction-de-la-Date
variables: d1, d2, d3: Date;
Debut
  d1 ← new Date(23,4,2003);   // la variable d1 est initialisée
  d2 ← new Date(d1);          // d2 contient également la date du 23 avril 2003
  d3 ← new Date();            // cette date est initialisée, mais au 1er janvier 1970
Fin
```

Représentons l'état de la mémoire à la fin de l'exécution de l'algorithme précédent (figure 1-5).

Figure 1-5

État de la mémoire.

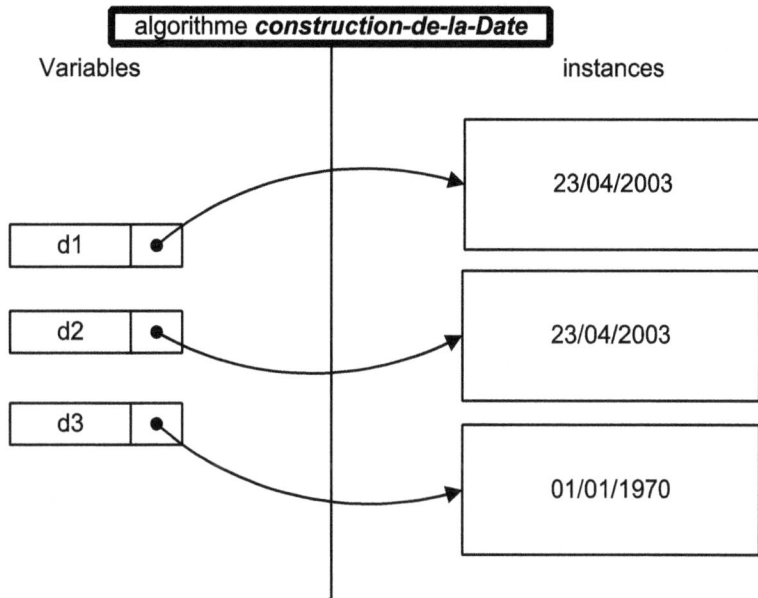

On peut accéder au contenu d'une date et l'utiliser, à l'aide des méthodes :

```
Algorithme utilisation-de-la-Date
variables: d1, d2: Date;
          estBis, avant: booléen;
Debut
          d1 ←  new Date(7,3,1970 );
          d2 ← new Date(10,12,1970 );
          estBis ← d2.estBissextile(); // estBis vaut Faux : d2
                                        // n'est pas bissextile
          avant ← d1.precede(d2);      // avant vaut Vrai : d1 précède d2
          d2.dateEnChaine().ecrire();  // on transforme la date en chaîne
                                        // et on utilise la méthode écrire de Chaîne
Fin
```

Représentons l'état de la mémoire à la fin de l'exécution de l'algorithme précédent (figure 1-6).

Figure 1-6

État de la mémoire.

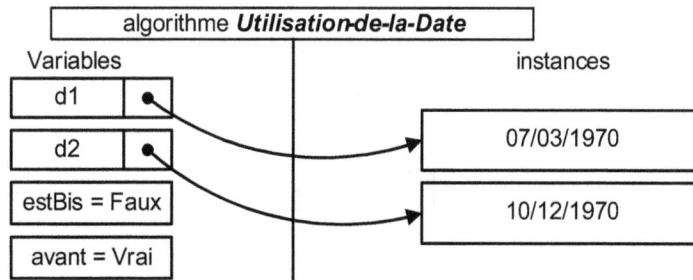

Les variables et les objets Date

Deux variables pour un seul objet

Il est possible que plusieurs variables référencent un même objet date (une même instance).

```
Algorithme deux-variables-pour-une-Date
variables: d1, d2: Date;
Debut
  d1 ← new Date(23, 4, 2003);   // la variable d1 est initialisée
  d2 ← d1;                        // d2 et d1 représentent le même objet
Fin
```

L'état de la mémoire à la fin de l'exécution de l'algorithme précédent, montre qu'une seule instance peut posséder plusieurs noms dans l'algorithme. Après l'instruction d2 ← d1, appliquer une méthode sur d1 ou sur d2 est identique : c'est le même objet qui sera manipulé !

Figure 1-7

État de la mémoire.

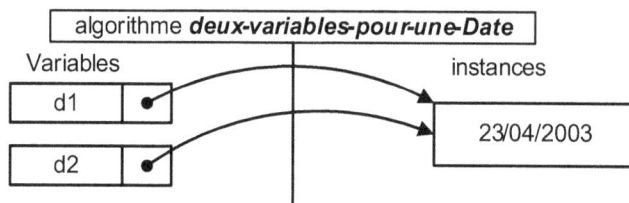

Un objet sans variable

Il est possible qu'une instance ne soit plus référencée.

```
Algorithme une-Date-sans-variable
variables: d1: Date;
Debut
  d1 ← new Date(23, 4, 2003);   // la variable d1 est initialisée
  d1 ← new Date(13, 12, 2004);  // la variable d1 est initialisée
Fin
```

L'état de la mémoire à la fin de l'exécution de l'algorithme précédent, montre que d1 permet de manipuler la date du 13/12/2004 uniquement, l'instance du 23/04/2003 ne peut plus être utilisée dans l'algorithme (voir figure 1-8).

Figure 1-8

État de la mémoire.

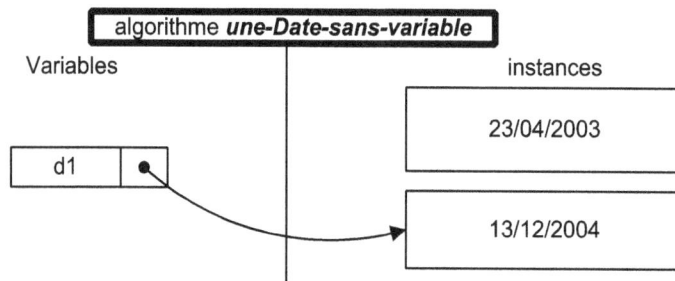

Les schémas mémoire

Il est primordial de connaître l'état des variables en cours d'exécution d'un algorithme grâce à un schéma mémoire.

> **Définition**
>
> **Schéma mémoire**
>
> Le schéma mémoire d'un algorithme représente l'ensemble des variables et de leurs valeurs à une étape précise de son déroulement.

Un schéma mémoire délimite trois parties distinctes :

- Le nom de l'algorithme.
- La partie des variables où toutes les variables définies seront représentées par :
  - une valeur (ou par « ? » si la variable n'a pas encore de valeur) pour les variables de type primitif ;
  - une flèche (pointant sur une case dessinée dans la partie droite du schéma) pour les variables de type objet Chaine ou Date.
- La partie des instances où chaque case aura été créée par l'utilisation de l'opérateur new : il y a autant de cases à représenter qu'il y a de new dans l'algorithme.

Des schémas mémoire ont été donnés tout au long de ce chapitre, d'autres seront systématiquement représentés pour illustrer le déroulement des algorithmes.

Certaines erreurs courantes sont à éviter :

- oublier de représenter une variable ;
- donner une mauvaise valeur à une variable ;
- représenter les chaînes ou les dates sans une case associée ;
- oublier de préciser l'étape (au cours du déroulement de l'algorithme) représentée par le schéma mémoire.

Le type tableau

Le type tableau permet de stocker des valeurs de même type grâce à une seule variable.

Déclaration d'un tableau

> **Définition**
>
> **Le type tableau**
>
> Un tableau structure un ensemble de valeurs de même type accessibles par leur position.

> **Définition**
>
> **Dimension, type et indice d'un tableau**
>
> Le nombre maximal d'éléments du tableau, qui est précisé à la définition, s'appelle sa dimension. Le type de ses éléments s'appelle le type du tableau. Pour accéder aux éléments d'un tableau, un indice indique le rang de l'élément.

Un tableau est défini en deux temps. Le tableau nommé tab est déclaré de la manière suivante, ainsi que le type de base de ses éléments. C'est une déclaration de variable :

```
variable: tab: tableau[] de domaine;
```

Puis, l'instruction dans le corps du programme qui implémente effectivement le tableau, c'est-à-dire qui réserve de la place en mémoire, est construite avec un opérateur new agissant dans l'environnement d'exécution du programme :

```
tab ← new domaine[10]; // le tableau tab a une dimension de 10 éléments
```

L'exemple suivant représente le tableau d'entiers tab (d'identificateur tab, de dimension 10 et dont le type est entier). Les indices qui permettent d'y accéder vont de 0 à 9. Notons que le premier indice des éléments d'un tableau vaut toujours 0. L'indice du dernier élément vaut la dimension du tableau −1 (dans cet exemple, le tableau tab[9] est le dernier élément).

tab =	22	−7	56	12	0	23	−4	1	57	35
indices	[0]	[1]	[2]	[3]	[4]	[5]	[6]	[7]	[8]	[9]

À l'aide d'une seule variable de type tableau, il est possible de manipuler plusieurs valeurs différentes. Par exemple, tab[0] est vu comme une variable indépendante ayant la valeur 22, tab[1] est une autre variable de valeur -7…

Utilisation d'un tableau

Tableau à une dimension

La manipulation des éléments du tableau tab est décrite dans l'exemple suivant : une seule variable permet de stocker 4 notes entières.

```
Algorithme utilisation-tableau
variables: notes: tableau[] d'entiers;
Debut
  notes ← new  entier[4];
  notes[0] ← 12; // on peut fixer la valeur de l'élément d'indice 0
  notes[1] ← 14;
  notes[2] ← 10;
  notes[3] ← 18;
Fin
```

Représentons l'état de la mémoire à la fin de l'exécution de l'algorithme précédent (voir figure 1-9).

Figure 1-9

*État de la mémoire
d'un tableau.*

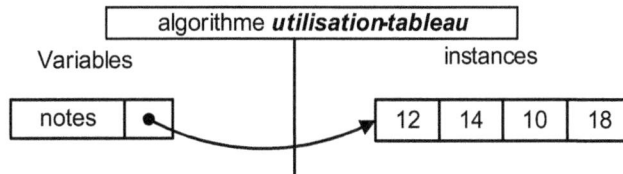

Tableau à deux dimensions

Si nous désirons écrire un programme qui travaille avec un damier de 3 cases sur 3 contenant des
entiers, nous introduirons une instance damier sous forme d'un tableau de 3 cases sur 3. Écrivons
l'algorithme modifiant trois éléments du tableau.

```
Algorithme damier
variables: damier: tableau[][] d'entiers;
Debut
  damier ← new entier[3][3];
  damier[0][0] ← 0;
  damier[1][1] ← 0;
  damier[0][1] ← 1;
Fin
```

Figure 1-10

État de la mémoire.

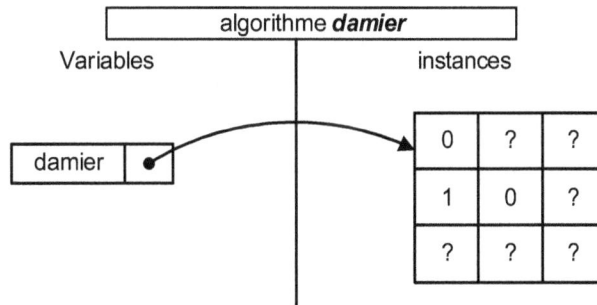

Comme pour toutes les variables, avant d'être initialisés, les éléments du tableau ont des valeurs
inconnues représentées par « ? » (figure 1-10).

Échanger deux variables

Savoir échanger le contenu de deux variables est une technique assez simple, dont la maîtrise est
nécessaire.

Imaginez que vous avez deux bouteilles : l'une contient du vin, l'autre de l'eau. Comment échanger
leur contenu ? Tout simplement en passant par l'intermédiaire d'une troisième bouteille qui stockera
temporairement le vin, le temps de transvaser l'eau. Le principe est identique en algorithmique : il
faut introduire une variable temporaire (du même type que les deux autres) qui stockera une valeur.

Échanger deux nombres

Vous avez obtenu, au cours de l'exécution d'un algorithme, deux variables entières `valeur1` et `valeur2`. Vous voulez échanger leurs contenus respectifs :

```
Algorithme echange-deux-entiers
variables: valeur1, valeur2: entier;
           temporaire: entier;
Debut
    valeur1 ← 155;
    valeur2 ← 3;

    temporaire ← valeur1;
    valeur1 ← valeur2;
    valeur2 ← temporaire;
Fin
```

À la fin de l'algorithme précédent, `valeur1` vaut 3, `valeur2` vaut 155, et `temporaire` vaut 155. Pour ne pas commettre d'erreur, vérifiez toujours que vous avez bien sauvé la valeur avant de l'écraser : la variable `valeur1` est sauvée dans la variable `temporaire` juste avant d'être écrasée par celle de `valeur2`.

Échanger deux objets

Le même principe s'applique pour échanger deux chaînes ou deux dates.

```
Algorithme echange-deux-Chaines
variables: valeur1, valeur2: Chaine;
           temporaire: Chaine;
Debut
    valeur1 ← new Chaine("Dupond");
    valeur2 ← new Chaine("Durand");

    temporaire ← valeur1;
    valeur1 ← valeur2;
    valeur2 ← temporaire;
Fin
```

Un schéma mémoire (figure 1-11) permet de mieux comprendre le mécanisme d'échange en trois étapes. Les anciennes valeurs sont indiquées en pointillés :

1. La variable temporaire vaut `valeur1`.

2. On modifie la `valeur1`.

3. On modifie la `valeur2` grâce à la variable `temporaire`.

Figure 1-11

Échange de deux objets.

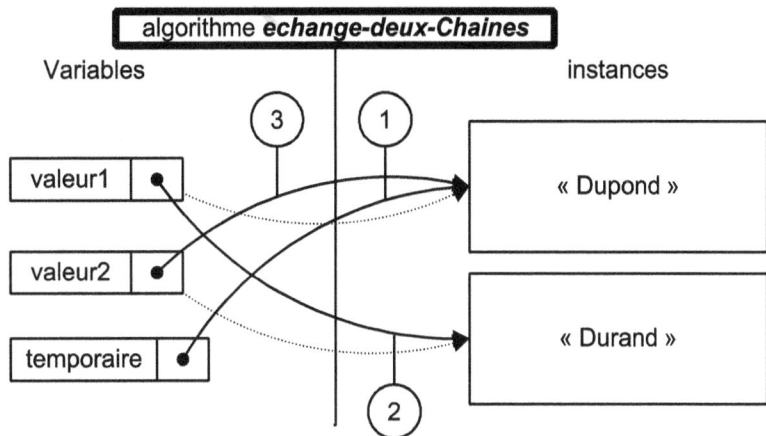

Variables

algorithme *echange-deux-Chaines*

instances

Exercices de bilan

Exercice 1.1 Indiquer les valeurs prises par les variables au cours de l'algorithme suivant.

```
Algorithme calcul-de-facture
variables: valeur, prixHT, prixTTC : réel;
           nombre : entier;
Debut
     valeur ← 7,50;
     nombre ← 4;
     prixHT ← nombre × valeur;
     ecrire(prixHT);
     prixTTC ← prixHT × 1,196;
     ecrire(prixTTC);
Fin
```

Exercice 1.2 Écrire un algorithme qui effectue la conversion de francs en euros (1 € = 6,56 francs).

Exercice 1.3 Écrire un algorithme qui prend une somme en euros et la décompose en billets de 10 €, et en pièces de 2 € et de 1 €.

Exercice 1.4 Trouver les valeurs booléennes prises au cours de l'algorithme suivant.

```
Algorithme calcul-de-facture
variables: a, b: entier;
           b1, b2, b3, b4: booléen;
Debut
     a ← 10;
     b ← 4;
     b1 ← (10>10) ET (5=5);
     b2 ← (a=10) OU (b=5) OU (3=6);
     b3 ← (a>b) ET ((5=5) OU (b<a));
     b4 ← (FAUX) ET (VRAI) OU (a>b);
Fin
```

Exercice 1.5 Faire lire une chaîne à l'utilisateur, remplacer le dernier caractère par un 's' et l'afficher.

Exercice 1.6 Lire une date et afficher si elle est bissextile.

Exercice 1.7 Définir un tableau de 10 réels et échanger le premier et le dernier élément.

Exercice 1.8 Définir un tableau de 6 éléments, dont les trois premiers pointent sur une même instance de chaîne de caractères enfant.

2

Les structures de contrôle

Nous allons introduire deux instructions extrêmement utilisées qui permettent de construire un algorithme au déroulement non linéaire. L'instruction conditionnelle permet d'exécuter ou non un bloc d'instructions. La boucle permet de revenir en arrière dans l'algorithme, pour réitérer un nombre de fois précis l'exécution d'un bloc.

Ces deux instructions reposent sur l'évaluation, par l'algorithme, d'une variable de type booléenne (vrai ou faux), qui conditionne la suite de son déroulement.

Instruction conditionnelle

La syntaxe

Un algorithme est constitué d'une suite d'instructions qui s'exécutent les unes après les autres de la première à la dernière. L'instruction conditionnelle nous autorise désormais à concevoir un algorithme qui n'exécutera pas certains blocs instructions.

Définition

La conditionnelle

L'instruction conditionnelle détermine si le bloc d'instructions suivant est exécuté ou non. La condition est une expression booléenne dont la valeur détermine le bloc d'instructions exécutées.

La syntaxe de cette instruction est :

```
si (condition) alors
{
        bloc d'instructions n°1; // exécuté si condition égale Vrai
}
sinon
{
        bloc d'instructions n°2; // exécuté si condition égale Faux
}
```

Le bloc d'instructions exécuté dépend de la valeur booléenne de la condition. Si la condition vaut Vrai, seul le bloc numéro 1 est exécuté : le bloc numéro 2 ne sera pas exécuté. Si la condition vaut Faux, seul le bloc d'instructions numéro 2 est exécuté.

L'un des deux blocs est obligatoirement exécuté, l'autre ne le sera pas. La mise en page doit permettre de visualiser les niveaux d'exécution des instructions de l'algorithme. L'ensemble des instructions du bloc écrit entre les accolades est nécessairement décalé à droite d'une tabulation.

Écrivons l'algorithme qui lit deux entiers et affiche le plus grand des deux. L'analyse de cet énoncé fait ressortir deux données nécessaires (les deux entiers à lire) et un résultat (entier lui aussi).

```
Algorithme Max-de-deux-entiers
variables: x, y, max: entier;
Debut
        lire(x);
        lire(y);
        si (x > y) alors
        {
            max ← x;
        }
        sinon
        {
            max ← y;
        }
        ecrire("le maximum est : ",max);
Fin
```

Analysons le déroulement de l'algorithme ligne par ligne : prenons pour cela un exemple, supposons que l'utilisateur saisisse 5 pour x et 7 pour y.

	Les variables n'ont pas de valeur connue au début
`Debut`	x = ? y = ? max = ?
`lire(x);`	x = 5 y = ? max = ?
`lire(y);`	x = 5 y = 7 max = ?
`si (x > y) alors`	La condition est évaluée : (5 > 7) (Faux)
`{`	Ce bloc n'est pas exécuté
`max ← x;`	Ce bloc n'est pas exécuté
`}`	Ce bloc n'est pas exécuté
`sinon`	
`{`	Ce bloc est exécuté :
`max ← y;`	x = 5 y = 7 max = 7
`}`	Fin du bloc conditionnel
`ecrire("maximum : ", max);`	Affichage de maximum : 7
`Fin`	Les variables n'existent plus

Applications

La conditionnelle simple

Une version plus simple est utilisée si l'alternative n'a pas lieu. La syntaxe de cette instruction est alors :

```
si (condition) alors
{
    instructions;
}
```

Écrivons un algorithme qui lit un entier et affiche sa valeur positive.

```
Algorithme valeur-positive
variables: valeur, positif: entier;
Debut
     lire(valeur);
     positif ← valeur;
     si (positif < 0) alors
     {
         positif ← −1 × positif;
     }
     ecrire("la valeur positive est : ", positif);
Fin
```

Le même algorithme peut se passer de la variable `positif` contenant le résultat.

```
Algorithme valeur-positive-une-variable
variables: valeur: entier;
Debut
      lire(valeur);
      si (valeur < 0) alors
      {
          valeur ← −1 × valeur;
      }
      ecrire("la valeur positive est : ", valeur);
Fin
```

On peut simplifier l'écriture de l'instruction en omettant les accolades de délimitation de bloc, lorsqu'il n'y a pas d'ambiguïté (si le bloc ne se compose que d'une seule instruction).

```
Algorithme Max-de-deux-entiers
variables: x, y, max: entier;
Debut
      lire(x);
      lire(y);
      si (x > y) alors
          max ← x;
      sinon
          max ← y;
      ecrire("le maximum est : ",max);
Fin
```

Remarquons bien que l'instruction `si alors sinon` est une seule instruction, composée d'une condition et de deux blocs d'instructions. Dans l'exemple, les deux blocs sont réduits chacun à une seule instruction et les délimiteurs de blocs peuvent être omis. Il est sinon nécessaire d'utiliser des accolades.

Dans un premier temps, nous vous conseillons de toujours utiliser les accolades même si le bloc d'instructions est réduit à une seule instruction.

La présentation

Les décalages dans l'écriture d'un algorithme (ou d'un programme) sont nécessaires à sa bonne lisibilité. Savoir présenter un algorithme, c'est montrer qu'on a compris son exécution.

La règle est assez simple : dès qu'un nouveau bloc d'instructions commence par un `Debut` ou une accolade ouvrante « { », toutes les lignes suivantes sont décalées d'une tabulation. Dès qu'un bloc se termine par un `Fin` ou une accolade fermante « } », toutes les lignes suivantes sont décalées d'une tabulation vers la gauche.

La différence entre les deux algorithmes identiques suivants est évidente : les blocs d'instructions ne sont pas visibles au premier coup d'œil dans l'algorithme de gauche.

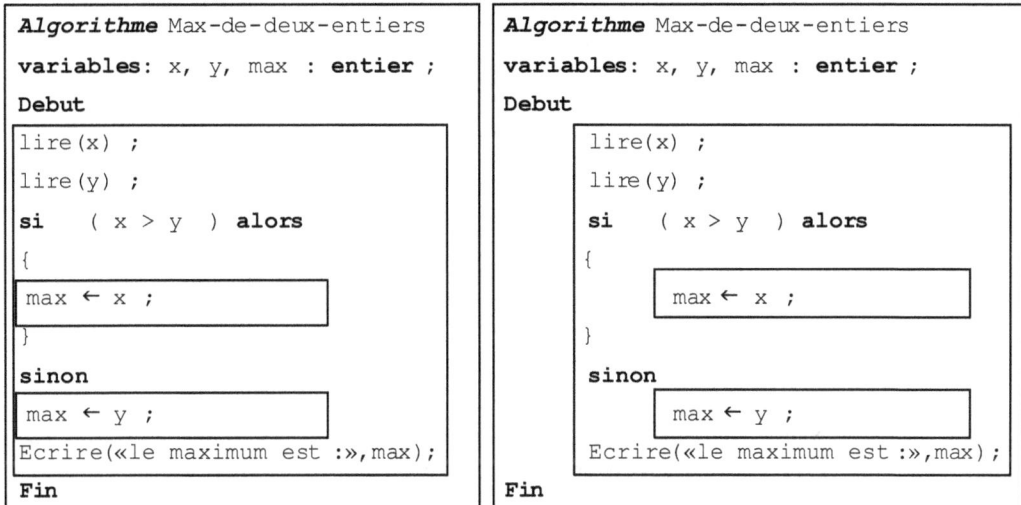

```
Algorithme Max-de-deux-entiers
variables: x, y, max : entier ;
Debut
  lire(x) ;
  lire(y) ;
  si   ( x > y ) alors
  {
    max ← x ;
  }
  sinon
    max ← y ;
  Ecrire(«le maximum est :»,max);
Fin
```

```
Algorithme Max-de-deux-entiers
variables: x, y, max : entier ;
Debut
  lire(x) ;
  lire(y) ;
  si   ( x > y ) alors
  {
        max ← x ;
  }
  sinon
        max ← y ;
  Ecrire(«le maximum est :»,max);
Fin
```

Figure 2-1

Algorithme illisible et algorithme bien présenté.

Conditionnelles imbriquées

L'usage

Exemple

Il est possible d'imbriquer des blocs de programme les uns dans les autres. Essayons de résoudre le problème consistant à faire lire à l'utilisateur une note et à afficher le commentaire associé à la note :

- note de 0 à 8 inclus : "insuffisant" ;
- note de 8 à 12 inclus : "moyen" ;
- note de 12 à 16 inclus : "bien" ;
- note de 16 à 20 inclus : "tres bien".

La première solution utilise l'instruction conditionnelle classique introduite à la section précédente :

```
Algorithme commentaires-notes
variables: note: entier;
Debut
     lire(note);
     si (note ≤ 8) alors
         ecrire("insuffisant");
     si ((note > 8) ET (note ≤ 12)) alors
         ecrire("moyen");
     si   ((note > 12) ET (note ≤ 16)) alors
         ecrire("bien");
     si   (note > 16) alors
         ecrire("tres bien");
Fin
```

À chaque note saisie, quatre tests sont réalisés. Imaginons une solution plus élégante :

```
Algorithme commentaires-notes-mieux
variables: note: entier;
Debut
     lire(note);
     si (note ≤ 8) alors
         ecrire("insuffisant");
     sinon si (note ≤ 12) alors
             ecrire("moyen");
             sinon si (note ≤ 16) alors
                     ecrire("bien");
                 sinon
                         ecrire("tres bien");
Fin
```

En effet, dans tout le bloc sinon du premier test, nous sommes certains que la note (la valeur de la variable note) est strictement supérieure à 8, donc il est inutile de refaire ce test.

Dans ce cas des conditionnelles imbriquées, il est possible de ne pas respecter la présentation avec les tabulations :

```
Algorithme commentaires-notes-mieux-bis
variables: note: entier;
Debut
     lire(note);
     si (note ≤ 8) alors
         ecrire("insuffisant");
     sinon si (note ≤ 12) alors
         ecrire("moyen");
     sinon si (note ≤ 16) alors
         ecrire("bien");
     sinon
         ecrire("tres bien");
Fin
```

Erreur à éviter

Il est très fréquent chez les débutants d'oublier les instructions sinon intermédiaires. Analysons l'algorithme suivant (faux) pour ne pas commettre cette erreur.

```
Algorithme commentaires-notes-faux
variables: note: entier;
Debut
     lire(note);
     si (note ≤ 8) alors
         ecrire("insuffisant");
     si (note ≤ 12) alors
         ecrire("moyen");
     si (note ≤ 16) alors
         ecrire("bien");
     sinon
```

```
            ecrire("tres bien");
    Fin
```

Pour une note inférieure ou égale à 8, comme 6, l'algorithme précédent écrira effectivement « insuffisant », mais aussi « moyen » et « bien ». En effet, chacune des conditions est dans ce cas testée indépendamment des instructions précédentes.

La présentation des conditionnelles

Il est capital d'écrire un algorithme aussi lisible et clair que possible.

```
si (condition) alors
{
    bloc d'instructions n°1;
}
sinon
{
    si (condition) alors
    {
        bloc d'instructions n°2;
    }
    sinon
    {
        bloc d'instructions n°3;
    }
}
```

Dans un bloc délimité par Debut et Fin (ou « { » et « } »), toutes les lignes s'exécuteront les unes après les autres : elles sont toutes décalées. Sans trop réfléchir, si vous commencez un bloc avec « { », les lignes suivantes sont décalées. Si vous terminez un bloc avec un « } », vous revenez en arrière d'une tabulation.

Instruction de répétition

La boucle tant_que

Définition

> **Définition**
>
> **La boucle**
>
> L'instruction de répétition, appelée boucle, permet d'exécuter plusieurs fois consécutives un même bloc d'instructions. La répétition s'effectue tant que la valeur de l'expression booléenne est égale à Vrai.

L'instruction de répétition du déroulement d'un bloc d'instructions la plus classique est la boucle tant_que. Sa syntaxe est particulièrement simple. On veut contrôler la répétition de l'exécution d'un bloc. L'instruction précise une condition de répétition qui conduit la poursuite ou l'arrêt de l'exécution du bloc d'instructions. Évidemment, on s'attend à ce que l'état des variables du bloc d'instructions change à chaque tour de boucle et l'on devra faire en sorte qu'il en soit ainsi.

```
tant_que (condition_de_poursuite) faire
{
    bloc d'instructions;
}
```

On utilisera une boucle `tant_que` quand l'algorithme doit effectuer plusieurs fois le même traitement, lorsqu'il doit répéter un ensemble d'instructions. C'est la seule instruction qui permette en quelque sorte de revenir en arrière dans l'algorithme pour exécuter une même série d'instructions.

Exemple

L'algorithme suivant présente une première illustration de l'usage de la boucle `tant_que`. Il affiche à l'écran les entiers de 1 à 5.

Cinq valeurs seront affichées : il n'y a qu'une seule donnée, qui évolue au cours de l'algorithme. En utilisant une boucle, cette donnée correspond à la variable `compteur` indiquant le nombre de tours.

```
Algorithme affichage-des-5-premiers-entiers
variables: compteur: entier;
Debut
  compteur ← 1;                      // initialisation
  tant_que (compteur ≤ 5) faire      // condition de poursuite
  {                                  // début du bloc
    ecrire(compteur);                // traitement
    compteur ← compteur + 1;         // incrémentation du compteur
  }                                  // fin du bloc
Fin
```

La variable `compteur` est initialisée avant la boucle pour que la condition de poursuite (`compteur ≤ 5`), systématiquement examinée en premier lors de l'exécution de la boucle, soit valide. Arrivé à la fin du bloc, l'exécution de l'algorithme reprend au niveau du `tant_que`, pour évaluer à nouveau la valeur booléenne de la condition.

Représentons l'avancement des valeurs de la variable et de la condition booléenne.

Compteur	Condition : (compteur ≤ 5)	Condition de continuité
1	initialisation : avant de rentrer dans la boucle	
1	1 ≤ 5 : Vrai	entrer dans la boucle
2	2 ≤ 5 : Vrai	encore un tour
3	3 ≤ 5 : Vrai	encore un tour
4	4 ≤ 5 : Vrai	encore un tour
5	5 ≤ 5 : Vrai	encore un tour
6	6 ≤ 5 : Faux	sortir de la boucle

Il y a toujours plusieurs manières d'écrire la condition de poursuite de la boucle pour obtenir exactement le même résultat !

Plusieurs algorithmes équivalents

Les conditions suivantes permettent de sortir de la boucle précédente :

- Arrêt de la boucle quand compteur = 6, alors la condition `tant_que (compteur ≠ 6) faire` fonctionne.

- Arrêt de la boucle quand compteur ≥ 6, alors la condition `tant_que (compteur < 6) faire` fonctionne.

- Arrêt de la boucle quand compteur > 5, alors la condition `tant_que (compteur ≤ 5) faire` fonctionne.

`compteur ← 1;`
 	
`tant_que (compteur ≤ 5) faire`
 	
`{`
 	
`    ecrire(compteur);`
 	
`    compteur ← compteur + 1;`
 	
`}`
	`compteur ← 1;`
	
	`tant_que (compteur ≠ 6) faire`
	
	`{`
	
	`    ecrire(compteur);`
	
	`    compteur ← compteur + 1;`
	
	`}`

`compteur ← 1;`
 	
`tant_que (compteur < 6) faire`
 	
`{`
 	
`    ecrire(compteur);`
 	
`    compteur ← compteur + 1;`
 	
`}`
	`compteur ← 0;`
	
	`tant_que (compteur < 5) faire`
	
	`{`
	
	`    compteur ← compteur + 1;`
	
	`    ecrire(compteur);`
	
	`}`

Figure 2-2

Quatre boucles identiques.

La condition d'arrêt

Il est plus naturel de se demander « quand la boucle s'arrête-t-elle ? » que de déterminer la condition de continuité « tant que quoi la boucle continue-t-elle ? ». Pour écrire une boucle, prenez l'habitude :

1. De chercher la condition d'arrêt ;

2. D'écrire sa négation à l'aide du tableau de correspondance des conditions d'arrêt qui suit (à connaître).

Logique d'arrêt	=	≠	≥	<	>	≤	ET	OU
Logique de continuité	≠	=	<	≥	≤	>	OU	ET

Pour écrire une boucle, trois étapes sont obligatoires :

- L'initialisation des variables du compteur, et en général du bloc, avant d'entrer dans la boucle (ici `compteur = 1`).
- La condition de poursuite. Il existe toujours différentes conditions de poursuite, qui sont toutes justes (équivalentes).
- La modification d'au moins une valeur dans la boucle (celle que l'on a initialisée précédemment) pour que la répétition exprime une évolution des calculs.

C'est une erreur grave de négliger l'un des points précédents : on risque de ne pas entrer dans la boucle (la condition de poursuite est fausse dès le début), ou de ne pas pouvoir en sortir (il s'agit alors d'une « boucle infinie »).

La syntaxe des autres boucles

La boucle la plus naturelle est la boucle `tant_que`. Elle sera utilisée systématiquement dans tous les algorithmes. Mais les langages informatiques disposent de nombreuses syntaxes pour alléger l'écriture des programmes. Voici deux nouveaux types de boucles.

La boucle pour-faire

La boucle `pour-faire` est utilisée très fréquemment en programmation pour réitérer une exécution un nombre de fois connu à l'avance. Cette écriture est pratique puisqu'elle désigne l'ensemble de la boucle en une seule ligne : l'incrémentation (de 1) de la variable est sous-entendue à la fin de la boucle.

Voyons comment écrire l'affichage des nombres de 1 à 5.

```
pour (compteur ← 1) jusqu'à 5) faire
{
    ecrire(compteur);
}
```

Voyons à travers un exemple comment passer d'une écriture `pour-faire` à une écriture `tant_que-faire` :

```
Algorithme boucle-tant-que-faire
variables : compteur : entier;
Debut
    compteur ← 1;
    tant_que (compteur <= 5) faire
    {
        écrire (compteur);
        compteur ← compteur + 1;
    }// fin du bloc
Fin
```

```
Algorithme boucle-pour-faire
variables : compteur : entier;
Debut
    pour compteur ← 1 jusqu'à 5 faire
    {
        écrire (compteur);
        // le compteur est incrémenté de 1
    }// fin du bloc
Fin
```

Figure 2-3

Deux écritures : le même résultat.

La boucle faire-tant_que

La boucle `faire-tant_que` effectue l'évaluation de la condition booléenne après avoir effectué le premier tour de boucle. Dans certains cas, des algorithmes s'écrivent avec moins de lignes en utilisant ce type de boucle. Faites néanmoins attention à la condition de continuité.

```
compteur ← 1;                    // initialisation
faire                            // condition de poursuite
{
    ecrire(compteur);            // traitement
    compteur ← compteur + 1;     // incrémentation du compteur
} tant_que (compteur ≤ 4)        // attention à la condition !!!
```

L'utilisation efficace de la boucle `tant_que` est nécessaire et suffisante pour savoir programmer. Elle n'est pas facile à maîtriser, et c'est donc la seule boucle qui sera utilisée par la suite. Ceux qui veulent changer l'écriture et utiliser les deux autres syntaxes de boucles peuvent le faire, à condition que ce soit toujours pertinent.

Application en programmation

Pour concrétiser l'utilisation de ces boucles, voyons comment elles sont implémentées dans quelques langages courants. Voici, en programmation C++ et Java, un exemple (il s'agit en fait du même code pour les deux langages !) d'utilisation de la bien utile boucle `for` et de la boucle `do…while`.

Boucle Tant-que-faire	Boucle pour-faire	Boucle faire-tant_que

`int i = 1;`
 	
`while (i<=5){`
 	
    `// l'opération itérée 5 fois`
 	
    `i = i + 1 ;`
 	
`}`
	`int i;`
	
	`for (i=1; i<=5; i=i+1){`
	
	    `// l'opération itérée 5 fois`
	
	`}`
		`int i = 1;`
		
		`do {`
		
		    `// l'opération itérée 5 fois`
		
		    `i = i + 1;`
		
		`} while (i <= 5);`

Voici le même exemple en programmation Visual Basic :

Boucle Tant-que-faire	Boucle pour-faire	Boucle faire-tant_que

`Dim i As Integer`
 	
`i = 1`
 	
`While (i <= 5)`
 	
    `'l'operation itérée 5 fois`
 	
    `i = i + 1`
 	
`End While`
	`Dim i As Integer`
	
	`For i = 1 To 5`
	
	    `'l'operation itérée 5 fois`
	
	`Next`
		`Dim i As Integer`
		
		`i = 1`
		
		`Do`
		
		    `'l'operation itérée 5 fois`
		
		    `i = i + 1`
		
		`Loop While (i <= 5)`

Vous voyez donc que, selon les langages, la syntaxe peut être identique ou complètement différente. Le langage algorithmique permettra de gommer les spécificités des langages de programmation, pour rester très générique et se focaliser sur les concepts.

Applications

Boucle et conditionnelle

L'algorithme suivant présente une illustration de l'usage de la conditionnelle et de la boucle `tant_que`. Il s'agit de faire lire à l'utilisateur cinq nombres entiers et d'afficher le plus grand à la fin. L'idée consiste à écrire une boucle pour lire 5 entiers (les données) et comparer chaque lecture avec la valeur maximale (le résultat).

```
Algorithme Le-plus-grand-de-5-entiers
variables: compteur, valeur, max: entier;
Debut
  lire(valeur);
  max ← valeur;
  compteur ← 1;
  tant_que (compteur < 5) faire        // condition de poursuite
  {                                    // corps de la boucle
    lire(valeur);                      // saisie à chaque nouvelle itération
    si (max < valeur) alors
    {      max ← valeur;
    }
    compteur ← compteur + 1;           // incrémentation du compteur
  }
  ecrire("max egale ", max);
Fin
```

Pour comprendre le déroulement de la boucle `tant_que` de cet algorithme, il est utile de dresser un descriptif des valeurs que prennent les variables au moment du test `tant_que`. Supposons pour cela que l'utilisateur saisisse les nombres suivants : {2 ;8 ;1 ;4 ;7}.

valeur	max	compteur	(compteur < valeur)	Condition de continuité
2	2	1	Les variables avant le test du `tant_que`	
2	2	1	1 < 5 : Vrai	Vrai, premier tour (1)
8	8	2	2 < 5 : Vrai	Vrai, encore un tour (2)
1	8	3	3 < 5 : Vrai	Vrai, encore un tour (3)
4	8	4	4 < 5 : Vrai	Vrai, encore un tour (4)
7	8	5	5 < 5 : Faux	Faux, sortie de la boucle

À la sortie de la boucle, les valeurs des variables sont : `max = 8`, `valeur = 7` et `compteur = 5`. La variable `valeur` représente le nombre saisi par l'utilisateur, il doit y avoir 5 lectures en tout : 1 lecture avant la boucle, plus 4 lectures dans la boucle de 1 à 4. La variable max représente le résultat calculé par l'algorithme.

Boucle et tableau

L'algorithme suivant permet de saisir les éléments d'un tableau grâce à une boucle. La dimension du tableau est de 8 et les indices des éléments sont numérotés de 0 à 7. Une boucle de lecture est nécessaire pour lire et mémoriser tous ses éléments. Les tableaux serviront à développer de nombreux exemples didactiques d'utilisation des boucles.

```
Algorithme boucle-et-tableau
variables : tab: tableau[] d'entiers;
            indice: entier;
Debut
  tab ← new entier[8];
  indice ←0;                        // initialisation de l'indice à 0
  tant_que (indice < 8) faire       // condition de poursuite
  {
    // lecture de l'élément du tableau de rang indice et loger cet valeur à la (indice + 1)e place
    lire(tab[indice]);
    indice ← indice + 1;            // incrémentation de l'indice
  }
Fin
```

Représentons l'état de la mémoire à la fin de l'exécution de l'algorithme précédent (les valeurs des éléments du tableau sont supposées être celles saisies par l'utilisateur) : voir figure 2-4.

Figure 2-4

État de la mémoire.

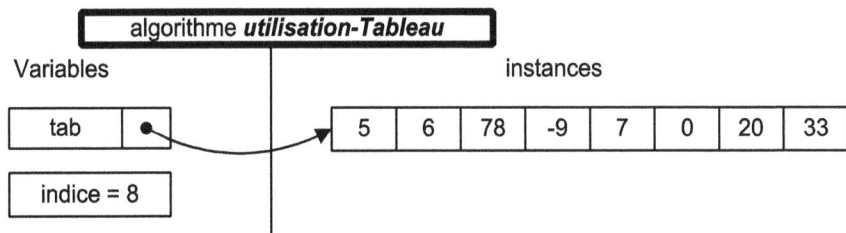

Les boucles imbriquées

L'usage

Il n'y a qu'un bloc d'instructions à répéter lors d'une boucle. Mais le bloc peut être lui-même composé d'une ou de plusieurs boucles. On parle alors de *boucles imbriquées*.

Prenons comme exemple la saisie de notes, pour extraire la meilleure de toutes. Ajoutons comme contrainte supplémentaire qu'une note doit être comprise entre 0 et 20. Si ce n'est pas le cas, l'algorithme doit prévenir l'utilisateur pour qu'il recommence la saisie.

Étudions déjà la saisie d'une note comprise entre 0 et 20. La boucle s'arrête quand la note saisie est comprise entre 0 et 20, c'est-à-dire ((note ≥ 0) ET (note ≤ 20)) : la condition de continuité s'écrit donc ((note < 0) OU (note > 20)).

```
Algorithme Saisir-note-entre-0-et-20
variables: note: entier;
Debut
    ecrire(" Entrez une note : ");
    lire(note);                                    // l'utilisateur entre la note.
    tant_que ((note < 0) OU (note > 20)) faire
    {
        ecrire("Vous avez fait une erreur, essayez encore : ");
                                                   // message d'erreur affiché.
        lire(note);                                // on recommence la saisie.
    }
Fin
```

Intégrons ce bloc dans la saisie de 5 notes pour déterminer la plus grande :

```
Algorithme La-plus-grande-de-5-notes
variables: compteur, max, note: entier;
Debut
  ecrire("Entrez une note :");
  lire(note);                          // l'utilisateur entre la note.
  tant_que ((note < 0) OU (note > 20)) faire
  {
      ecrire(" Vous avez fait une erreur, essayez encore : ");
      lire(note);
  }

  max ← note;
  compteur ← 1;
  tant_que (compteur < 5) faire        // condition de poursuite.
  {                                    // corps de la boucle.
      ecrire("Entrez une note :");
      lire(note);                      // l'utilisateur entre la note.

      tant_que ((note < 0) OU (note > 20)) faire
      {
          ecrire("Erreur, essayez encore :");
          lire(note);
      }

      si (max < note) alors
      {   max ← note;
      }
          compteur ← compteur + 1;     // incrémentation du compteur.
  }
    ecrire("la note la plus grande est", max);
Fin
```

Cet exemple pourrait être judicieusement réécrit avec une boucle faire-tant_que vue précédemment.

Boucle et tableau à deux dimensions

Si nous désirons écrire un programme qui travaille avec un damier de 10 cases sur 10 contenant des entiers, nous introduirons une instance `damier` sous forme d'un tableau de 10 cases sur 10. Chaque élément est alors repéré par deux indices : le numéro de la ligne et de la colonne. Écrivons l'algorithme permettant de mettre à zéro tous les éléments du damier.

```
Algorithme mettre-a-zero-le-damier
variables: indLigne, indColonne: entier;
           damier: tableau[][] d'entiers;
Debut
  damier ← new entier[10][10];

  indLigne ← 0;
  tant_que (indLigne < 10) faire          // parcours ligne par ligne
  {
      indColonne ← 0;                      // ne pas oublier l'initialisation
      tant_que (indColonne < 10) faire    // colonne par colonne
      {
         damier[indLigne][indColonne] ← 0;
         indColonne ← indColonne + 1;      // colonne suivante
      }
      indLigne ← indLigne + 1;             // ligne suivante
  }
Fin
```

L'erreur la plus fréquente dans les boucles imbriquées consiste à oublier d'initialiser l'indice de la boucle intermédiaire avant chaque passage.

Conditionnelle, boucle et tableau

Écrivons un algorithme qui détermine la position d'une valeur dans un tableau d'entiers. Le tableau est initialisé par des valeurs lues au clavier. L'utilisateur cherche ensuite une valeur : l'algorithme détermine la position du premier élément du tableau (même s'il y en a plusieurs) ou il renvoie −1 si le tableau ne possède pas cette valeur.

Une boucle va permettre l'initialisation du tableau. Une autre boucle va comparer chaque élément du tableau à la valeur cherchée. La boucle s'arrête quand la valeur a été déterminée (la valeur de `positionCherchee` ne vaut plus −1) ou quand tout le tableau a été parcouru.

La condition d'arrêt s'écrit `(positionCherchee ≠ −1) OU (indice ≥ taille)`.

```
Algorithme cherche-valeur-dans-tableau
variables: tab: tableau[] d'entiers;
           taille, indice: entier;
           positionCherchee : entier;
           valeur: entier;
Debut
        lire(taille);
        tab ← new entier[taille];
```

```
                  // initialisation du tableau
                  indice ← 0;
                  tant_que (indice < taille) faire        // parcours ligne par ligne
                  {
                      lire(tab[indice]);
                      indice ← indice + 1;                 // ligne suivante
                  }

                  // la recherche
                  lire(valeur);
                  positionCherchee ← −1;

                  indice ← 0;
                  tant_que ((positionCherchee = −1) ET (indice < taille)) faire
                  {
                      si (tab[indice] = valeur) alors
                          positionCherchee ← indice;
                  }
                  indice ← indice + 1;                     // l'élément suivant
                  ecrire(positionCherchee);
      Fin
```

C'est une erreur algorithmique de parcourir tout le tableau si vous avez trouvé la valeur recherchée : il faut absolument sortir de la boucle dès que la valeur est déterminée.

Exercices de bilan

Exercice 2.1 Une assurance propose trois tarifs (Vert, Orange et Rouge) selon l'âge et le nombre d'accidents des automobilistes.

	Moins de 25 ans	25 ans et plus
0 accident	Orange	Vert
1 ou 2 accidents	Rouge	Orange
3 à 6 accidents	Pas assuré	Rouge
7 accidents ou plus	Pas assuré	Pas assuré

Écrire un algorithme qui affiche le tarif après avoir saisi l'âge et le nombre d'accidents d'un automobiliste.

Exercice 2.2 Vous désirez comparer deux offres d'abonnement téléphonique. La facture est calculée avec un fixe (somme à payer obligatoirement tous les mois) et une partie proportionnelle au temps passé à téléphoner (indiqué en minutes).

Offre	Fixe	prix à la minute
Telecom 1	10 €	0,50 €
Telecom 2	15 €	0,42 €

Écrire l'algorithme qui indique l'opérateur le plus intéressant après avoir saisi la consommation moyenne mensuelle (en minutes).

Exercice 2.3 Compléter le tableau suivant représentant la correspondance entre les conditions de continuité et les conditions d'arrêt.

Condition d'arrêt	Condition de continuité
(nb = 4) ET (age < 25)	
(de = 6) OU (nbCoup > 5)	
(de1 = 6 ET (de2 = 6) OU (nbCoup > 5)	
(de1 = 6) OU (de2 = 6)	

Exercice 2.4 Écrire un algorithme qui demande à l'utilisateur de saisir une série de nombres entiers entre 0 et 20 et les stocke dans un tableau de 50 éléments. La saisie s'arrête si l'utilisateur saisit −1 ou si le tableau est complet. Sinon, à chaque erreur de saisie, l'utilisateur doit recommencer.

Exercice 2.5 Écrire un algorithme qui permet de saisir un tableau contenant 3 × 4 dates postérieures au 1er janvier 2000.

Exercice 2.6 Écrire un algorithme qui permet d'afficher les tables de multiplication de 1 à 10.

3

Les fonctions

Nous avons déjà utilisé depuis le premier chapitre les fonctions `lire` et `ecrire` pour saisir et afficher des valeurs. Une fonction fournit un service dans un algorithme isolé. Lorsque votre algorithme doit effectuer plusieurs fois la même tâche, il est judicieux d'isoler cette tâche dans une fonction et de l'appeler aux moments opportuns : votre algorithme n'en sera que plus facile à écrire et à modifier.

L'intérêt de l'utilisation des fonctions est double. Il existe dans tous les langages informatiques des bibliothèques de fonctions associées à des domaines de traitements particuliers (traitement des fichiers, des images, des animations, etc.). Pour maîtriser un langage, un programmeur doit connaître et utiliser les bibliothèques de fonctions.

La maîtrise des fonctions est une étape nécessaire à la compréhension ultérieure de la notion d'objet et de méthode. Il est raisonnable d'être progressif dans l'étude d'un bloc de programme exécuté à l'extérieur d'un algorithme : la fonction en est l'exemple le plus simple.

Apprenons à utiliser et à créer des fonctions.

Les fonctions simples

Définition

> **Définition**
>
> **Fonction**
>
> Une fonction est un algorithme indépendant. L'appel (avec ou sans paramètres) de la fonction déclenche l'exécution de son bloc d'instructions. Une fonction se termine en retournant ou non une valeur.

> **Définition**
>
> **Procédure**
>
> Une procédure est une fonction qui retourne vide : aucune valeur n'est retournée.

La structure d'une fonction est la suivante :

```
fonction nomDeLaFonction(liste des paramètres): typeRetourne
Debut
        bloc d'instructions;
Fin
```

Trois étapes sont toujours nécessaires à l'exécution d'une fonction :

1. Le programme appelant interrompt son exécution.

2. La fonction appelée effectue son bloc d'instructions. Dès qu'une instruction `retourne` est exécutée, la fonction s'arrête.

3. Le programme appelant reprend alors son exécution.

> **Définition**
>
> **L'arrêt de la fonction**
>
> Une fonction s'arrête lorsque son exécution atteint la fin du bloc d'instructions, ou lorsque l'instruction `retourne` est exécutée (avec ou sans valeur).

Le programmeur doit penser à concevoir et écrire des fonctions pour améliorer son programme. Il y gagnera sur plusieurs points :

- Le code des algorithmes est plus simple, plus clair et plus court. Dans un algorithme, appeler une fonction se fait en une seule ligne et la fonction peut être appelée à plusieurs reprises.

- Une seule modification dans la fonction sera automatiquement répercutée sur tous les algorithmes qui utilisent cette fonction.

- L'utilisation de fonctions génériques dans des algorithmes différents permet de réutiliser son travail et de gagner du temps.

Fonction sans valeur retournée

Apprenons à écrire et utiliser une fonction simple qui doit afficher `"bonjour"`. Cette fonction ne retourne pas de valeur : ceci est signalé en précisant qu'elle retourne `vide`.

```
fonction afficheBonjour(): vide
Debut
        ecrire("bonjour");
        retourne;
Fin
```

Une fonction se termine toujours par l'instruction `retourne`. Cette fonction effectuera les instructions situées entre `Debut` et `Fin`.

Écrivons un algorithme qui appelle la fonction afficheBonjour().

```
Algorithme utilise-fonction
Debut
        afficheBonjour();
Fin
```

Voici la suite des instructions exécutées au cours du temps : voir figure 3-1.

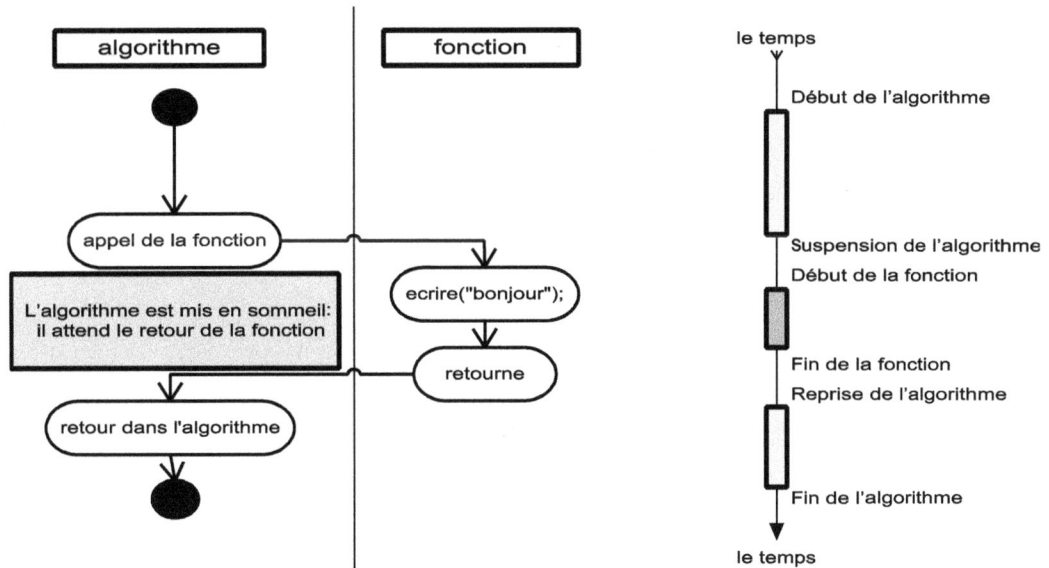

Figure 3-1

Passage de l'algorithme à la fonction.

Imaginons un autre algorithme qui appelle 10 fois la fonction afficheBonjour().

```
Algorithme utilise-fonction-10
variables: indice: entier;
Debut
        indice ← 0;
        tant_que (indice < 10) faire
        {
            afficheBonjour();
            indice ← indice + 1;
        }
Fin
```

Pour faciliter la lecture des algorithmes, il convient de respecter des règles (inspirées du langage Java) pour nommer les fonctions.

- Le nom d'une fonction commence par une minuscule.

- Le nom d'une fonction ne comporte pas d'espace.

- Si le nom de la fonction est composé de plusieurs mots, faire commencer chacun d'eux par une majuscule (par exemple : `sommeDeDeuxEntiers`, `valeurMax`) et ne pas faire figurer de traits d'union.

Fonction avec une valeur retournée

> **Définition**
>
> **La valeur de retour**
>
> Une fonction peut retourner une valeur au programme appelant. Cette valeur est unique. Le retour de la valeur signifie l'arrêt de la fonction.

Introduisons une autre fonction qui permet de lire une note entre 0 et 20. L'algorithme associé a été étudié au cours du chapitre 2, il suffit de le transformer en fonction :

```
fonction lireNote(): entier
variables: note: entier;
Debut
  ecrire("Entrez une note :");
  lire(note);                                    // l'utilisateur entre la note

  tant_que ((note < 0) OU (note > 20)) faire
  {
    ecrire("Vous avez fait une erreur, essayez encore :");
                                                 // message d'erreur affiché
    lire(note);                                  // on recommence la saisie
  }
  retourne(note);

Fin
```

La fonction `lireNote()` retourne une valeur entière à la fin de son exécution. L'instruction `retourne` indique la fin immédiate de la fonction et le retour dans le programme appelant.

L'environnement des données

Les paramètres

Le programme appelant doit donner à certaines fonctions des valeurs pour effectuer ses calculs. La fonction associe à ses valeurs des variables afin de les manipuler : ce sont les paramètres de la fonction.

> **Définition**
>
> **Les paramètres**
>
> Un paramètre est une variable locale à une fonction. Il possède dès le début de la fonction la valeur passée par le programme appelant.

Le passage des paramètres

Prenons l'exemple d'une fonction maxDe2Valeurs qui retourne le maximum de deux valeurs passées en paramètre. Cette fonction doit retourner une valeur entière : celle-ci est calculée en tenant compte des deux valeurs passées en paramètres.

```
fonction maxDe2Valeurs(p1: entier, p2: entier): entier
variables: resultat: entier;
Debut
      si (p1 < p2 ) alors
      {
         resultat ← p2;
      } sinon {
         resultat ← p1;
      }
         retourne(resultat);
Fin
```

Cette fonction effectuera les opérations situées entre Debut et Fin. Soit un algorithme qui appelle la fonction maxDe2Valeurs().

```
Algorithme utilise-fonction-max
variables: valeur1, max: entier;
Debut
      lire(valeur1);
      max ← maxDe2Valeurs(valeur1, 25);
      ecrire(max);
Fin
```

L'utilisation de la fonction s'effectue toujours en trois temps :

1. Avant de modifier la valeur de la variable max, l'algorithme s'arrête pour évaluer l'expression maxDe2Valeurs(valeur1, 25). Supposons que l'utilisateur ait saisi la valeur 12 pour valeur1, l'expression à évaluer est alors maxDe2Valeurs(12, 25).

2. La fonction travaille dans *un environnement de données* complètement dissocié de celui du programme appelant. Les seules valeurs connues de la fonction sont :
   - les deux *paramètres* p1 et p2 ;
   - la *variable* locale resultat.

3. Au retour de la fonction, l'expression maxDe2Valeurs(12,25) est remplacée par la valeur 25. L'algorithme continue son déroulement comme si l'expression avait été max ← 25.

variables: resultat: entier;			
Debut	p1 = 12	p2 = 25	résultat = ?
si (p1 < p2) alors	p1 = 12	p2 = 25	résultat = ?
resultat ← p2;	p1 = 12	p2 = 25	résultat = 25
sinon	instruction non exécutée		
resultat ← p1;	instruction non exécutée		
retourne(resultat);	Arrêt. La valeur 25 est retournée		
Fin	Variables et paramètres disparaissent à la Fin		

On remarquera qu'il faut éviter autant que possible d'écrire l'instruction `retourne` au milieu de la fonction. La lisibilité est alors moins facile. Par exemple, la fonction suivante est identique à la précédente :

```
fonction maxDe2Valeurs(p1: entier, p2: entier): entier
Debut
        si (p1 < p2 ) alors
        {
                retourne(p2);
        } sinon {
                retourne(p1);
        }
Fin
```

Néanmoins, dans le cas d'une fonction comportant plusieurs instructions `retourne`, faites attention : la fonction se termine immédiatement lors de la première instruction `retourne` exécutée.

Les données d'une fonction

Dans l'utilisation et l'écriture d'une fonction, la plus grande difficulté est de comprendre l'ensemble des données auxquelles la fonction a accès.

Définition

L'environnement de données

Un environnement de données, appelé aussi espace d'adressage, correspond à l'ensemble des variables associées exclusivement à un algorithme ou à une fonction.

Une variable définie dans un algorithme (respectivement dans une fonction), existe uniquement le temps limité de l'exécution de l'algorithme (respectivement de la fonction). Peu importe le nom des variables définies dans la fonction pour pouvoir l'utiliser. Ainsi, un programmeur ne donne jamais le nom des variables internes à une fonction dont il est l'auteur.

Pour revenir à l'exemple précédent, on peut écrire la définition de la même fonction de différentes manières :

```
fonction maxDe2Valeurs(p1: entier, p2: entier): entier
```

ou

```
fonction maxDe2Valeurs(valeur1: entier, valeur2: entier): entier
```

ou

```
fonction maxDe2Valeurs(entier, entier): entier
```

Dans les trois cas, l'utilisation de la fonction est identique :

```
leMax ← maxDe2Valeurs(455, 48);
```

Il est tout à fait possible que 2 variables, l'une déclarée dans le programme appelant et l'autre déclarée dans la fonction, portent le même nom. Elles peuvent être du même type ou non, peu importe, puisqu'elles sont utilisées de manière différente dans des environnements de données différents.

À travers le schéma mémoire (figure 3-2), nous visualisons que l'algorithme et la fonction sont dans des « boîtes indépendantes » représentant les espaces d'adressage indépendants. Il n'existe aucun moyen pour l'algorithme d'avoir accès aux variables de la fonction, ni à la fonction d'avoir accès aux variables de l'algorithme. Le seul échange se fait :

- de l'algorithme vers la fonction, en passant des valeurs grâce aux paramètres ;
- de la fonction vers l'algorithme en retournant une seule et unique valeur.

Figure 3-2

Deux environnements de données distincts.

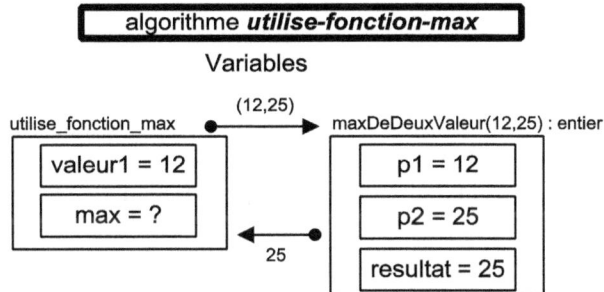

On dit souvent que « la fonction maxDe2Valeurs() retourne la variable entière resultat » : c'est un abus de langage. En effet, il faudrait dire que « la fonction maxDe2Valeurs() retourne la valeur de la variable entière resultat » : c'est la valeur 25 qui est retournée au programme appelant dans notre exemple. L'algorithme utilise_fonction_max ignore l'environnement des données de la fonction (donc la variable resultat).

Les paramètres et les variables

La plupart du temps, l'exécution d'une fonction est paramétrable grâce à des valeurs qui lui sont passées. Les paramètres sont des variables de la fonction : il est donc faux de vouloir les redéfinir dans la zone de déclaration des variables.

Une fonction peut accéder à deux types de données :

- Les **paramètres**, dont les valeurs sont connues dès le début de la fonction. Les valeurs sont passées en paramètres. Il est inutile de nommer les paramètres avec le même nom que les variables utilisées lors de l'appel de la fonction.
- Les **variables** (appelée variables locales) définies dans le bloc de déclaration des variables.

  Au cours de l'exécution d'une fonction, les variables définies dans le programme appelant sont inconnues : aussi bien leur nom que leur valeur.

La valeur retournée est unique. Il est impossible pour une fonction de retourner plusieurs valeurs, mais également de modifier directement une variable du programme appelant (sauf la fonction lire introduite au premier chapitre).

Techniques

Définir une fonction

Définition

La signature d'une fonction

La signature d'une fonction décrit les éléments permettant de l'appeler correctement :

- le nom de la fonction ;
- le type (et l'ordre) des paramètres ;
- le type de la valeur retournée.

Un programmeur qui souhaite utiliser une fonction n'a pas besoin de connaître le corps de la fonction (situé entre Debut et Fin), ni même le nom ou les types des variables internes à la fonction, mais seulement les caractéristiques nécessaires à son utilisation : sa signature. Il s'agit en fait de la carte d'identité de la fonction.

Deux fonctions ayant des signatures différentes sont différentes.

Bien sûr, le programmeur doit connaître l'action de la fonction qu'il utilise en plus de savoir l'appeler.

Quelques signatures de fonctions :

Signature de la fonction	Résultat de la fonction
afficheBonjour(): vide	Affiche « bonjour ».
maxDe2Valeurs(entier, entier): entier	Retourne une valeur entière, le maximum des deux paramètres.
hasard(entier): entier	Retourne une valeur entière aléatoire comprise entre 0 et la valeur passée en paramètre comprise.
partieEntiere(reel): entier	Retourne la valeur de l'entier égale à la partie entière du réel passé en paramètre.
racineCarree(entier): reel	Retourne le réel égal à la racine carrée de la valeur positive passée en paramètre.
valeurAbsolue(entier): entier	Retourne la valeur absolue de la valeur entière passée en paramètre.
valeurAbsolue(reel): reel	Retourne la valeur absolue de la valeur réelle passée en paramètre.

Les cinq dernières fonctions sont employées dans la résolution de certains problèmes.

Définition

Le polymorphisme paramétrique

Deux fonctions peuvent avoir le même nom et des paramètres différents en nombre ou en type. Le polymorphisme paramétrique garantit automatiquement l'exécution de la bonne fonction associée au bon nombre de paramètres et à leurs types. En effet, les programmes identifient une fonction par sa signature (et pas uniquement par son nom).

Les erreurs fréquentes à éviter

Erreurs à éviter dans l'utilisation d'une fonction :

- Oublier les parenthèses.
- Ne pas respecter le type de retour.
- Ne pas respecter le type des paramètres.
- Ne pas réécrire à chaque fois une fonction qui existe déjà.
- Croire que la fonction peut modifier la variable du programme appelant.

```
Algorithme utilise-fonction-5-erreurs
variables:valeur1, max: entier;
Debut
        afficheBonjour;              // mettre les parenthèses : afficheBonjour() ;
        hasard(5);                   // et la valeur retournée ? valeur1←hasard(s) ;
        hasard(2.5);                 // le type du paramètre ?
Fin
```

Erreurs à éviter dans l'écriture d'une fonction :

- Donner le même nom à un paramètre et à une variable.
- Placer plusieurs `retourne` consécutifs dans la fonction.
- Vouloir retourner plusieurs valeurs.
- Oublier de retourner la valeur ou retourner une valeur du mauvais type.
- Vouloir continuer un traitement après l'instruction `retourne`.
- Penser qu'en modifiant la valeur d'un paramètre, celui-ci sera modifié dans le programme appelant.

```
fonction fonctionErreur(p1:entier): entier
variables: resultat: réel;
           p1: entier;              // erreur : p1 est déjà un paramètre !
Debut
        retourne(resultat + p1);    // erreur : mauvais type de retour
        p1 ← 2;                     // la variable passée à la
                                    // fonction n'aura pas été modifiée
        retourne(2, resultat);      // erreur : on ne peut pas
                                    // retourner plusieurs valeurs
        resultat ← p1;              // erreur : cette opération
                                    // ne sera jamais exécutée
Fin
```

Les paramètres instance

En utilisant les chaînes et les dates dans des fonctions, nous allons étudier une manière de modifier directement une variable du programme appelant dans la fonction.

Imaginons une fonction qui convertit une chaîne de caractères en minuscules.

Fonction qui retourne une instance

La première approche consiste à définir la donnée (la chaîne à convertir) et le résultat (la chaîne en minuscule).

La signature de la fonction serait alors :

```
fonction convertirEnMinuscule(phrase:Chaine): Chaine
```

La solution serait de ne pas toucher à la chaîne passée en paramètre, et de travailler sur une copie qui serait retournée : l'utilisateur garderait alors la chaîne avec des majuscules et obtiendrait la chaîne composée uniquement de minuscules. La fonction solution serait ainsi :

```
fonction convertirEnMinuscule(c:Chaine): Chaine
variables: car: caractere;
           indice: entier;
           resultat: Chaine;
Debut
  resultat ← new Chaine(c);

  indice ← 0;                                    // initialisation de l'indice à 0
  tant_que (indice < resultat.longueur()) faire
  {
     car ← resultat.iemeCar(indice);
     si ((car ≥ 'A') ET (car ≤ 'Z')) alors
     {   car ← car + ('a' − 'A');
         resultat.modifierIeme(indice, car);
     }
     indice ← indice + 1;                        // incrémentation de l'indice
  }
  retourne resultat;
Fin
```

Et son utilisation :

```
Algorithme utilise_fonction_minuscule
variables: ch1, ch2: Chaine ;
Debut
  ch1 ← Chaine("DuPoNd");
  ch2 ← convertirEnMinuscule(ch1);
  ch2.ecrire();
Fin
```

Représentons le schéma mémoire de l'appel de la fonction et les deux environnements de données (voir figure 3-3).

Figure 3-3

État de la mémoire.

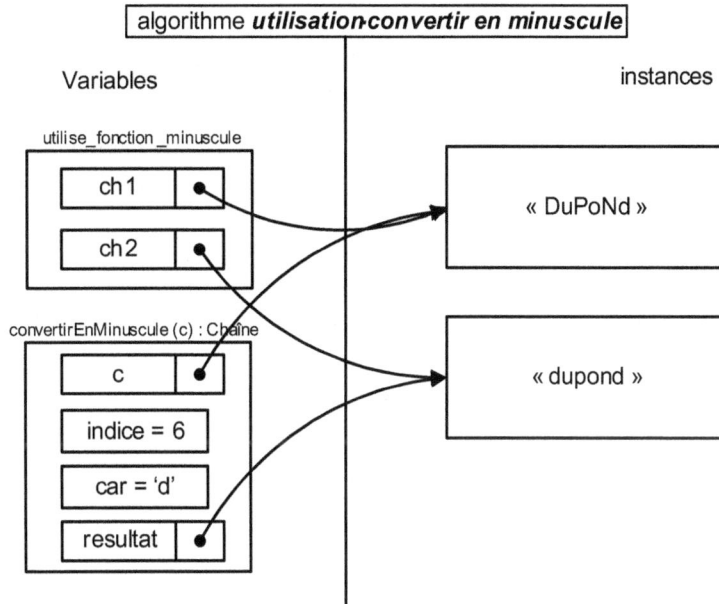

Ce schéma mémoire nous montre deux aspects importants des fonctions :

- Le programme appelant et la fonction sont dans des environnements de données différents, mais ils peuvent contenir des variables qui désignent la même instance (la même case).
- Le paramètre de la fonction est considéré comme une variable locale pour celle-ci.

Fonction qui modifie une instance paramètre

Une autre solution serait de convertir directement l'instance passée en paramètre. La signature de la fonction devient alors :

```
fonction convertirEnMinuscule(Chaine): vide
```

Cette fonction travaille directement sur l'instance indiquée par le programme appelant.

```
fonction convertirEnMinuscule(ch: Chaine): vide
variables: car: caractere;
           indice: entier;
Debut
  indice ← 0;                          // initialisation de l'indice à 0
  tant_que (indice < ch.longueur()) faire
```

```
    {
        car ← ch.iemeCar();
        si ((car ≥ 'A') ET (car ≤ 'Z')) alors
        {   car ← car + ('a' − 'A');
            ch.modifierIeme(indice, car);
        }
        indice ← indice + 1;                    // incrémentation de l'indice
    }
    retourne;
Fin
```

Et son utilisation :

```
Algorithme utilise-fonction-minuscule
variables: ch1: Chaine;
Debut
    ch1 ← Chaine("DuPoNd");
    convertirEnMinuscule(ch1);
    ch1.ecrire();
Fin
```

Représentons le schéma mémoire de l'appel à la fonction en cours d'exécution (après trois tours de boucles) : voir figure 3-4.

Figure 3-4

État de la mémoire à l'itération indice égale 3.

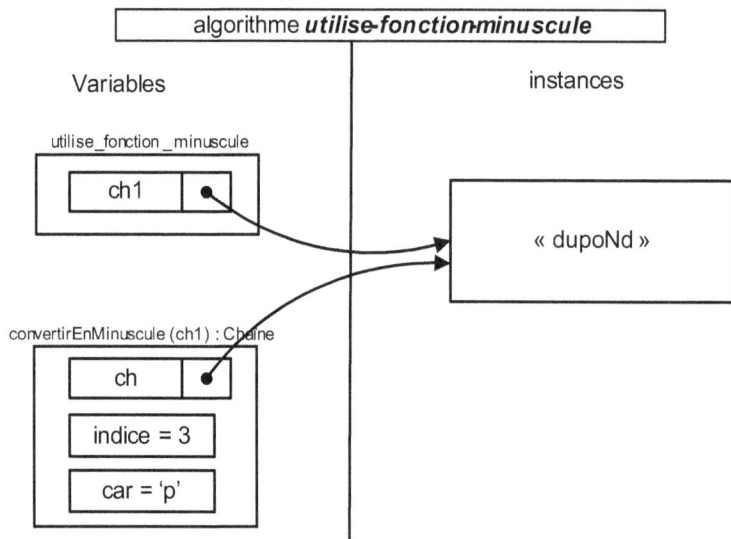

Cette technique est très utilisée : elle permet indirectement de partager des environnements de données.

La récursivité

Définition

La notion de récursivité est assez naturelle mais pas toujours très simple à mettre en œuvre.

> **Définition**
>
> **Fonction récursive**
>
> Une fonction est dite récursive si elle s'appelle elle-même.

La récursivité est une technique de programmation très puissante : elle permet quelquefois de trouver rapidement des solutions élégantes à des problèmes compliqués. Certains domaines sont plus propices aux solutions récursives simples (et des solutions itératives très compliquées) comme les mathématiques, la géométrie, les hiérarchies, etc. La difficulté est de penser à cette technique de programmation pour imaginer un algorithme.

Deux conditions sont nécessaires pour être en mesure d'utiliser la récursivité :

- Il faut pouvoir exprimer un algorithme sous forme d'une fonction de telle manière que sa valeur à un certain rang ne dépende que de sa valeur aux rangs inférieurs.
- On doit aussi connaître la solution pour les rangs initiaux.

La technique de programmation est toujours la même : elle est assez déconcertante au début.

> **Technique pour écrire une fonction récursive**
>
> Il suffit d'utiliser la fonction que vous n'avez pas encore écrite en supposant qu'elle donne déjà un résultat.

Un algorithme récursif se compose de deux parties :

1. Au moins une condition d'arrêt des appels récursifs, où les valeurs à déterminer sont immédiatement connues.
2. Un appel récursif. La fonction s'appelle elle-même, dans un autre environnement.

Pour une fonction récursive qui retourne vide :

```
fonction fonctionRecursive(liste des parametres): vide
Debut
  si (condition d'arrêt) alors          // condition d'arrêt et de retour
  {
     retourne;                          // à mettre au début du corps de la méthode
  }
  sinon
  {
     fonctionRecursive(liste des nouveaux parametres);
                                        // appel récursif
  }
Fin
```

Pour une fonction récursive qui retourne une valeur :

```
fonction fonctionRecursive(liste des paramètres): typeRetourne
Debut
  si (condition d'arrêt) alors    // condition d'arrêt et de retour
  {
     retourne(…);                 // à mettre au début du corps de la méthode
  }
  sinon
  {
                                   // appel récursif
     retourne(fonctionRecursive(liste des nouveaux parametres));
  }
Fin
```

Cette structure est à connaître par cœur, tout comme l'exemple suivant de la fonction factorielle.

La fonction factorielle

Définition

Un premier exemple de fonction récursive, très classique et par cela incontournable, va éclairer la notion de récursivité. Rappelons que la fonction factorielle est définie par :

factorielle(n) = n ! = 1 × 2 × … × (n−1) × n. Donc factorielle(1) = 1, factorielle(2) = 2, factorielle(3) = 1 × 2 × 3 = 6 et factorielle(4) = 1 × 2 × 3 × 4 = 24

On peut réécrire la fonction factorielle(n) d'une manière récurrente strictement équivalente à la précédente :

*   factorielle(1) = 1;
*   factorielle(n) = n × factorielle(n−1), pour n > 0.

À partir de cette définition récurrente, il va être assez simple de définir la fonction factorielle de manière récursive.

La fonction

Pour écrire factorielle(n), il suffit de se dire que la fonction factorielle(n−1) donne déjà le bon résultat : c'est assez déroutant puisqu'on est justement en train d'écrire la fonction factorielle. De là, il vient naturellement que factorielle(n) = n × factorielle(n−1) ; il suffit d'écrire la condition d'arrêt et le tour est joué.

```
fonction factorielle(nb: entier): entier
variables: f: entier;
Debut
  si (nb = 1) alors
  {                                // condition de sortie
     f ← 1;
     retourne(f);                  // sortie
  }
  sinon {
     f ← nb × factorielle(nb−1);   // la fonction s'appelle elle-même
     retourne(f);
  }
Fin
```

Et l'algorithme d'utilisation :

```
Algorithme ManipulationDeFactorielle
Debut
    ecrire(factorielle(3));
Fin
```

L'exécution

Comment fonctionne cet algorithme ? Calculons `factorielle(3)` (voir figure 3-5).

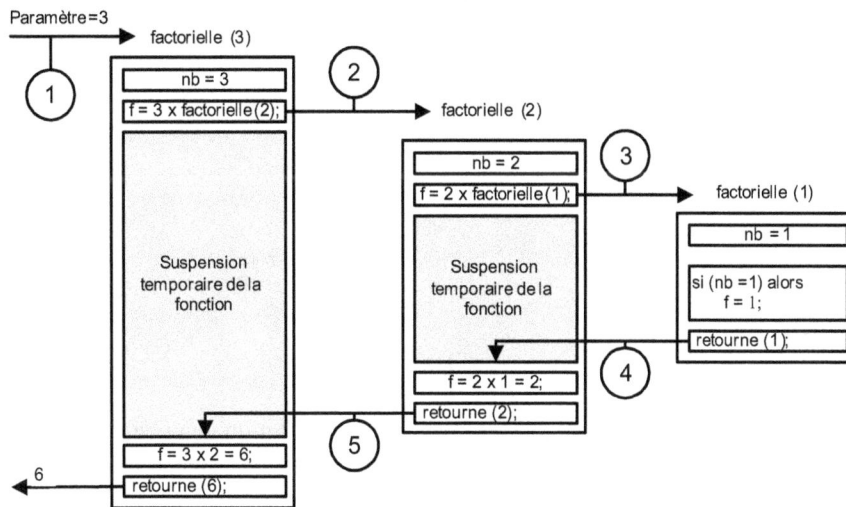

Figure 3-5

Calcul de factorielle de 3.

Chaque fonction s'exécute dans son environnement de données associé : lors de l'exécution du calcul de `factorielle(1)`, il y a trois variables `nb` définies avec trois valeurs différentes dans chaque environnement de données.

Précisons le déroulement des calculs :

Le calcul de `factorielle(3)` est lancé (étape n° 1).

Pour évaluer la valeur 2 × `factorielle(2)`, le calcul de `factorielle(3)` se suspend pour connaître la valeur de `factorielle(2)` (étape n° 2).

Le calcul de `factorielle(2)` se suspend à son tour pour évaluer `factorielle(1)` (étape n° 3).

Grâce à la condition d'arrêt, `factorielle(1)` retourne 1 : cette valeur remplace `factorielle(1)` dans le calcul suspendu de `factorielle(2)` (étape n° 4).

Le calcul de `factorielle(2)` peut reprendre là où il était suspendu et s'effectuer, `factorielle(2)` retourne 2 (étape n° 5) et le calcul de `factorielle(3)` peut reprendre et s'effectuer pour produire 6.

Finalement, on a calculé :

```
factorielle(3) = 3 × factorielle(2)
              = 3 × (2 × factorielle(1))
              = 3 × (2 ×    (1)       )
              = 6
```

Notons bien qu'un tel mode de traitement est différent d'un traitement itératif dans lequel chaque calcul s'effectue sur des valeurs toujours connues. Mais si le traitement est différent, il est clair que les calculs reviennent au même.

Il y a dans l'écriture de l'algorithme, l'appel à `factorielle(nb−1)` dont on ne connaît pas a priori la valeur au moment où ce terme apparaît, sauf si `nb` vaut 1. Mais il est essentiel de supposer que l'on sait calculer `factorielle(nb−1)` pour écrire récursivement l'algorithme de calcul de `factorielle(nb)`.

La même méthode écrite de manière plus concise donne :

```
fonction factorielle(nb: entier): entier
Debut
  si (nb = 1) alors
      retourne 1;
  retourne(nb × factorielle(nb−1)); // la fonction s'appelle elle-même
Fin
```

Rechercher une valeur dans un tableau

Ce problème a déjà été abordé de manière itérative à la fin du deuxième chapitre. Introduisons la fonction recherche : elle devra contenir comme paramètres le tableau étudié, sa taille et la valeur cherchée.

```
fonction chercher(t: tableau[] d'entiers, taille: entier,
                  valeur: entier): entier
```

Pour chercher une valeur dans un tableau de manière récursive, il faut supposer que cette valeur a été trouvée (ou pas) au rang inférieur, donc dans tout le tableau sauf la 1e case.

| 3 | 5 | 8 | 5 | 7 | 2 | 1 | 8 | 4 |

Je sais trouver la solution au rang inférieur

Il reste donc à tester le 1er élément : s'il est égal à la valeur cherchée, on retourne sa place, sinon on retourne la solution trouvée au rang inférieur.

La condition d'arrêt a lieu simplement quand il ne reste pas de case à tester : la valeur n'a alors pas été trouvée.

Il faut donc introduire aussi le rang `debut` de l'élément à tester.

```
fonction chercher(t: tableau[] d'entiers, taille: entier,
                  valeur: entier, debut: entier): entier
Debut
        si (debut ≥ taille) alors       // condition d'arrêt
```

```
                retourne (-1);
        si (t[debut] = valeur) alors   // on a trouvé
            retourne debut;
        retourne (chercher(t, taille, valeur, debut + 1));
                                    // appel récursif entre debut + 1 et taille
Fin
```

La suite de Fibonacci

La suite de Fibonacci est une suite récurrente dont chaque terme dépend des deux précédents. Elle est définie par :

$U_0 = 0$ et $U_1 = 1$

$U_n = U_{n-1} + U_{n-2}$, pour tout entier n tel que $2 \le n$.

Par exemple, $U_2 = U_1 + U_0 = 1 + 0 = 1$, $U_3 = U_2 + U_1 = 1 + 1 = 2$, $U_4 = U_3 + U_2 = 3$.

On désire calculer tout terme de la suite de Fibonacci de rang n, pour tout entier n donné.

Deux méthodes s'offrent à nous :

- La méthode itérative, avec une boucle tant_que qui va permettre de calculer tous les termes du premier jusqu'au n^{ème}.

- La méthode récursive. Elle sera comparable à celle utilisée pour le calcul récursif de factorielle et suit très exactement la définition de la suite de Fibonacci.

Pour écrire U(n), on suppose connues et justes les valeurs retournées par U(n-1) et U(n-2) (alors même qu'on essaye d'écrire la fonction U(n)).

L'algorithme s'écrit dans le même esprit que celui du calcul de factorielle, en s'appuyant simplement sur la définition mathématique de la suite.

```
fonction Fibonacci(n: entier): entier
// Explication : calcul récursif à partir de la formule Un = Un-1 + Un-2
Debut
  si (n = 0) alors              // première condition d'arrêt et de retour
      retourne(0);              // cas où n=1
  sinon
  {
    si (n = 1) alors            // seconde condition d'arrêt et de retour
                                // cas où n=2
        retourne(1);
    sinon                       // appel récursif en utilisant la formule.
        retourne(Fibonacci(n-1) + Fibonacci(n-2));
  }
Fin
```

Les erreurs à ne pas commettre

L'utilisation de la récursivité semblera évidente pour certains, et demandera beaucoup plus de temps à d'autres. Il existe néanmoins certaines règles et certaines techniques qu'il faut garder à l'esprit :

- Ne pas mettre de boucle tant_que dans une fonction récursive (c'est faux dans 99 % des cas).
- Ne pas oublier la condition d'arrêt.
- Ne pas hésiter à utiliser le résultat de la fonction que vous êtes en train d'écrire.
- Ne pas mettre une instruction retourne au milieu de votre fonction récursive : les instructions suivantes ne seraient pas exécutées.

La récursivité terminale

La récursivité terminale est une notion qui peut améliorer nettement les performances de vos algorithmes. En effet, l'exécution d'une fonction utilisant une récursivité terminale est transformée en général en fonction itérative (plus rapide et moins gourmande en mémoire) par le compilateur.

Définition

La récursivité terminale

Une fonction est récursive terminale si elle retourne sans autre calcul la valeur obtenue par son appel récursif.

La dernière ligne d'une telle fonction sera :

```
retourne(fonction(paramètres));
```

La fonction factorielle précédente utilise-t-elle la récursivité terminale ? La fonction factorielle se terminait par :

```
retourne(nb × factorielle(nb−1));
```

Ce n'est pas une récursivité terminale, l'évaluation de l'appel récursif factorielle(nb−1) est suivie par la multiplication par nb avant le retourne. La version récursive terminale serait :

```
fonction factorielle(nb: entier, resultat: entier): entier
Debut
  si (nb = 1) alors
    retourne resultat;
  retourne(factorielle(nb−1, nb×resultat));
  // la fonction s'appelle elle-même
Fin
```

Cette fonction est appelée en mettant initialement le résultat à 1 par :

```
fonction factorielle(nb: entier): entier
Debut
    retourne(factorielle(nb,1));              // appel de la fonction récursive terminale
Fin
```

Le paramètre resultat est calculé uniquement au fur et à mesure de l'appel récursif : factorielle(3,1) retourne la valeur factorielle(2,3) qui retourne la valeur factorielle(1,6) qui retourne 6.

Cette fonction factorielle terminale est souvent transformée par le compilateur en fonction itérative.

```
fonction factorielle(nb: entier): entier

variables: resultat: entier;
Debut
        resultat ← 1;
        tant_que (nb ≠ 1) alors {
                resultat ← nb × resultat;
                nb = nb − 1;
        }
        retourne(resultat);
Fin
```

La version itérative ne crée qu'une seule variable `resultat`, ce qui explique le gain de place mémoire. L'ordinateur nécessite un peu de temps pour appeler une fonction, notamment pour changer l'espace d'adressage : la vitesse d'exécution est ainsi accrue dans la dernière version.

Concrètement en Java, voici les temps de calculs en millisecondes obtenus sur un calcul des factorielles en récursivité classique et terminale.

Récursivité	10 !	70 !	120 !	184 !
classique	5	6	7	12
terminale	1	2	5	5

Je vous conseille de tester vous-même le programme, et de remarquer qu'après 185, la tendance s'inverse en raison du temps de calcul nécessaire pour multiplier et additionner des entiers contenant plus de cent chiffres chacun.

Le gain de vitesse est encore plus impressionnant dans le calcul des éléments de Fibonacci : je vous laisse le soin de le découvrir au cours d'un exercice de bilan qui suit.

Exercices de bilan

Exercice 3.1 Reprendre les exercices du chapitre 2 et introduire les fonctions utiles.

Exercice 3.2 Écrire une fonction qui retourne le plus grand de deux entiers passés en paramètres. Même exercice avec trois entiers.

Exercice 3.3 Le jeu de cartes. Écrire une fonction qui permet de mélanger un jeu de 32 cartes.

Exercice 3.4 Écrire une fonction qui affiche un tableau à l'envers par une méthode itérative et récursive. Le tableau et la position du premier élément à afficher sont passés en paramètre.

Exercice 3.5 Écrire la fonction de Fibonacci en récursif terminal.

Exercice 3.6 Écrire une fonction qui retourne la somme de deux entiers `somme(entier, entier)` retourne `entier` et un algorithme qui l'utilise. Expliquer à travers cet exemple la notion de variables locales.

Exercice 3.7 Écrire un programme qui demande à l'utilisateur de deviner un nombre entre 1 et 1 000. À chaque proposition, le programme indique si le nombre à trouver est inférieur ou supérieur à celui saisi.

Partie II

Les objets

Cette partie introduit les objets de manière graduelle. Dans un premier temps, nous étudierons un exemple en détail pour apprendre à utiliser des objets déjà existants. Ensuite, nous écrirons de bout en bout la classe Date, comme si elle n'existait pas. Enfin, nous aborderons les techniques plus complexes de la conception objet. À travers ces trois chapitres, nous définirons ainsi un grand nombre de notions qu'il est nécessaire de connaître pour analyser un problème et réaliser une conception objet cohérente.

4

Utilisation des objets

À travers un problème classique de gestion de notes d'étudiants, nous allons introduire l'utilisation d'objets. Pour cela, l'analyse du cahier des charges permet d'isoler certains composants de l'application, et d'identifier les actions nécessaires à leur utilisation. La plupart du temps, les objets à manipuler existent déjà : les choisir et les utiliser à bon escient est l'activité la plus délicate du programmeur.

Un langage permettant de représenter graphiquement notre modèle sera utilisé, il s'agit de UML (Unified Modeling Language, traduit en français par langage de modélisation objet unifié).

Développement orienté objet

Le cahier des charges

Le cahier des charges est la pièce principale de votre future application. Il identifie, grâce à des phrases simples, les attentes des futurs utilisateurs. Il est nécessaire de passer du temps à l'élaborer : toute partie obscure dans sa définition posera problème au moment de la conception du programme. Le système doit être décrit dans les moindres détails.

Définition

Le cahier des charges

Le cahier des charges identifie de manière précise les besoins de l'utilisateur dans son langage.

Exemple de cahier des charges : « Dans le cadre d'une université, vous devez réaliser l'application permettant de gérer les notes des étudiants. Chaque étudiant, identifié par son nom, pourra accéder à ses notes. Dans le cas d'homonymes, la date de naissance permet de les différencier. Les étudiants sont identifiés en début d'année et les notes sont saisies par les enseignants en cours d'année. ».

L'organisation et le système

Il est primordial, avant de commencer une analyse, de bien connaître l'objet du travail.

> **Définition**
>
> **L'organisation**
>
> L'organisation identifie de manière générale l'entreprise ou le service qui utilisera votre programme.

> **Définition**
>
> **Le système**
>
> Le système identifie l'ensemble des objets gérés par l'étude.

Le cahier des charges précédent permet de savoir que le logiciel est commandé par une organisation (l'université), et sera manipulé par le service de gestion des notes.

Les acteurs et les cas d'utilisation du système

Une fois le système à traiter connu, il est nécessaire de se demander quels seront les utilisateurs du système.

> **Définition**
>
> **Cas d'utilisation**
>
> Un cas d'utilisation définit l'ensemble des tâches du système.

> **Définition**
>
> **Acteur**
>
> Un acteur est un utilisateur du système.

Dans notre cas, les enseignants devront saisir les notes, et les étudiants pourront y avoir accès en lecture : ce sont les acteurs du système. Nous venons d'énumérer les cas pour lesquels les acteurs utilisent le système : la saisie et la lecture des notes (figure 4-1).

Figure 4-1

Schéma UML des cas d'utilisation.

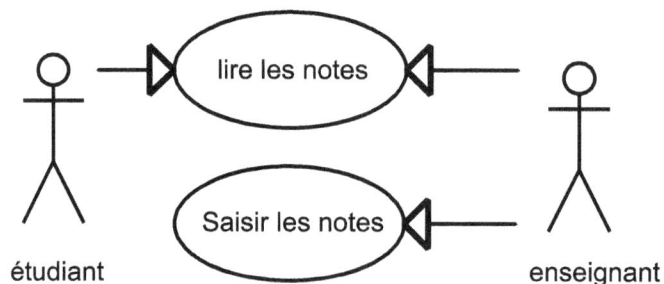

Le dictionnaire des données

L'écriture d'un algorithme commence toujours par l'identification des données et des résultats. Dans un problème plus complexe, il est important de lister de manière exhaustive l'ensemble des termes utilisés, et de les regrouper pour les isoler. La finalité de cette opération est évidemment de connaître les données manipulées.

> **Définition**
>
> **Dictionnaire des données**
>
> Le dictionnaire des données est élaboré à partir du cahier des charges pour identifier les données et les résultats nécessaires à la résolution du problème.

Le dictionnaire des données de notre exemple peut être le suivant :

Étudiant, Nom, Prénom, Notes, Date de naissance, Enseignants.

Le diagramme de classe

La principale difficulté d'une algorithmique conçue par objet est dans la détermination des *bons* objets, c'est l'objectif de l'étape de conception. À la lecture du dictionnaire des données, apparaissent des entités munies de caractéristiques que nous devons manipuler.

Il existe alors deux possibilités :

- Les types que nous voulons manipuler existent, c'est le cas le plus simple. Un autre développeur les a déjà créés. Le programme sera écrit directement pour répondre au cahier des charges.

- Les types que nous voulons manipuler n'existent pas : il faut alors les créer. Nous devons construire nos propres outils afin de nous retrouver dans la première solution. Il s'agit du sujet du chapitre suivant (écrire sa propre classe).

Dans notre exemple, nous supposons donné un type Etudiant (appelé la classe Etudiant) sous la forme indiquant l'ensemble des opérations permettant sa manipulation (voir figure 4-2).

Figure 4-2

*Interface utilisateur
de la classe Etudiant.*

Etudiant
+ Etudiant( )
+ Etudiant(nom: Chaine, dateNaissance: Date)
+ Etudiant(nom: Chaine, dateNaissance: Date, nbNote: entier, sommeNotes: réel)
+ getMoyenne( ): réel
+ ajouterNote(nouvelleNote: réel): vide
+ etudiantEnChaine( ): Chaine

Lors de son utilisation, une classe est vue comme une boîte noire : peu importe la manière dont elle fonctionne, il nous suffit de connaître son interface utilisateur (l'ensemble de ses fonctions internes, appelées « méthodes »). D'ailleurs, la majeure partie d'une classe (les données et les opérations internes qu'elle contient) est complètement cachée à l'utilisateur (figure 4-3).

Figure 4-3

Une classe est une boîte noire.

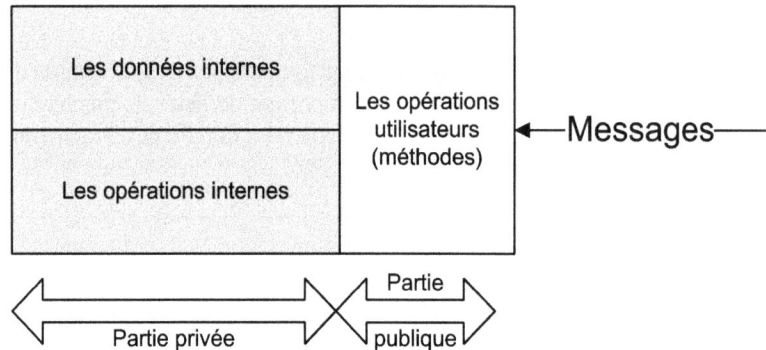

Définition

Classe

Une classe définit une structure de données particulière ainsi que les opérations permettant de la manipuler.

Remarquons que la classe Etudiant est la troisième classe que nous introduisons après Chaine et Date.

Les classes doivent être perçues comme des types évolués, qui peuvent représenter un nombre incroyablement divers de choses : des avions, des ordinateurs, des personnes, des étudiants, des livres, des bibliothèques, des romans, des joueurs, etc., et même des événements ou des échanges.

Utiliser (ou définir) une nouvelle classe, c'est en quelque sorte utiliser (ou définir) un nouveau type avec les traitements associés. Mais définir un type (par exemple le type entier) et les opérations associées (+, −, ×, /, DIV et MOD) n'est pas suffisant : encore faut-il savoir l'utiliser. Pour les entiers, il suffit de définir une variable de type entier et de la manipuler. Pour les classes, il faut construire un objet.

Construction d'un objet existant : instance de classe

Première étape : définir la variable d'instance

Comme dans le cas de la classe Chaine ou de la classe Date, le seul moyen de travailler avec une classe est de définir une variable du type de la classe.

```
Algorithme definition-de-la-variable-Etudiant
variables: el: Etudiant;
Debut
          // étape n° 1
Fin
```

Représentons l'état de la mémoire au tout début de l'exécution de l'algorithme précédent (voir figure 4-4).

Figure 4-4

La valeur null.

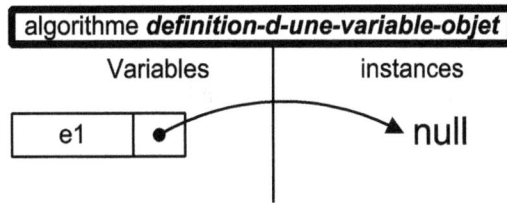

Les variables de type simple n'ont pas de valeur définie au début d'un algorithme : il en est de même pour les variables de type objet. Une variable de valeur inconnue est représentée par « ? », de la même façon, une variable qui n'a pas été construite est représentée par null.

Deuxième étape : construire l'instance

Instance

La classe est la définition d'une structure (en poterie, il s'agirait du moule). Les instances sont les objets créés, concrets en mémoire, qui respectent la définition de la classe associée (en poterie, il s'agirait des moulages). Les instances sont manipulées uniquement par les méthodes de l'interface utilisateur définies dans la classe associée.

Remarque

Dans un même algorithme, il est bien évidemment possible de créer et de manipuler plusieurs instances associées à une seule et même classe.

Définition

Instance de classe - objet

On appelle *instance de classe* ou *instance* ou *objet* l'ensemble concret en mémoire réifiant la notion de classe.

Le verbe *réifier* signifie transformer en chose, ou matérialiser.

Le terme *objet* est celui utilisé en UML. Son utilisation soulève parfois une ambiguïté : certains l'utilisent dans le sens « instance de classe », d'autre l'utilisent au sens général identifiant une « classe » (ce qui est inexact). Par la suite, nous utiliserons exclusivement les termes « instance » et « instance de classe ».

Propriétés d'une instance

Une instance possède trois caractéristiques :

- une identité (au moins une variable l'identifie) ;
- un état (défini par l'ensemble des données qu'elle contient) ;
- un comportement (correspondant à l'ensemble de ses méthodes).

Constructeur

Création d'une instance

La création effective de l'instance se fait ensuite à l'aide de l'opérateur spécifique new.

> **Définition**
> **L'opérateur new**
> L'opérateur new crée un objet.

L'objet créé par l'opérateur new est représenté par une case dans la partie droite du schéma.

> **Définition**
> **Le constructeur (pour l'utilisateur de la classe)**
> Un constructeur est appelé pour construire *une instance de classe*. L'objectif d'un constructeur est d'initialiser les caractéristiques de *l'objet* créé par l'opérateur new.

La classe a déjà été déclarée et l'identificateur de l'instance est connu pour l'algorithme. Il est alors nécessaire de créer *effectivement* cet objet, de lui allouer de la place mémoire.

```
variableInstance ← new NomDeLaClasse();
```

Ou bien, si le constructeur nécessite des paramètres

```
variableInstance ← new NomDeLaClasse(paramètres);
```

L'opérateur new crée un objet (représenté par une case dans la partie droite du schéma). Les objets doivent être initialisés avant de pouvoir être utilisés. Par exemple, la variable date d1 est initialisée par le constructeur grâce à l'opérateur new :

```
Algorithme construction-d-instances
variables: d1: Date;
           c1: Chaine;
           e1: Etudiant;
Debut
        d1 ← new Date(23, 4, 2003);   // la variable d1 est initialisée
        c1 ← new Chaine("toto");      // la variable c1 est initialisée
        e1 ← new Etudiant(c1, d1);    // la variable e1 est initialisée
Fin
```

Représentons l'état de la mémoire à la fin de l'exécution de l'algorithme précédent (voir figure 4-5). Nous ne connaissons pas encore le fonctionnement interne de la classe Etudiant : supposons, dans un premier temps, que le nom et la date pointent directement vers les instances passés en paramètre.

Propriétés du constructeur

- Un constructeur porte le même nom que la classe qu'il doit construire.

- Une classe peut posséder plusieurs constructeurs (portant le même nom, celui de la classe) mais ayant des paramètres différents.

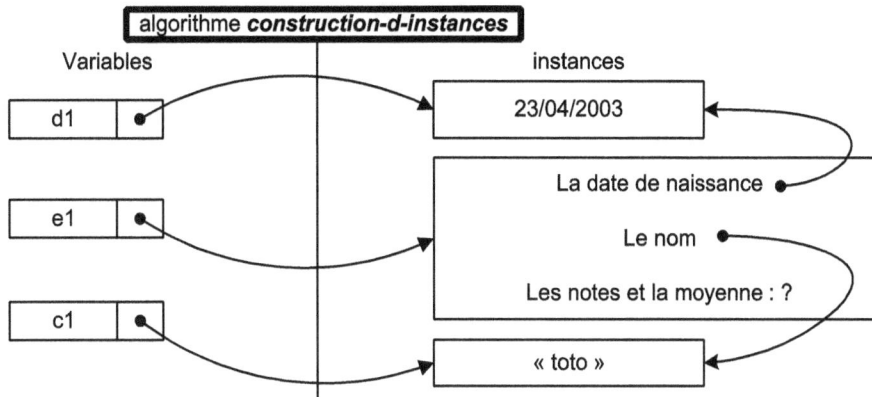

Figure 4-5

État de la mémoire.

Remarque

Un constructeur ne retourne pas de valeur, même vide : il n'a pas de retour !

Définition

Constructeur par défaut

Le constructeur par défaut est le constructeur qui ne prend aucun paramètre. Les valeurs des attributs sont des valeurs déterminées par le concepteur de la classe.

Par exemple, la classe Date possède un constructeur par défaut Date() qui initialise l'instance à la date du 1er janvier 1970.

Variables et instances

Il est possible que plusieurs variables référencent une même instance.

```
Algorithme deux-variables-pour-une-Date
variables: d1, d2: Date;
Debut
  d1 ← new Date(23, 4, 2003);      // la variable d1 est initialisée
  d2 ← d1;                          // d2 et d1 représente le même objet
Fin
```

L'état de la mémoire à la fin de l'exécution de l'algorithme précédent (voir figure 4-6) montre qu'une seule instance peut posséder plusieurs noms dans l'algorithme. Après l'instruction d2 ← d1, appliquer une méthode sur d1 ou sur d2 est identique : c'est le même objet qui sera manipulé !

Figure 4-6

État de la mémoire.

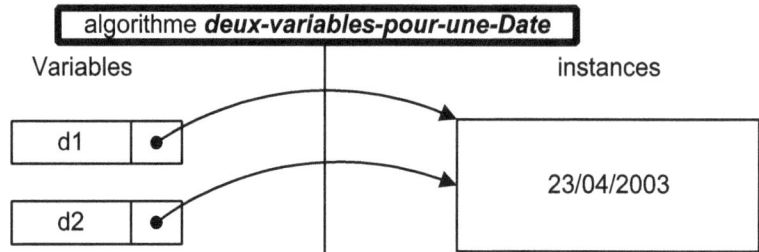

Il est possible qu'une instance ne soit plus référencée.

```
Algorithme une-Date-sans-variable
variables: d1: Date;
Debut
   d1 ← new Date(23, 4, 2003);    // la variable d1 est initialisée
   d1 ← new Date(13, 12, 2004);   // la variable d1 est initialisée
Fin
```

L'état de la mémoire à la fin de l'exécution de l'algorithme précédent montre que la première instance est devenue inaccessible par la variable d1. Il est alors impossible de manipuler la première instance créée.

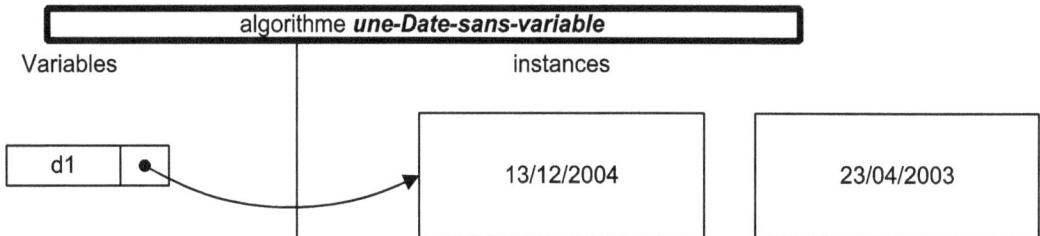

Figure 4-7

État de la mémoire.

Une date sans variable : dans le langage algorithmique, l'instance sera automatiquement supprimée puisqu'il est impossible d'accéder à cette date dans la suite de l'algorithme. Ce fonctionnement se rapproche de celui du langage Java qui détruit automatiquement toutes les instances devenues inaccessibles.

Appel d'une méthode

Les instances doivent être imaginées comme des entités indépendantes. Pour activer une instance, il faut lui envoyer un message : celui-ci déclenche alors l'activité de l'instance (le déroulement de la méthode associée).

> **Définition**
>
> **Un message**
>
> Un message est le signal envoyé à une instance particulière, avec ou sans paramètres.

> **Définition**
>
> **Une méthode**
>
> Une méthode, appliquée à une instance particulière, est l'exécution d'un algorithme déclenché par un message.

Il reste enfin à préciser comment on invoque une méthode. Le cas le plus simple est celui où la méthode est activée sur un objet instance de sa classe identifiée. Cela se fait par l'application, sur l'identificateur de l'objet receveur, du nom de la méthode (en fait du message) à l'aide de l'opérateur noté « . ».

L'appel d'une méthode sur un objet receveur est alors le suivant.

- Si la méthode retourne vide :

```
instanceDeClasse.methode();
```

- Si la méthode retourne une valeur :

```
resultat ← instanceDeClasse.methode();
```

Le système à objets reconnaît la méthode invoquée en reconnaissant la classe de l'objet receveur, la classe comportant comme information structurelle les corps de toutes ses méthodes. Le système peut ainsi activer la bonne méthode invoquée.

L'appel de méthode : caractéristiques

- Vérifiez que vous avez mis le « . » et que la variable placée devant ce point appartient bien à une classe qui possède la méthode utilisée.
- Vérifiez que vous n'avez pas oublié des paramètres pour utiliser la méthode. Même sans paramètre, **il faut mettre des parenthèses**.
- La méthode retourne vide ou autre chose (un entier, un caractère, etc.) : pensez à mettre la valeur retournée dans une variable.

Certaines erreurs sont classiques. Retrouvez-les dans cet exemple pour les éviter par la suite :

```
Algorithme Utilisation de la Chaine avec des erreurs
variables: nom, prenom: Chaine;
           lg: entier;
           car: caractere;
Debut
       nom ← new Chaine();
       lg ← prenom.longueur();   // la chaîne prenom n'a pas été créée
       lg ← longueur();          // la longueur de quoi ?
       lg ← nom.longueur;        // il manque les parenthèses
       car ← nom.iemeCar();      // il faut préciser le numéro de la lettre
       lire(nom);                // il faut utiliser l'opération  :  nom.lire();
       ecrire(nom);              // il faut utiliser l'opération :  nom.ecrire();
Fin
```

Exemples d'utilisation

Revenons à notre problème de gestion des étudiants. L'objectif de cet exemple reste avant tout la conception et l'écriture d'un algorithme grâce à l'utilisation des classes Etudiant, Date et Chaine.

Écrivons les deux algorithmes permettant de saisir et de visualiser les notes. Pour le moment, les algorithmes sont dissociés : le plus simple est de les écrire avec des fonctions reliées ensuite par un petit algorithme fournissant un menu à l'enseignant ou à l'étudiant utilisateur.

Sachez que nous réaliserons dans le sixième chapitre le même programme mais avec une conception entièrement objet.

Pour stocker les étudiants, nous avons à notre disposition les tableaux. Introduisons donc le tableau d'étudiants et le nombre d'étudiants.

Saisir les notes

Définissons l'algorithme de saisie des notes. Commençons simplement par écrire une fonction qui permet de saisir une note pour un seul étudiant etud passé en paramètre.

```
fonction saisirUneNote(etud:Etudiant): vide
variable: nouvelleNote: réel;
Debut
    etud.etudiantEnChaine().afficher();
    ecrire(" quelle est la nouvelle note ? ");
    lire(nouvelleNote);
    etud.ajouterNote(nouvelleNote);          // utilisation de la méthode de la classe Etudiant
Fin
```

Il suffit de parcourir le tableau des étudiants et de saisir la note de chacun (grâce à la fonction précédente).

```
fonction saisirNotes(liste: tableau d'Etudiant[],nbEtudiant: entier): vide
variable: numero: entier;
Debut
    numero ← 0;
    tant_que (numero < nbEtudiant) faire
    {
        saisirUneNote(liste[numero]);          // appel à la fonction
        numero ← numero+1;
    }
Fin
```

Pour afficher les notes, il suffit de parcourir le tableau et d'utiliser la méthode etudiantEnChaine() de la classe Etudiant pour obtenir une chaîne, sur laquelle on applique la méthode ecrire() de la classe Chaine.

Visualiser les notes

```
fonction afficher(liste: tableau[] d'Etudiant,nbEtudiant: entier): vide
variable: i: entier;
Debut
    i ← 0;
    tant_que (i < nbEtudiant) faire
    {
        liste[i].etudiantEnChaine().ecrire();
        i ← i+1;
    }
Fin
```

Le menu

Rappelons que ce programme n'est qu'un exemple, et qu'en aucun cas, la question de l'interface graphique n'a été abordée. Il est cependant facile et agréable, même en mode texte, d'assembler les fonctions précédentes.

```
fonction menu(liste: tableau[] d'Etudiant,nbEtudiant: entier): vide
variable : choixMenu: entier;
Debut
        afficherMenu();
        lire(choixMenu);
        tant_que (choixMenu ≠ 3) faire
        {
                si (choixMenu = 1) alors
                {
                    afficher(liste, nbEtudiant);
                }
                sinon si(choixMenu = 2) alors
                {
                    saisirNotes(liste,nbEtudiant);
                }
                sinon
                {
                    ecrire("erreur de saisie !");
                }
                afficherMenu();
                lire(choixMenu);
        }
Fin
```

Plutôt que d'écrire deux fois le menu dans l'algorithme précédent, il est préférable de le mettre dans une fonction à part.

```
fonction afficherMenu(): vide
Debut
        ecrire("*****************************");
        ecrire("1. afficher les etudiants");
```

```
        ecrire("2. saisir une note pour chaque etudiant");
        ecrire("3. quitter");
        ecrire("*****************************");
        ecrire("votre choix : ");
Fin
```

Et enfin l'algorithme qui gère les étudiants :

```
Algorithme gestion-des-notes-des-étudiants
variable: listeEtudiant: tableau[] d'Etudiant;
Debut
        listeEtudiant = new Etudiant[20];
        listeEtudiant[0] ← new Etudiant("toto", new Date(15,12,1980));
        listeEtudiant[1] ← new Etudiant("titi", new Date(25,12,1981));
        listeEtudiant[2] ← new Etudiant("tutu", new Date(2,3,1982));
        listeEtudiant[3] ← new Etudiant("tata", new Date(1,4,1980));
        menu(listeEtudiant,4);
Fin
```

Exercices de bilan

À chaque appel, le constructeur de la classe Etudiant crée deux nouvelles instances (Date et Chaine) par recopie de celles passées en paramètres.

Exercice 4.1 Faire le schéma mémoire de l'algorithme suivant.

```
Algorithme faire-un-schéma
variable: dupond: Etudiant;
          d1,d2: Date;
          note: entier
Debut
        d1 ← new Date(25,12,1981);
        d2 ← d1;
        dupond ← new Etudiant(new Chaine("tutu"),d2);
Fin
```

Exercice 4.2 Écrire un algorithme permettant de générer le schéma mémoire suivant :

Figure 4-8

État de la mémoire.

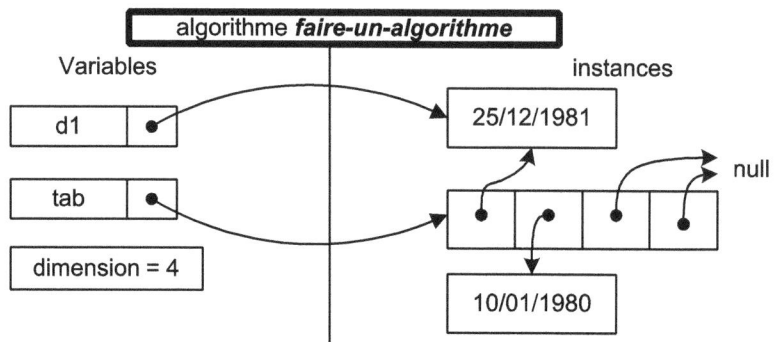

Exercice 4.3 Déceler les erreurs de la fonction suivante.

```
fonction fabriqueEtudiant(): Etudiant
variable: d1, d2: Date;
          et: Etudiant;
Debut
        d1 ← d2;
        et ← new Etudiant(new Chaine("tutu"),d2);
        d2 ← new Date(10,11,2002);
Fin
```

Exercice 4.4 Indiquer combien d'objets sont créés par le programme suivant.

```
Algorithme combien-d-objets
variable: e1, e2, e3: Etudiant;
          d1,d2: Date;
          min, max: entier
          tab : tableau[] d'Etudiant
Debut
        tab ← new Tableau[5];
        d1 ← new Date(25,12,1981);
        d2 ← d1;
        e1 ← new Etudiant(new Chaine("tutu"),d2);
        tab[0] ← e1;
        tab[1] ← new Etudiant(new Chaine("titi"),d1);
        tab[2] ← e1;
Fin
```

Exercice 4.5 Utiliser les objets chaîne de caractères dans les trois langages Java, C++ et VB pour définir une instance bonjour et indiquer le nombre de caractères avec la méthode appropriée.

Écriture d'une classe simple

Dans ce chapitre, nous allons apprendre à écrire notre propre classe. Les notions introduites sont essentielles pour savoir concevoir et programmer des objets. L'exemple de la classe Date y est détaillé en pointant les erreurs les plus fréquentes. Des résumés et des conseils vous permettront d'aborder l'écriture d'une classe de manière pragmatique et efficace.

Conception d'une classe

L'interface d'une classe

Nous allons maintenant écrire des classes (figure 5-1). Dans une approche par objet, il ne sera plus suffisant d'utiliser des classes existantes. Les spécifications du problème imposeront d'en concevoir de nouvelles. Nous utiliserons évidemment des classes connues, comme la classe Chaine, qui sera un composant de nos nouvelles classes.

Figure 5-1

Une classe est une boîte noire pour son utilisateur.

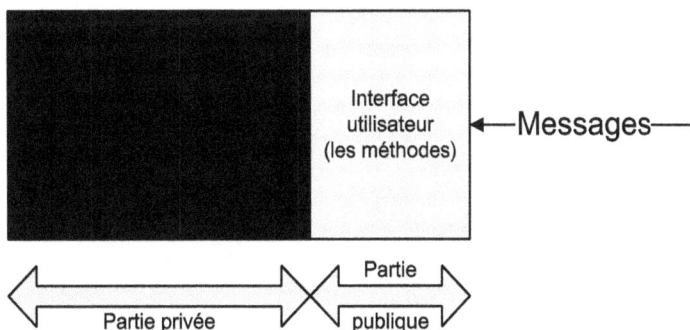

Avant de pouvoir imaginer et concevoir une classe de bout en bout, commençons par écrire la classe Date dont l'interface utilisateur est connue.

La classe vue par l'utilisateur

Rappelons l'interface utilisateur de la classe Date : grâce à l'ensemble des méthodes décrites, tout programmeur peut l'utiliser pour développer ses propres algorithmes.

Figure 5-2

L'interface utilisateur de la classe Date.

Date
+ Date( )
+ Date(jour, mois, an: entier)
+ Date(d: Date)
+ dateEnChaine( ): Chaîne
+ estBissextile( ): booléen
+ precede(d: Date): booléen

Mais avant de pouvoir utiliser cette classe, un programmeur doit l'avoir préalablement conçue et écrite.

La classe vue par son programmeur

La nouvelle classe Date à créer possède trois variables entières internes (cachées à l'utilisateur) qui définissent précisément une date : le jour, le mois, l'année. Ces variables internes seront appelées les attributs de la classe. Chaque instance de Date sera définie individuellement par ses trois attributs ayant leurs propres valeurs.

Les méthodes de la classe sont au moins celles données pour l'interface utilisateur. Nous verrons par la suite que la classe peut en posséder d'autres internes (cachées à l'utilisateur).

Figure 5-3

L'interface programmeur de la classe Date.

Date
- jour: entier
- mois: entier
- annee: entier
+ Date( )
+ Date(jour, mois, an: entier)
+ Date(d: Date)
+ dateEnChaine( ): Chaîne
+ estBissextile( ): booléen
+ precede(d: Date): booléen

Déclarations d'une classe

La syntaxe

Il existe deux manières de déclarer une classe.

La déclaration UML :
NomDeLaClasse
– déclaration des attributs
+ signature des constructeurs + signature des méthodes

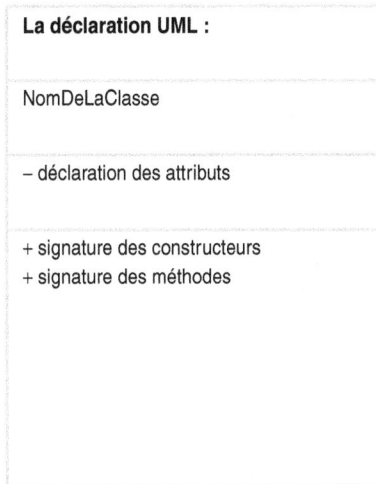

La déclaration textuelle :

```
Classe NomDeLaClasse

Debut

// Attributs :
déclaration des attributs

// Constructeurs :
signature des constructeurs

// Méthodes :
signature des méthodes

Fin
```

Figure 5-4

Deux conventions pour déclarer une classe.

En fait, la déclaration permet de définir l'existence d'une classe, qui est alors reconnue et utilisable dans tous les algorithmes. Remarquons que dans une bonne conception objet, il faudra connaître et utiliser des classes déjà existantes (créées par d'autres développeurs), et concevoir et écrire nos propres classes qui répondent au problème !

Exemple : la classe Date

Exemple des deux notations équivalentes avec la classe Date.

Date
- jour: entier - mois : entier - annee: entier
+ Date( ) + Date(jour, mois, an: entier) + Date(d: Date) + dateEnChaine( ): Chaîne + estBissextile( ): booléen + precede(d: Date): booléen

```
Classe Date
Debut
// Attributs :
 jour, mois, annee: entier
// Constructeurs :
 Date()
 Date(jour, mois, an: entier)
 Date(d: Date)
// Méthodes :
 dateEnChaine(): Chaîne
 estBissextile(): booléen
 precede(d: Date): booléen
Fin
```

Figure 5-5

La classe Date.

Attributs et méthodes

Définir les attributs

> **Définition**
>
> **Attribut**
>
> Un attribut est une variable interne à la classe.

Il s'agit là d'une conception particulière de la programmation. Chaque instance possède ses propres attributs (on parle aussi de *variables d'instance*). L'ensemble des attributs définit l'état de l'instance.

> **Définition**
>
> **Encapsulation des attributs**
>
> Chaque instance (ou objet), possède ses propres valeurs le caractérisant : on dit que « l'instance encapsule ses attributs ».

Rappelons la création et l'utilisation de deux instances de la classe Date à travers un exemple :

```
Algorithme utilisation-de-la-classe-Date
variables: d, d0: Date;
           b: booléen
Debut
       d ← new Date(23,4,2003);   // usage du constructeur
       d0 ← new Date(15,2,2005);
       b ← d0.precede(d);
       // étape n° 1
Fin
```

Dressons le schéma mémoire de cet algorithme à l'étape 1.

Figure 5-6

État de la mémoire.

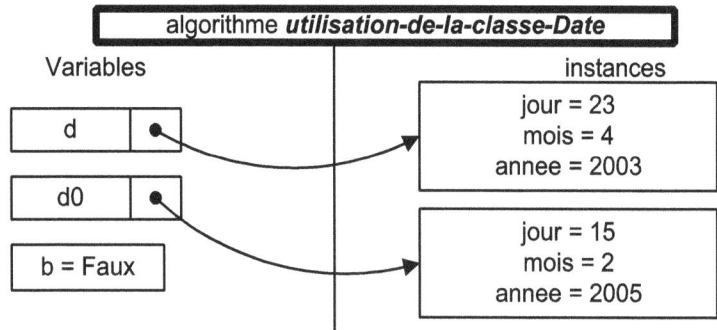

L'algorithme a créé deux instances représentées par deux cases dans la partie droite de la figure 5-6. Chaque instance possède ses propres variables jour, mois et année.

Voici un schéma UML représentant une classe et deux instances définies par des attributs différents.

Figure 5-7

*Une classe,
deux instances,
six attributs.*

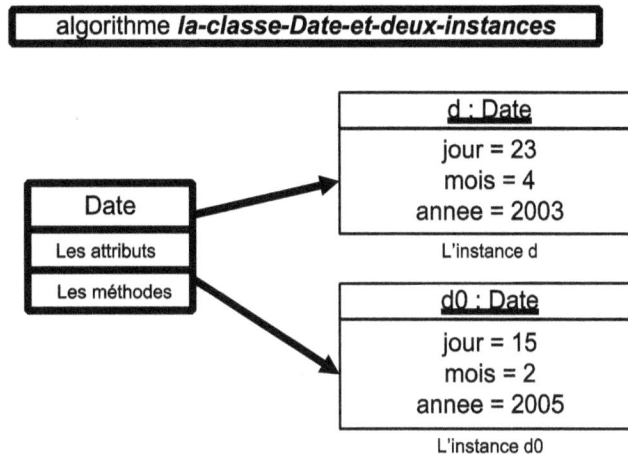

Définir les méthodes

> **Définition**
>
> **Une méthode (pour le programmeur de la classe)**
>
> Une méthode est une fonction associée à une classe.

Dans notre langage algorithmique, il existe deux manières d'écrire le corps (entre Debut et Fin) définissant les instructions des constructeurs (et des méthodes).

- Il sera possible d'écrire les instructions **à l'intérieur de la déclaration de la classe**, à la suite de la définition de sa signature :

```
identificateurDeLaMethode(liste des parametres): le type retourné
Debut
        bloc d'instructions;
Fin
```

- Il sera possible d'écrire les instructions **à l'extérieur de la déclaration de la classe**, en précisant évidemment le nom de la classe :

```
Classe NomDeLaClasse comporte identificateurDeLaMethode(liste des parametres):
le type retourné
Debut
        bloc d'instructions;
Fin
```

Tout comme une fonction, une méthode possède des paramètres et des variables et retourne une valeur. Nous verrons par la suite que la méthode peut aussi accéder aux attributs de la classe.

Rappelons qu'une méthode est déclenchée pour une instance particulière.

Les constructeurs

Définitions

Voyons les méthodes nécessaires à la fabrication des instances. Chaque instance est caractérisée par son existence autonome et par ses attributs qui ont des valeurs particulières (ou personnalisées).

> **Définition**
>
> **Le constructeur (pour le programmeur de la classe)**
>
> Un constructeur est appelé pour construire une instance. Il porte le même nom que la classe qu'il doit construire. **L'objectif d'un constructeur est d'initialiser tous les attributs**.

Une classe peut posséder plusieurs constructeurs (portant le même nom, celui de la classe) mais ayant des paramètres différents. Un constructeur ne retourne jamais de valeur, même vide : il n'a pas de retour !

> **Définition**
>
> **Constructeur par défaut**
>
> Le constructeur par défaut est le constructeur qui ne prend aucun paramètre. Les valeurs des attributs sont des valeurs déterminées par le concepteur de la classe.

Exemple : les constructeurs de la classe Date

D'après la spécification, la classe Date possède trois constructeurs appelés par un new qui « instancie » (crée l'instance) la classe Date :

- Date() initialise l'instance à la date du 1er janvier 1970.
- Date(jour, mois, an: entier) initialise l'instance à la date du jour/mois/année.
- Date(d: Date) initialise l'instance à la même date que d.

Écrivons les deux premiers constructeurs. Commençons par le constructeur par défaut :

```
Classe Date comporte méthode Date()
Debut
        jour ← 1;   // l'initialisation se fait le 01/01/1970 par défaut
        mois ← 1;
        annee ← 1970;
Fin
```

Le constructeur modifie les attributs de l'instance qui est en train d'être créée. Lors de l'exécution d'une méthode ou d'un constructeur, pour différencier les attributs, ils seront précédés d'un (A) sur le schéma (figure 5-8).

Figure 5-8

Exécution du constructeur par défaut.

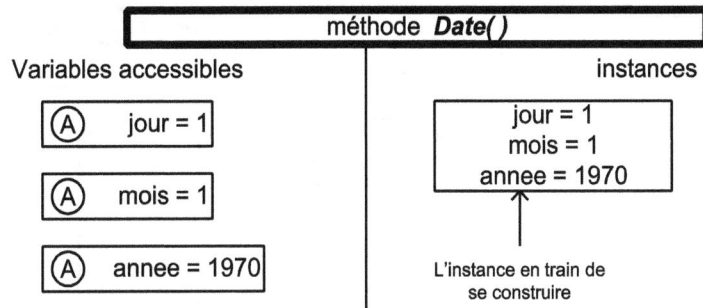

Le deuxième constructeur possède 3 entiers en paramètres, respectivement le jour, le mois et l'année :

```
Classe Date comporte méthode Date(paramJour, paramMois, paramAn: entier)
Debut
        jour ← paramJour;      // précise que l'attribut égale paramJour
        mois ← paramMois;
        annee ← paramAn;
Fin
```

Comment bien écrire un constructeur ?

Dans un premier temps, l'objectif du constructeur est d'initialiser tous les attributs de la classe. Les constructeurs doivent avoir autant de lignes que la classe possède d'attributs.

> **Remarque**
>
> La classe Date possède trois attributs, ses constructeurs possèdent donc trois lignes.

Le constructeur de copie

> **Définition**
>
> **Le constructeur de copie**
>
> Un constructeur de copie, appelé aussi « constructeur par recopie », est un constructeur qui admet comme paramètre un objet (de la même classe) déjà existant. Son but est de créer une nouvelle instance, qui possède les même propriétés (ses attributs auront les même valeurs) que l'instance passée en paramètre.

Par exemple, la classe Date possède le constructeur de copie Date(d: Date).

```
Algorithme utilisation-constructeur-de-copie-Date
variables: d1, d2: Date;
Debut
        d1 ← new Date(18,6,1944);
        d2 ← new Date(d1);              // création de d2 par copie de d1
Fin
```

Figure 5-9

État de la mémoire – constructeur de copie.

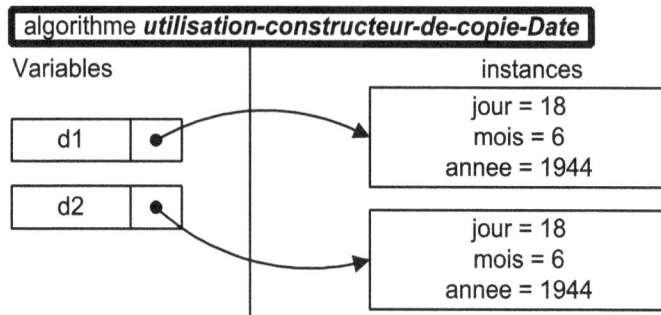

Une instance est capable d'accéder aux attributs de toutes les autres instances de la même classe. Cela permet à l'instance pointée par d2 (celle qui est à construire) de connaître les valeurs de jour, mois et année de l'instance pointée par d1. On peut ainsi écrire le constructeur de copie :

```
Classe Date comporte méthode Date(paramDate: Date)
Debut
      jour ← paramDate.jour;
      mois ← paramDate.mois;
      annee ← paramDate.année;
Fin
```

L'instance courante et l'opérateur this

Analyse d'un exemple

Une méthode s'exécute toujours pour une instance particulière.

Mais comment les mêmes lignes de code vont-elles faire la différence entre le fait de charger une instance ou une autre ? Comment signifier dans une méthode (définie au niveau de la classe) quel attribut jour modifier ?

Prenons un exemple avec son schéma mémoire associé (figure 5-10).

```
Algorithme instance-courante-this
variables: d1, d2: Date;
           b: booléen ;
Debut
      d1 ← new Date(6,6,2000);
      d2 ← new Date(14,7,2005);
      b ← d1.estBissextile();
      b ← d2.estBissextile();
Fin
```

Le problème est le suivant : la méthode estBissextile() est écrite une seule fois pour la classe Date. Comment représenter l'instance sur laquelle porte l'opération dans l'écriture de sa méthode ? L'opération d1.estBissextile() porte sur l'instance d1, la question est de savoir si l'année 2000 est bissextile, l'opération suivante, d2.estBissextile() porte sur l'instance d2 et concerne l'année 2005.

Figure 5-10

*État de la mémoire –
une même méthode
s'applique sur
deux instances.*

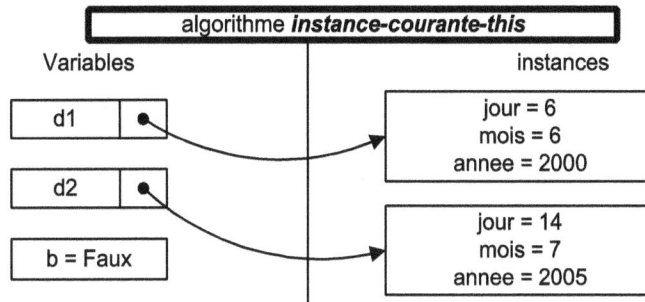

L'opérateur this

L'instance sur laquelle l'opération porte (pointée par d1 dans le 1er cas, et par d2 dans l'opération suivante) est spécifiée par l'opérateur this.

Définition

L'instance courante - this

L'instance courante est l'instance sur laquelle s'applique la méthode en cours d'exécution. L'instance courante est nommée this dans le bloc d'instructions de la méthode.

Les attributs et les méthodes de l'instance courante sont précédés par this.. Il est facultatif (mais plus clair, et donc recommandé) de faire précéder les attributs et les méthodes par « this. ».

Exemple concernant la classe Date : voir le code et la figure 5-11.

```
Classe Date comporte méthode Date(paramDate: Date)
Debut
        this.jour ← paramDate.jour;
        this.mois ← paramDate.mois;
        this.annee ← paramDate.annee;
Fin
```

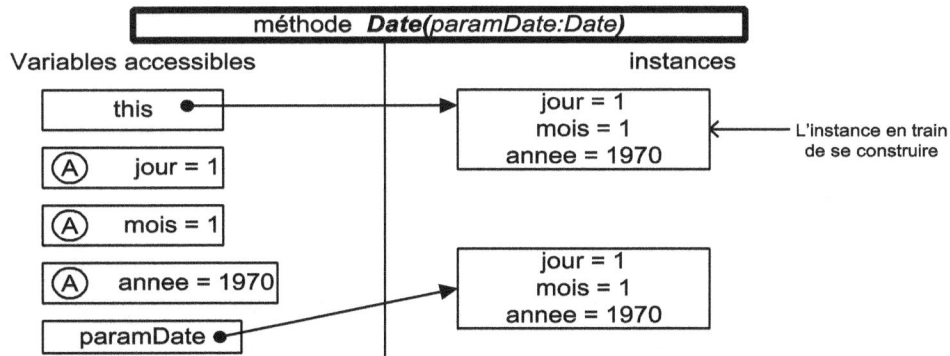

Figure 5-11

État de la mémoire – les attributs de l'instance courante this.

Utilisation obligatoire de this

Il existe un cas où l'opérateur this est obligatoire : c'est quand il y a ambiguïté entre le nom d'un paramètre et d'un attribut (s'ils portent le même nom). Il est nécessaire de précéder l'attribut par l'opérateur this.

```
Classe Date comporte methode Date(jour, mois, annee: entier)
Debut
        this.jour ← jour;  // jour ← jour ; l'attribut n'est pas modifié !
        this.mois ← mois;
        this.annee ← annee;
Fin
```

Figure 5-12

*État de la mémoire –
les attributs
et les paramètres.*

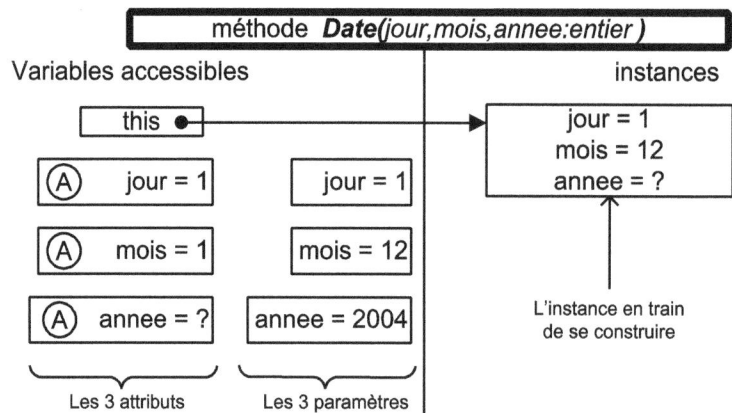

L'opérateur this peut être utilisé comme constructeur. Dans ce cas, on écrit le corps du constructeur de copie, en utilisant le constructeur qui prend 3 entiers en paramètre :

```
Classe Date comporte methode Date(paramDate: Date)
Debut
        this(paramDate.jour, paramDate.mois, paramDate.annee);
Fin
```

Un constructeur n'a d'intérêt que dans la mesure où il sera utilisé. Dans un premier temps, pour écrire un constructeur, il est conseillé d'écrire un petit algorithme (de 3 lignes) montrant comment ce constructeur sera utilisé.

Les accesseurs

Il est recommandé au programmeur d'une classe de cacher le nom et la nature des attributs de celle-ci. Néanmoins, il est fréquent de devoir fournir aux utilisateurs des méthodes simples pour accéder à ces attributs (en lecture ou en modification). Pour chacun de ses attributs, une classe peut posséder une ou deux méthodes appelées accesseurs : une en lecture (get) et l'autre en écriture (set).

Les accesseurs sont les méthodes les plus simples permettant d'accéder aux attributs de l'extérieur de la classe. Les accesseurs, s'ils sont disponibles pour une classe, constituent un moyen de récupérer la valeur d'un attribut ou de la changer.

Accesseur en lecture

Un accesseur en lecture est une méthode permettant de connaître la valeur d'un attribut. La valeur retournée est du type de l'attribut. La syntaxe utilisée est celle du langage Java : il suffit de faire précéder le nom de l'attribut à récupérer par le terme get.

Par exemple, la classe Date possède 3 attributs : jour, mois et annee de type entier. Les accesseurs en lecture associés seront :

- Classe **Date** comporte methode **getJour**(): entier

- Classe **Date** comporte methode **getMois**(): entier

- Classe **Date** comporte methode **getAnnee**(): entier

Écrivons un algorithme utilisant ces 3 méthodes suivi du schéma mémoire associé (figure 5-13) :

```
Algorithme Utilisation-accesseurs
variables: d1: Date;
           leJour, leMois, lAnnee: entier
Debut
       d1 ← new Date(23,4,2003);
       leJour ← d1.getJour();
       leMois ← d1.getMois();
       lAnnee ← d1.getAnnee();
Fin
```

Figure 5-13

*État de la mémoire
à la fin de l'algorithme.*

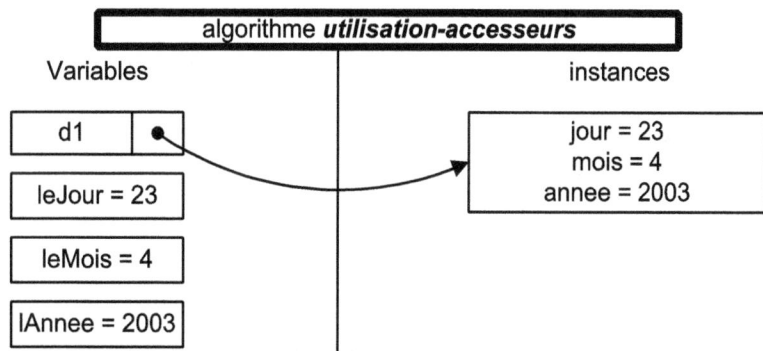

Écrivons maintenant les 3 accesseurs en lecture : pour cela, il faut simplement se rappeler qu'à l'exécution d'une méthode, seuls les attributs de l'objet manipulé (this), les paramètres, et les variables locales de la méthode sont connus.

```
Classe Date comporte methode getJour(): entier
Debut
        retourne jour;  // retourne la valeur de l'attribut jour
Fin


Classe Date comporte methode getMois(): entier
Debut
        retourne mois;
Fin


Classe Date comporte methode getAnnee(): entier
Debut
        retourne annee;
Fin
```

Accesseur en écriture

Un accesseur en écriture est une méthode permettant de modifier la valeur d'un attribut en lui passant la nouvelle valeur en paramètre. Ce dernier est du type de l'attribut à modifier. La syntaxe utilisée est celle du langage Java : il suffit de faire précéder le nom de l'attribut à changer par le terme set.

Par exemple, la classe Date possède 3 attributs : jour, mois et annee de type entier. Les accesseurs en écriture associés sont :

- Classe **Date** comporte methode **setJour**(j:entier): vide

- Classe **Date** comporte methode **setMois**(m:entier): vide

- Classe **Date** comporte methode **setAnnee**(a:entier): vide

Voici un exemple d'utilisation des accesseurs en écriture, suivi du schéma mémoire associé (figure 5-14).

```
Algorithme Utilisation-accesseurs-écriture
variables: d1: Date;
Debut
        d1 ← new Date();        // initialise la date au 01/01/1970
        d1.setJour(20);
        d1.setAnnee(1981);
Fin
```

Figure 5-14

*État de la mémoire
à la fin de l'algorithme.*

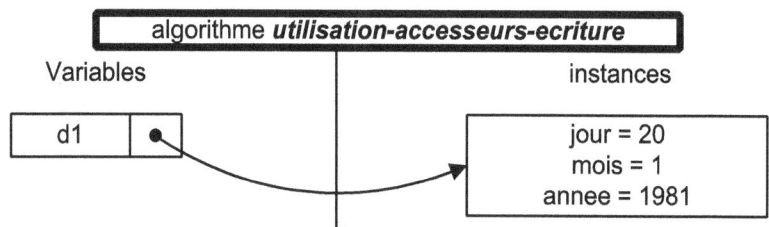

```
Classe Date comporte methode setJour(j: entier): vide
Debut
        jour ← j;
Fin
```

```
Classe Date comporte methode setMois(m: entier): vide
Debut
        mois ← m;
Fin
```

```
Classe Date comporte methode setAnnee(a: entier): vide
Debut
        annee ← a;
Fin
```

D'après la définition du this, il est possible d'écrire différemment les accesseurs en spécifiant les attributs avec this. L'exemple concerne l'attribut jour, il est identique avec mois et annee.

```
Classe Date comporte methode getJour(): entier
Debut
        retourne(this.jour);
Fin
```

```
Classe Date comporte methode setJour(j: entier): vide
Debut
        this.jour ← j;
Fin
```

Trois caractéristiques des accesseurs

- Le nom des accesseurs se déduit automatiquement du nom de l'attribut associé : il suffit de faire précéder le nom de l'attribut par get pour la lecture et par set pour l'écriture.
- La méthode get retourne la valeur de l'attribut sans la modifier, la méthode set la modifie (et retourne vide).
- Les accesseurs sont utilisables par l'utilisateur de la classe.

Les méthodes évoluées

Techniques et conseils

Le choix des variables

Quelles sont les variables utilisées dans une méthode ?

Ce sont :

- les attributs de l'instance (jour, mois et annee pour la classe Date) ;
- les paramètres passés lors de l'appel de la méthode ;
- toutes les variables définies dans le bloc variable.

> **Attention**
>
> C'est une grave erreur de vouloir redéfinir les attributs ou les paramètres dans le bloc variables.

La durée de vie des variables

Dans chaque méthode, il est possible de définir des variables locales à la méthode, qui n'existeront que le temps de son exécution.

Il ne faut surtout pas définir des variables ayant le nom des attributs de la classe : sinon, ces derniers ne seraient pas accessibles (c'est une erreur courante).

Dans chaque corps de méthodes il est possible d'accéder directement à tous les attributs de l'objet instance de sa classe, que ce soit en lecture ou en écriture.

Quand la méthode retourne une valeur, la dernière instruction exécutée de la méthode est retourne(valeur).

Exemple : les méthodes de Date

dateEnChaine

Cette méthode construit une chaîne avec les données de la date traitée et la retourne.

```
Classe Date comporte methode dateEnChaine(): Chaine
variables: resultat, chaineTemp : Chaine;
Debut
        resultat ← new Chaine(this.jour);
        chaineTemp ← new Chaine("/");


        resultat.concatene(chaineTemp);
        resultat.concatene(new Chaine(this.mois));
        resultat.concatene(chaineTemp);
        resultat.concatene(new Chaine(this.annee));


        retourne resultat;
Fin
```

estBissextile

Il s'agit là d'un exercice déjà étudié.

```
Classe Date comporte methode estBissextile(): booléen
variables: reste, DeuxPremiersChiffres, siecle: entier;
           b: booléen
Debut
        siecle ← annee MOD 100;
        DeuxPremiersChiffres ← annee / 100;
        reste ← annee MOD 4;            // l'opérateur calculant le reste modulo 4

        si ((DeuxPremierChiffre MOD 4) = 0 ET (siecle = 0)) alors
            retourne Vrai;              // les années 1600, 2000, 2200, etc. sont bissextiles
        si (siecle = 0) alors
            retourne Faux;              // les années 1800, 1900... ne sont pas bissextiles
        si ((reste MOD 4) = 0) alors
            retourne Vrai;              // les années divisibles par 4 sont bissextiles
        retourne Faux;                  // sinon les années ne sont pas bissextiles
Fin
```

estEgale

Il suffit de comparer les attributs de l'instance courante et de l'instance paramètre.

```
Classe Date comporte methode estEgale(dateParam: Date): booléen
Debut
  si (this.annee = dateParam.annee() ET this.mois = dateParam.mois()
      ET this.jour = dateParam.jour()) alors
        retourne Vrai;                  // même année, même mois et même jour !
  sinon
        retourne Faux;
Fin
```

Supposons l'algorithme suivant qui teste la méthode estEgale, suivi du schéma mémoire lors de l'exécution de la méthode (dans l'environnement de données de la méthode, figure 5-15) :

```
Algorithme Utilisation-estEgale
variables: d1: Date;
           b: booléen;
Debut
        d1 ← new Date(12,10,1989);
        b ← d1.estEgale(new Date(10,1,1900));
Fin
```

Figure 5-15

Environnement de données de la méthode estEgale().

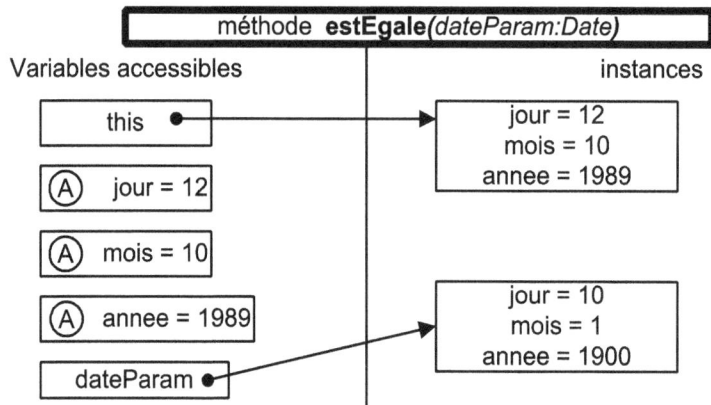

precede

```
Classe Date comporte methode precede(dateParam: Date): booléen
Debut
si (annee < dateParam.annee) alors
        retourne Vrai;                  // comparaison des années
si (annee = dateParam.annee ET mois < dateParam.mois) alors
        retourne Vrai ;                 // même année, comparaison des mois
si (annee = dateParam.annee ET mois = dateParam.mois
    ET jour < dateParam.jour) alors
        retourne Vrai;                  // même année, même mois, comparaison des jours
retourne Faux;
Fin
```

Accès public et privé

L'utilisation des méthodes ou l'accès aux attributs en dehors de la classe n'est pas toujours permis par celui qui l'a conçue. Le programmeur de la classe a un moyen de permettre ou d'empêcher l'utilisation d'une méthode, ou l'accès direct à un attribut de sa classe.

Définition

Attribut privé – méthode privée

Un attribut ou une méthode sont dits privés si leur utilisation est interdite en dehors de la classe. Le signe caractérisant le caractère privé d'un attribut ou d'une méthode est le signe moins « – » dans le diagramme de classe.

Parfois, les attributs privés sont accessibles indirectement par l'utilisation d'accesseurs associés.

Définition

Attribut public – méthode publique

Un attribut ou une méthode sont dits publics si leur utilisation est autorisée en dehors de la classe. Le signe caractérisant ce caractère est le signe plus « + » dans le diagramme de classe.

Si l'attribut jour de la classe Date était public, l'algorithme suivant pourrait le modifier directement.

```
Algorithme Utilisation-attribut-public
variables: d1: Date;
Debut
        d1 ← new Date();    // initialise la date au 01/01/1970
        d1.jour ← 20;
Fin
```

La classe Date

Écriture globale de la classe Date :

```
Classe Date
Debut
Prive :
// Attributs :
   jour, mois, annee : entier

// Constructeurs :
Public :
Date()
Debut
        jour ← 1;                          // l'initialisation se fait le 01/01/1970 par défaut
        mois ← 1;
        annee ← 1970;
Fin


Date(paramJour, paramMois, paramAn: entier)
Debut
        jour ← paramJour;                  // précise que l'attribut égale paramJour
        mois ← paramMois;
        annee ← paramAn;
Fin


Date(paramDate: Date)
Debut
        jour ← paramDate.jour;
        mois ← paramDate.mois;
        annee ← paramDate.annee;
Fin


// Méthodes :
dateEnChaine(): Chaine
variables: resultat, chaineTemp: Chaine;
Debut
        resultat ← new Chaine();
        chaineTemp ← new Chaine();
        resultat.init(jour);
```

```
        chaineTemp.chaine(" / ");
        resultat.concatene(chaineTemp);

        chaineTemp.init(mois);
        resultat.concatene(chaineTemp);

        chaineTemp.chaine(" / ");
        resultat.concatene(chaineTemp);

        chaineTemp.init(annee);
        resultat.concatene(chaineTemp);

        retourne resultat;
Fin

estBissextile(): booléen
variables: reste, DeuxPremiersChiffres, siecle: entier;
          b: booléen
Debut
        siecle ← annee MOD 100;
        DeuxPremiersChiffres ← annee / 100;
        reste ← annee MOD 4 ;           // l'opérateur calculant le reste modulo 4

        si ((DeuxPremierChiffre MOD 4) = 0 ET (siecle = 0)) alors
            retourne Vrai ;             // les années 1600, 2000, 2200, etc. sont bissextiles
        si (siecle = 0) alors
            retourne Faux ;             // les années 1800, 1900, etc. ne sont pas bissextiles
        si ((reste MOD 4) = 0) alors
            retourne Vrai ;             // les années divisibles par 4 sont bissextiles
        retourne Faux ;                 // sinon les années ne sont pas bissextiles
Fin

estEgale(dateParam: Date): booléen
Debut
        si (this.annee = dateParam.annee()
            ET this.mois = dateParam.mois()
            ET this.jour = dateParam.jour()) alors
            retourne Vrai ;             // même année, même mois et même jour !
        sinon
            retourne Faux;
Fin

precede(dateParam: Date): booléen
Debut
        si (annee < dateParam.annee) alors
            retourne Vrai;              // comparaison des années
        si (annee = dateParam.annee ET mois < dateParam.mois) alors
            retourne Vrai;              // même année, comparaison des mois
        si (annee = dateParam.annee ET mois = dateParam.mois
            ET jour < dateParam.jour) alors
            retourne Vrai;              // même année, même mois, comparaison des jours

        retourne Faux;
Fin

Fin
```

Exercices de bilan

Exercice 5.1 Écrire une méthode supplémentaire à la classe Date permettant de savoir si une date est supérieure ou égale à celle passée en paramètre.

Exercice 5.2 Écrire les classes permettant de jouer aux cartes.

Chaque carte ayant une couleur et une valeur (le valet, la dame et le roi valent respectivement 10, 11 et 12).

Le jeu de carte possède 32 cartes différentes et une méthode pour les mélanger de manière homogène.

Exercice 5.3 Écrire une classe de Personne définie par un nom et un âge. Écrire une classe Couple qui permet de réunir et de séparer deux personnes. Donner un exemple d'utilisation.

6

Écrire des classes avancées

La conception d'un logiciel est avant tout un problème d'architecture. Vous connaissez les outils, les classes, et vous devez les mettre en relation pour construire un ensemble harmonieux qui soit le plus simple possible. Il existe quatre types de relations entre les classes (celles que vous utiliserez et celles que vous inventerez). Nous allons les décrire pour que, le moment venu, vous fassiez le bon choix.

Association

Association simple

La première relation entre deux classes est l'association. Son utilisation est naturelle. Lorsque vous choisirez les classes à utiliser pour concevoir une application, il est inévitable que certaines d'entre elles soient conceptuellement associées.

Définition

L'association

Deux classes sont liées par une relation d'association lorsqu'elles sont unies par un lien conceptuel. Les deux classes se connaissent, chacune possède un rôle dans l'association.

Prenons l'exemple classique des étudiants et de leurs cours. Les deux classes associées n'ont a priori rien en commun. La matière sera caractérisée par exemple par son intitulé, et l'étudiant sera défini par son nom et son numéro d'étudiant. Mais les deux classes sont quand même associées l'une à l'autre, au même niveau : une matière a besoin des étudiants pour être enseignée, tout comme l'étudiant a besoin de suivre certains cours pour apprendre.

En ajoutant une contrainte supplémentaire, à savoir qu'un étudiant doit choisir chaque année entre 5 et 10 matières différentes, cette association peut être représentée graphiquement en UML (voir figure 6-1).

Figure 6-1

*Schéma UML
d'une association.*

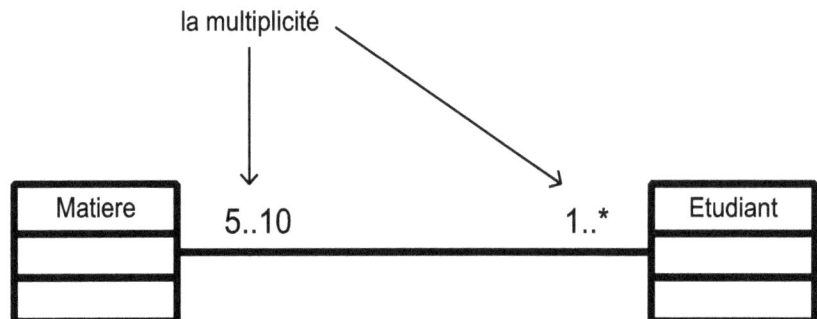

La multiplicité (5..10) signifie qu'un étudiant peut suivre entre 5 et 10 matières différentes (d'après le cahier des charges). L'ordre de multiplicité (1..*) signifie qu'une matière peut être suivie par 1 ou plusieurs étudiants.

Définition

Multiplicité

La multiplicité indique sur un schéma UML les limites inférieures et supérieures du nombre d'associations entre deux classes.

La notation signale deux nombres entiers séparés par deux points « .. ». L'étoile, « * », signifie que la borne supérieure ne peut pas encore être déterminée. Voici quelques exemples de multiplicités : 1..5 ou 0..1 ou * (qui est égale à 0..*), ou encore plusieurs ensembles 0..10, 100..* (moins de 10, ou plus de 100).

Classe d'association

L'association est une relation utile puisqu'elle permet de structurer les classes entre elles, notamment grâce à des classes d'association.

Définition

Classe d'association – classe associative

La conception de deux classes en relation d'association peut être complétée par l'existence d'une troisième classe, appelée classe d'association, qui permet de spécifier les fonctionnalités de la liaison (figure 6-2).

Figure 6-2

*Schéma UML
d'une classe
association.*

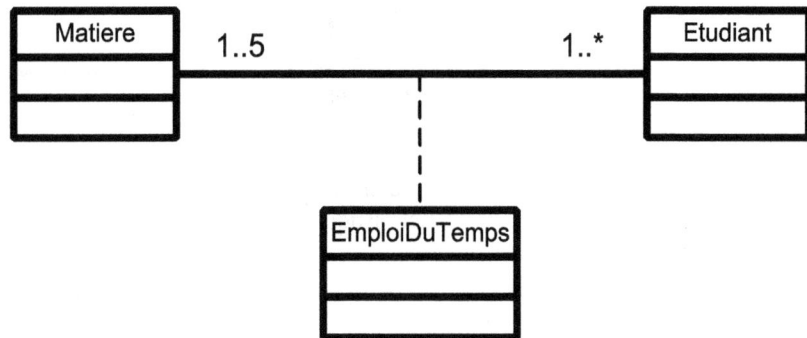

Agrégation

Nous allons aborder un concept cher aux informaticiens : la réutilisation des programmes déjà écrits. Vous pouvez écrire des classes en leur choisissant pour attributs d'autres classes. Si une classe est une partie d'une autre, il s'agit là d'une conception utilisant **une relation d'agrégation** entre la nouvelle classe et la classe attribut. Les deux objets n'ont pas la même importance dans cette relation dite alors dissymétrique.

Définition

L'agrégation

Deux classes sont liées par une relation d'agrégation lorsque la première permet de créer la deuxième : l'ancienne classe fait partie de la nouvelle classe.

Les deux classes ne sont pas au même niveau : une classe contient l'autre.

Définition

L'objet agrégat

L'objet agrégat, appelé aussi objet composite, est celui qui contient comme attribut un autre objet.

Définition

L'objet agrégé

L'objet agrégé, appelé aussi objet composant, est celui qui est contenu dans l'objet agrégat.

Figure 6-3

*Schéma UML
de l'agrégation.*

Il est important de bien noter que dans une agrégation, l'objet composant est une caractéristique de l'objet agrégat. Et que cette caractéristique continuera à exister même après la disparition de l'objet agrégat.

> L'agrégation permet de justifier un lien contenant-contenu, mais l'existence de l'instance contenue est indépendante de celle du contenant.

Dans notre université, supposons que les emplois du temps soient définis chaque trimestre et que chacun contienne, entre autres, l'ensemble des salles de cours. Il s'agit là d'une relation contenant (l'emploi du temps) et contenu (les salles). Tous les trois mois, quand l'emploi du temps sera remplacé et détruit, il ne faudra pas détruire les instances des salles qui sont toujours utilisées par d'autres emplois du temps. Il s'agit d'une relation d'agrégation.

Figure 6-4

*Schéma UML
de l'agrégation.*

Pour l'immédiat, il semble judicieux de placer dans la classe `EmploiDuTemps` un attribut de type tableau de salle de cours : c'est une solution d'implémentation de la relation d'agrégation.

Composition

Définition

La relation de composition est la plus simple à utiliser pendant la phase de conception de nouvelles classes. Tout comme l'agrégation, la composition permet d'utiliser des classes comme attributs d'une nouvelle classe.

Définition

La composition

La relation de composition est une relation d'agrégation du type un contenant dans un contenu. La composition de deux objets implique l'existence des deux : l'existence de l'un n'aurait pas de sens sans l'autre.

La différence entre l'agrégation et la composition dépend des propriétés de la liaison entre les deux objets.

Lors de la composition, l'objet agrégat contient un nombre déterminé d'objets agrégés (en général, un seul). L'objet agrégé ne doit son existence que pour assurer celle de l'agrégat. Réciproquement, l'existence de l'agrégat n'a plus de sens sans l'objet composant (figure 6-5).

Figure 6-5

Schéma UML
de la composition.

Écrivons maintenant la classe Etudiant pour illustrer l'utilisation de la composition.

La classe Etudiant

La structure par composition

Par exemple, la classe Etudiant utilise pour définir ses attributs les classes Date et Chaine (figure 6-6).

Figure 6-6

Schéma UML
de la classe Etudiant.

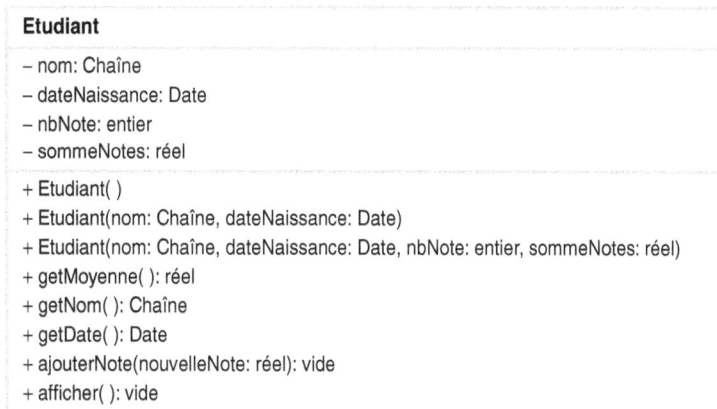

Etudiant

– nom: Chaîne
– dateNaissance: Date
– nbNote: entier
– sommeNotes: réel

+ Etudiant( )
+ Etudiant(nom: Chaîne, dateNaissance: Date)
+ Etudiant(nom: Chaîne, dateNaissance: Date, nbNote: entier, sommeNotes: réel)
+ getMoyenne( ): réel
+ getNom( ): Chaîne
+ getDate( ): Date
+ ajouterNote(nouvelleNote: réel): vide
+ afficher( ): vide

La représentation graphique des liaisons existantes entre les classes Date, Etudiant et Chaine est illustrée à la figure 6-7.

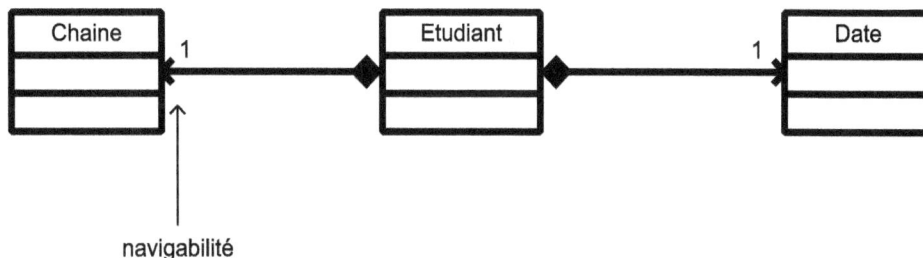

navigabilité

Figure 6-7

Schéma UML de la classe Date.

La navigabilité (indiquée par la flèche) précise que la chaîne sera accessible grâce à l'étudiant.

Écrivons un algorithme qui utilise toutes les méthodes de la classe Etudiant.

```
Algorithme utilisation de la classe Etudiant
variables: etud1, etud2: Etudiant;
           d: Date;
           ch: Chaîne;
Debut
        etud1 ← new Etudiant();              // usage du constructeur

        d ← new Date(10,02,1642);            // usage du constructeur
        etud2 ← new Etudiant(new Chaine("Newton"), d, 1, 20);
        etud2.afficher();
        etud2.ajouterNote(18,5);

        d.setAnnee(2000);                    // modification de l'année d
        ch ← etud2.getNom();
 Fin
```

Dressons le schéma mémoire à la fin de cet algorithme (figure 6-8).

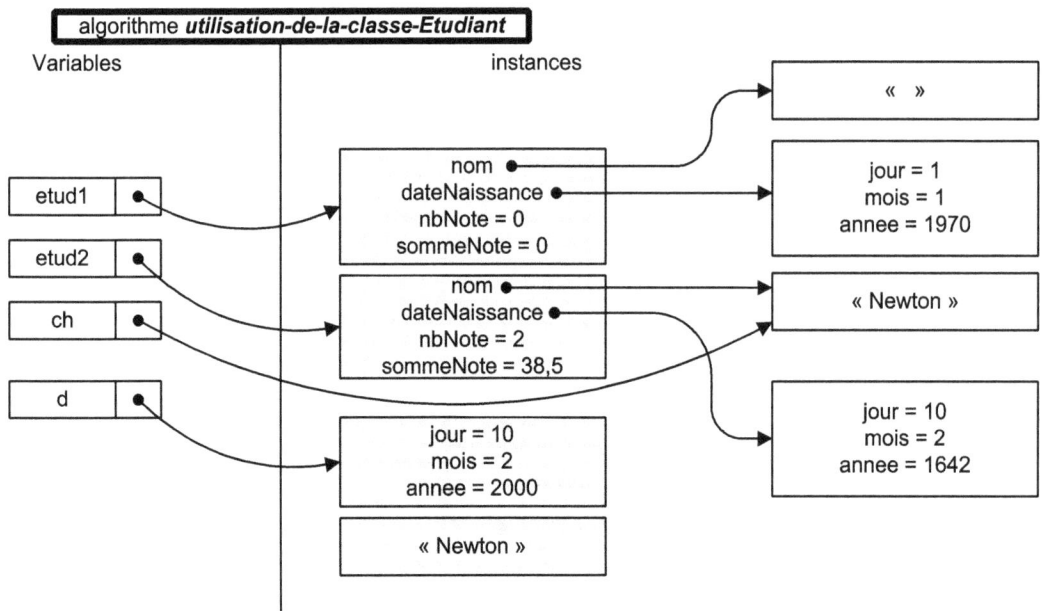

Figure 6-8

Utilisation de la classe Etudiant.

Les instances grisées représentent les 4 opérateurs new utilisés dans l'algorithme.

Comptabilisons le nombre d'instances : l'opérateur new est appelé 4 fois dans l'algorithme (4 instances donc 4 cases). Par composition, chaque instance possède un attribut Date et un attribut Chaine (2 instances fois 2, donc 4 cases) créés par chaque constructeur d'étudiant. Le schéma comptabilise finalement 8 instances : 2 de la classe Etudiant, 3 de la classe Chaine et 3 de la classe Date.

L'instance Newton en grisé n'est plus accessible dans l'algorithme, ni directement par une variable, ni indirectement par une autre instance : elle va disparaître si le langage utilisé le permet, ou bien, il faudra l'effacer par l'instruction delete.

Remarquons qu'après avoir modifié l'année de la variable d, la date de naissance de l'étudiant etud2 n'a pas été changée : le constructeur d'étudiant doit fabriquer ses attributs indépendamment de ses paramètres.

Écriture de la classe Etudiant

Les constructeurs

Définissons d'abord les constructeurs de la classe Etudiant. Le premier constructeur, générique, sera appelé avec un new Etudiant(), et initialise les 4 attributs :

```
Classe Etudiant comporte méthode Etudiant()
Debut
        nom ← new Chaine();
        dateNaissance ← new Date();
        nbNote ← 0;
        sommeNote ← 0;
Fin
```

Le second constructeur permet de préciser les valeurs des attributs et l'initialisation se fait avec this :

```
Classe Etudiant comporte méthode Etudiant(ch: Chaine, d: Date, nombreNote:
entier, sommeNote: entier)
Debut
        this.nom ← new Chaine(ch);           // nom référence ch
        this.dateNaissance ← new Date(d);
        this.nbNote ← nombreNote;
        this.sommeNote ← sommeNote;          // l'utilisation de this est obligatoire
Fin
```

Ce constructeur permet de comprendre pourquoi, dans le schéma précédent, apparaissent une seule instance Newtown et deux instances de Date au 10/2/1642. Chaque nouvelle instance d'étudiant utilise la chaîne passée en paramètre et construit sa propre date : même si dans notre algorithme, la date d passée en paramètre change, l'étudiant reste lui inchangé.

La moyenne

Une première méthode calcule et retourne la moyenne :

```
Classe Etudiant comporte methode getMoyenne(): réel
Debut
        retourne(sommeNote / nbNote);
Fin
```

Des accesseurs permettent de retourner le nom ou la date de naissance de l'étudiant :

```
Classe Etudiant comporte méthode getNom(): Chaine
Debut
        retourne nom;
Fin
```

```
Classe Etudiant comporte methode getDate(): Date
Debut
        retourne dateNaissance;
Fin
```

Les autres méthodes

La méthode suivante permet d'afficher les caractéristiques d'un étudiant :

```
Classe Etudiant comporte methode afficher(): vide
Debut
        nom.ecrire();
        dateNaissance.ecrire();
        ecrire(getMoyenne());
Fin
```

Généralisation et héritage

Avec l'expérience, vous vous apercevrez que certaines classes sont pratiquement les mêmes : seules quelques petites différences les distinguent. L'héritage est une technique très puissante permettant de concevoir et d'écrire des classes simplement, rapidement et de manière très lisible. Tout comme l'agrégation et la composition permettent de profiter des instances d'une autre classe, l'héritage permet de profiter directement d'une autre classe à travers sa structure.

Définition et notation

Une classe conçue par héritage est la spécialisation d'une classe existante : elle possède par définition toutes les propriétés de la première (attributs et méthodes) plus d'autres propriétés qui la distinguent. Les deux classes définissent alors une relation de généralisation.

Définition

Héritage – généralisation

L'héritage, ou la relation de généralisation, précise pour deux classes que l'une est une spécialisation de l'autre : elle possède l'ensemble des attributs et des méthodes de la première, plus les siens propres.

Définition

Classe mère – super classe – classe parent

Une classe mère, appelée aussi super classe, est la classe qui léguera l'ensemble de ses propriétés par héritage.

Définition

Classe fille – sous classe

Une classe fille, appelée aussi sous-classe, est une nouvelle classe ayant acquis par définition de l'héritage, tous les attributs et toutes les méthodes de la classe mère. Les classes filles « spécialisent » la classe mère.

La classe `Fille` est une classe `Mere`, avec ses différences.

Nous déclarerons de deux manières l'héritage entre une classe `Fille` et une classe `Mere`, en UML et en langage algorithmique (voir figure 6-9).

La déclaration schématique UML

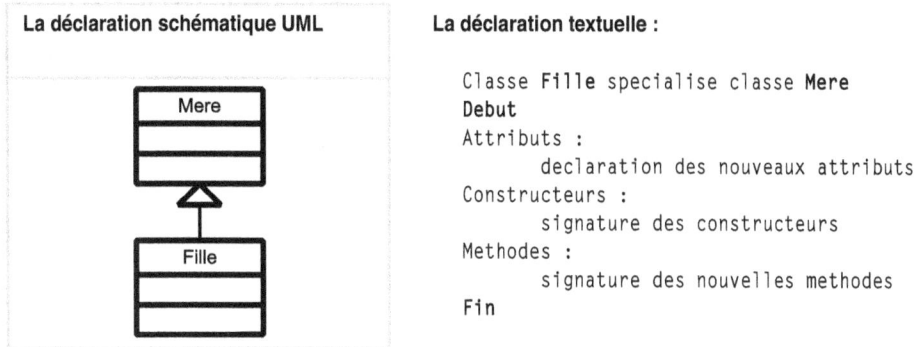

La déclaration textuelle :

```
Classe Fille specialise classe Mere
Debut
Attributs :
        declaration des nouveaux attributs
Constructeurs :
        signature des constructeurs
Methodes :
        signature des nouvelles methodes
Fin
```

Figure 6-9

Schéma UML d'un héritage.

Remarquons que le diagramme d'objets se déduit immédiatement du diagramme de classes. Donnons maintenant des exemples (voir figure 6-10).

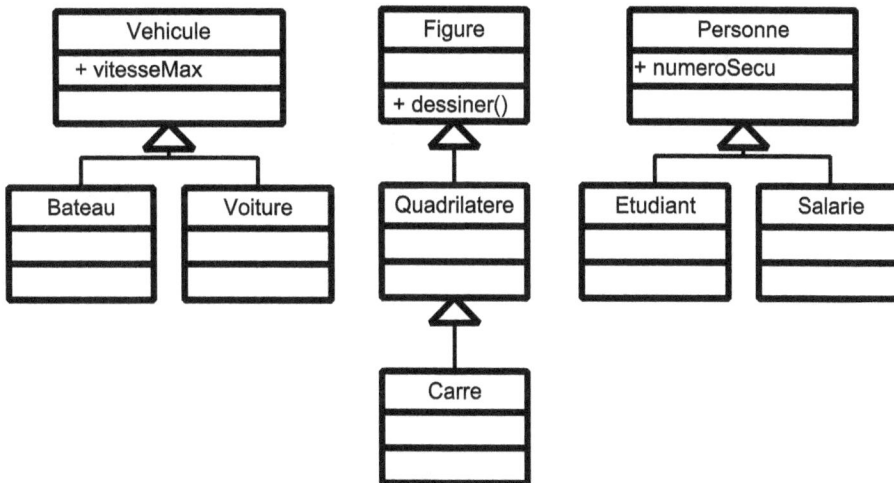

Figure 6-10

Exemples d'héritages.

• Un bateau est un véhicule particulier, qui possède une vitesse maximale, tout comme une voiture.

• Un carré est un quadrilatère particulier : il possède effectivement 4 côtés, mais en plus ces derniers sont égaux et forment des angles droits. Un quadrilatère est une figure géométrique particulière, donc un carré l'est aussi par transitivité. Une figure possède une méthode `dessiner()`, donc un quadrilatère et un carré aussi par héritage.

• Une personne possède l'attribut numéro de sécurité sociale, donc par héritage, l'étudiant et le salarié aussi.

Les techniques d'héritage

Connaissant maintenant la description d'une relation de généralisation, abordons un exemple et décrivons les étapes nécessaires à l'implémentation de l'héritage.

Pour cela, introduisons une nouvelle classe : la date historique, implémentée par la classe `DateHistorique`, qui est une date (avec toutes les caractéristiques d'une date), avec en outre, une phrase résumant le fait marquant de la date.

Figure 6-11

Schéma d'une instance de DateHistorique.

d1: DateHistorique

jour = 6
mois = 6
annee = 1944
description = « le débarquement de Normandie »

La déclaration schématique UML

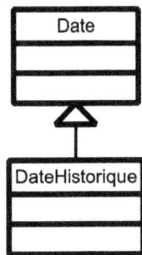

La déclaration textuelle :

```
Classe DateHistorique specialise classe Date
Debut
Attributs :
        declaration des nouveaux attributs
Constructeurs :
        signature des constructeurs
Methodes :
        signature des nouvelles methodes
Fin
```

Figure 6-12

Schéma d'héritage entre Date et DateHistorique.

Les attributs

La classe fille possède fréquemment, mais pas obligatoirement, des attributs supplémentaires. La classe `DateHistorique` possède par exemple un attribut de type chaîne de caractères. Il ne faut pas redéfinir les 3 attributs de la date dans la classe `DateHistorique` : l'héritage l'a déjà fait.

```
// Attributs :
        description: Chaine;
```

Les constructeurs

L'opérateur super

L'opérateur super permet d'accéder depuis la classe fille aux attributs et aux méthodes (non privés) de la classe mère. À la manière de l'opérateur this, l'opérateur super s'emploie de trois manières dans la classe fille :

- pour accéder à un attribut de la classe mère (donc de la classe fille par héritage) ;

```
super.jour ← 1;
```

- pour appeler un constructeur de la classe mère ;

```
super();          // l'initialisation se fait le 01/01/1970 par défaut
```

- pour appeler une méthode de la classe mère.

```
super.setJour(15);
```

En anticipant le chapitre suivant traitant des méthodes par héritage, signalons qu'il est possible de redéfinir une méthode de la classe mère dans la classe fille. Par exemple, l'utilisation depuis la classe fille de la méthode redéfinie dateEnChaine():

```
super.dateEnChaine();    // appel de la méthode de la classe mère

this.dateEnChaine();     // appel de la méthode redéfinie de la classe fille
```

Il est heureusement possible d'appeler explicitement une méthode de la classe mère (en utilisant super) dans le corps de la méthode portant le même nom (réécrit) dans la classe fille.

Les nouveaux constructeurs

La classe Date possède ses constructeurs, mais pas encore la classe DateHistorique. Il est donc nécessaire de les redéfinir.

- DateHistorique() initialise l'instance à la date du 1er janvier 1970, avec une description vide.
- DateHistorique(jour, mois, an: entier, description: Chaîne) initialise l'instance à la date du jour/mois/année avec la description donnée en paramètre.
- DateHistorique(d: DateHistorique) initialise l'instance à la même date et le même descriptif que d.

Écrivons les trois constructeurs : ils doivent initialiser 4 attributs chacun (les trois de la classe mère et le nouveau description).

```
Classe DateHistorique comporte méthode DateHistorique()
Debut
        super();
        description ← new Chaine();
Fin
```

La figure 6-13 illustre ces lignes de code.

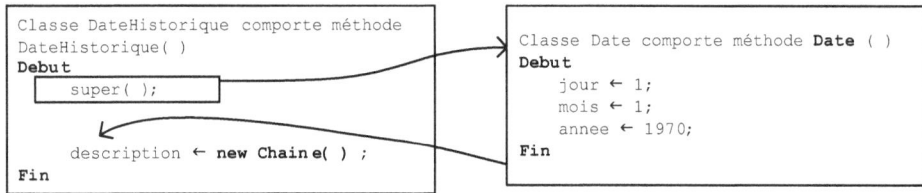

Figure 6-13

Le constructeur super( ).

Le deuxième constructeur a des paramètres, utilisons le constructeur de la classe mère :

```
Classe DateHistorique comporte méthode DateHistorique(paramJour, paramMois, paramAn:
entier, description: Chaine)
Debut
        super(paramJour, paramMois, paramAn);
        this.description ← new Chaine(description);
Fin
```

La figure 6-14 illustre ces lignes de code.

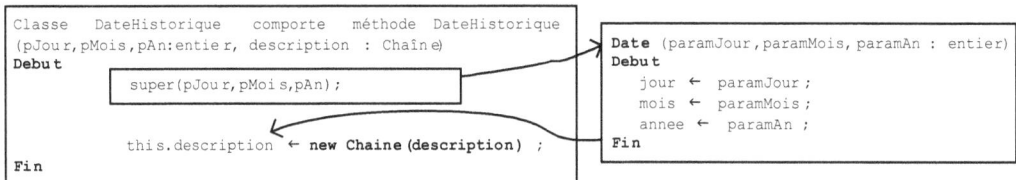

Figure 6-14

Le constructeur super(entier, entier, entier).

Le constructeur de copie se sert du constructeur précédent grâce à this (voir figure 6-15).

```
Classe DateHistorique comporte méthode DateHistorique(d: DateHistorique)
Debut
        this(d.getJour(), d.getMois(), d.getAnnee(), d.description);
Fin
```

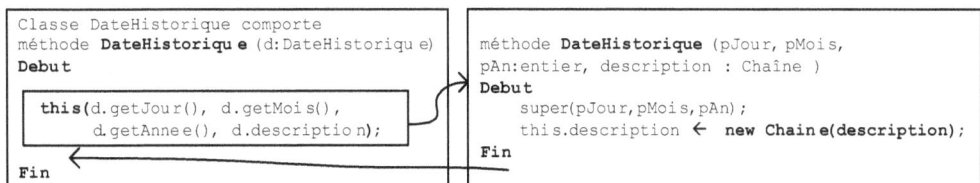

Figure 6-15

Le constructeur this(entier, entier, entier, Chaîne).

Les méthodes

Les nouvelles méthodes

Nous allons fournir des accesseurs pour l'attribut description.

```
classe DateHistorique comporte methode getDescription(): Chaine
Debut
        retourne description;            // retourne la valeur de l'attribut jour
Fin
```

```
classe DateHistorique comporte methode setDescription(d: Chaine): vide
Debut
        description ← new Chaine(d);
Fin
```

Les méthodes identiques

La plupart des méthodes restent identiques : c'est une erreur de les redéfinir. Dans la classe Date, les méthodes estBissextile et precede ne tiennent pas compte de la description d'une date historique, elles sont identiques et existent déjà grâce à l'héritage.

Les méthodes à modifier : la surcharge

Quelques méthodes sont à modifier : les méthodes de la classe mère sont alors dites « masquées ».

Commençons par préciser le descriptif de la date dans la méthode dateEnChaine :

```
Classe DateHistorique comporte methode dateEnChaine(): Chaine
variables: resultat: Chaine;
Debut
        resultat ← super.dateEnChaine();
        resultat.concatene(description);
        retourne(resultat);
Fin
```

L'exemple précédent visualise l'explication de l'aparté introduit avec l'opérateur super.

L'égalité de deux dates historiques doit tenir compte de la description :

```
Classe DateHistorique comporte methode
        estEgale(DateParam: DateHistorique): booléen
Debut
        retourne(getJour() = DateParam.getJour()
                ET getMois() = DateParam.getMois()
                ET getAnnee() = DateParam.getAnnee()
                ET description.egale(DateParam.description));
Fin
```

Pour accéder aux valeurs des attributs de la classe mère, le constructeur précédent utilise les accesseurs (définis dans la classe mère et hérités par la classe fille).

La visibilité et l'héritage

Le public

Pour la classe mère ou pour la classe fille, les attributs et les méthodes publics sont accessibles directement depuis n'importe quelle autre classe ou algorithme.

Le privé

Les attributs et les méthodes de la classe mère sont inaccessibles depuis la classe fille et depuis n'importe quelle autre classe ou algorithme.

En revanche, les attributs et les méthodes privées de la classe mère sont aussi hérités par la classe fille, mais inaccessibles. Par exemple, les attributs jour, mois et annee de la classe Date existent pour DateHistorique, mais ils demeurent inaccessibles : il faut donc utiliser les accesseurs (en lecture et en écriture) pour y accéder depuis les méthodes de la classe fille DateHistorique.

Le protégé

Une nouvelle visibilité apparaît avec l'héritage. L'attribut et la méthode protégés sont publics pour les classes filles (qui pourra donc les utiliser directement), et privés pour toutes les autres classes et algorithmes.

Dans le schéma UML, les attributs et les méthodes protégés seront précédés par le symbole « # ».

La classe DateHistorique complète

```
Classe DateHistorique specialise classe Date
Debut
Prive :
// Attributs :
        description: Chaine;

Public :
// Constructeurs :
        DateHistorique()
Debut
        super();
        description ← new Chaine();
Fin

DateHistorique(paramJour, paramMois, paramAn: entier, description: Chaine)
Debut
        super(paramJour, paramMois, paramAn);
        this.description ← new Chaine(description);
Fin

DateHistorique(d: DateHistorique)
Debut
        this(d.getJour(), d.getMois(), d.getAnnee(), d.description);
Fin

// Méthodes :
getDescription(): Chaine
```

```
    Debut
            retourne description;                    // retourne la valeur de l'attribut jour
    Fin

    SetDescription(d:Chaîne): vide
    Debut
            description ← new Chaine(d);
    Fin

    dateEnChaine(): Chaine
    variables: resultat: Chaine;
    Debut
            resultat ← super.dateEnChaine();
            resultat.concatene(description);
            return(resultat);
    Fin

    estEgale(DateParam:DateHistorique): booléen
    Debut
            retourne(getJour() = DateParam.getJour()
                    ET getMois() = DateParam.getMois()
                    ET getAnnee() = DateParam.getAnnee()
                    ET description.egale(DateParam.description));
    Fin

    Fin
```

En conclusion, pour écrire une classe ayant 4 attributs et 13 méthodes, il a suffi d'une petite page en utilisant l'héritage. L'utilisateur de la classe Date qui veut utiliser la classe DateHistorique ne sera pas dérouté : il connaît déjà la moitié des méthodes. L'héritage permet ainsi une plus grande cohérence entre les classes parentes.

Le choix : héritage ou composition ?

En général, une conception peut utiliser soit la composition, soit l'héritage indifféremment. En pratique, l'héritage sera utilisé uniquement pour spécialiser réellement une classe.

Prenons l'exemple de géométrie de la classe Point et de la classe Cercle. Par composition, il suffit de dire qu'un cercle est composé d'un point pour indiquer son centre, et d'un rayon (figure 6-16).

Figure 6-16

*Exemple
de composition.*

Par héritage, il est possible de dire qu'un cercle est un point particulier, qui possède un nombre indiquant le rayon (figure 6-17).

Figure 6-17

Exemple d'héritages.

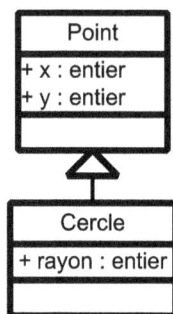

Les deux conceptions fournissent une classe Cercle convenable et identique. Mais cette conception par héritage est moins intuitive et ne correspond pas à l'idée traditionnelle d'un cercle.

Pour conclure, utilisez la composition le plus souvent possible. En revanche, il est judicieux d'utiliser l'héritage si la spécialisation semble naturelle.

Pour bien concevoir une classe par héritage

Quatre opérations sont obligatoires pour concevoir un héritage. Il est bien sûr nécessaire de connaître la classe mère (ses attributs et ses méthodes, publics et protégés).

1. La classe à écrire doit répondre à la question : « Un objet de ma classe fille est-il un objet particulier de la classe mère ? » (par exemple, une voiture est un véhicule particulier, une pomme est un fruit particulier, etc.).

2. Quels sont les attributs spécifiques à la classe fille qui n'existent pas dans la classe mère ? Il faut alors les introduire dans la classe fille.

3. Les constructeurs de la classe fille doivent être redéfinis : l'opérateur super sera toujours utilisé pour cela.

4. Il faut prendre chaque méthode de la classe mère, et une par une, décider si :

   – La méthode sera utilisée telle quelle dans la classe fille. L'héritage nous dispense alors de la redéfinir (ce serait d'ailleurs une erreur).

   – La méthode ne peut pas être identique dans la classe fille (si son action est différente, si elle doit mettre à jour un nouvel attribut, etc.). Il faut alors obligatoirement la redéfinir.

   – Quelles sont les méthodes spécifiques à la classe fille qui n'existent pas dans la classe mère ? Il faut alors les introduire dans la classe fille.

Polymorphisme

Définition

L'héritage permet de spécialiser des classes. Ainsi, une DateHistorique est une Date, avec des spécificités, mais c'est avant tout une Date et elle pourra être manipulée comme telle. Cette interprétation du type va nous être bien souvent utile. Une instance de date historique peut être utilisée comme une date historique (c'est normal) ou comme une simple date (c'est le polymorphisme). Une instance peut donc avoir plusieurs formes.

Définition

Polymorphisme

Le polymorphisme permet, grâce à l'héritage, d'utiliser une instance de classe sous deux aspects : celui de sa classe associée et celui de sa classe mère.

Attention, le polymorphisme fonctionne dans un seul sens : une Date n'est pas une DateHistorique particulière.

Polymorphisme et affectation

Écrivons un algorithme qui profite du polymorphisme.

```
Algorithme utilisation-du-polymorphisme
variables: d0, d1: Date;
           dh0, dh1: DateHistorique;
Debut
        d0 ← new Date();              // usage du constructeur par défaut
        dh0 ← new DateHistorique();   // usage du constructeur par défaut

        d1 ← dh0;                     // utilisation du polymorphisme
        dh1 ← d0;                     // ERREUR
Fin
```

Figure 6-18

*Héritage
donc polymorphisme.*

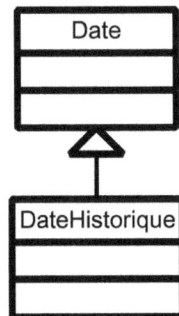

Examinons le schéma mémoire de la figure 6-19.

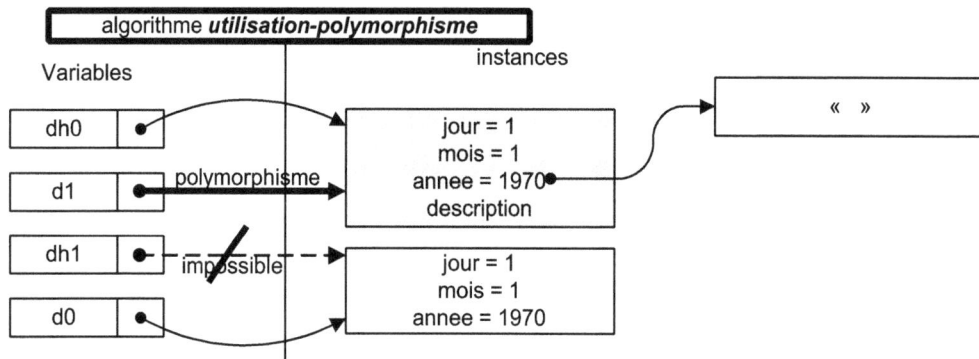

Figure 6-19

Exemple de polymorphisme.

Il ne faut pas se tromper de sens dans l'utilisation du polymorphisme (et un schéma vous y aidera toujours) :

- L'instance DateHistorique grisée dh0 est une date <u>et</u> une date historique. Donc la date d1 peut la désigner.

- Par contre, l'instance d0 de Date, ne peut pas être une date historique : la date historique dh1 ne peut pas la désigner.

Nous pouvons introduire un tableau de dates, et y mettre au choix des dates, des dates historiques ou les deux comme dans l'exemple suivant :

```
Algorithme tableau-et-polymorphisme1
variables: tab: tableau[] de Date;
Debut
        tab ← new Date[2];
        tab[0] ← new Date(13,9,1515 );
        tab[1] ← new DateHistorique(13,9,1515,"marignan");
Fin
```

Polymorphisme et méthodes

Le deuxième aspect du polymorphisme est encore plus intéressant : l'appel de la méthode correspond au type de l'instance, et non au type de la variable qui la référence.

Les classes Date et DateHistorique n'ont pas la même méthode DateEnChaine(). Analysons l'exemple suivant (voir aussi figure 6-20).

```
Algorithme methode-et-polymorphisme2
variables: tab: tableau[] de Date;
           ch1, ch2: Chaîne;
Debut
        tab ← new Date[8];
```

```
        tab[0] ← new DateHistorique(14,7,1789,"prise de la Bastille");
        tab[1] ← new Date(13,9,1515);
        ch1 ← tab[0].dateEnChaine();
        ch2 ← tab[1].dateEnChaine();
   Fin
```

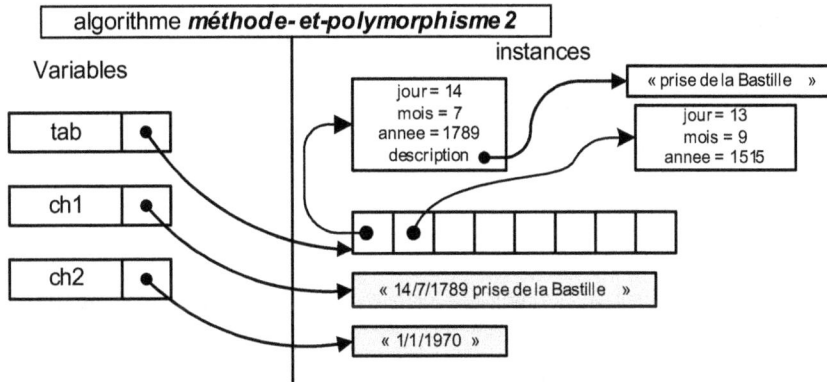

Figure 6-20

Exemple de polymorphisme.

La méthode est déclenchée pour une instance : tab[0] est de type date historique, c'est la méthode DateEnChaine() de la classe DateHistorique qui a été déclenchée, même si tab est un tableau de Date.

La classe Object

La plupart des langages informatiques organisent des milliers de classes dans des ensembles hiérarchisés. Le programmeur trouve donc plus facilement la classe à utiliser, sans avoir à les détailler une par une. Les classes sont donc réunies en paquetages.

Définition

Paquetage

Le paquetage est un ensemble cohérent de classes dépendantes les unes des autres regroupant un domaine de traitement.

La notion de paquetage n'est pas introduite dans le langage algorithmique, ni la notion de visibilité des classes. Ce sont des notions trop proches des langages. Nous supposons que toutes les classes sont connues et accessibles à tous les algorithmes et à toutes les autres classes.

En revanche, imaginez un instant que toutes les classes héritent obligatoirement (de fait, sans même devoir le préciser) d'une classe mère appelée la classe Object. Toutes les instances seraient donc par héritage de la classe Object.

Grâce au polymorphisme, vous pourriez alors définir des méthodes génériques ayant pour paramètre non plus une classe en particulier, mais toutes les classes par l'intermédiaire d'object.

Il est aussi possible de créer un tableau d'`object`, qui pourrait contenir des éléments, tous instances de classes déférentes.

Classe abstraite

La souplesse d'utilisation de plusieurs sous-classes est indéniable. Il suffit de connaître la classe mère pour immédiatement maîtriser en partie l'utilisation de ses classes filles. Sans oublier les avantages du polymorphisme. L'héritage est donc une technique de conception si puissante que certaines classes ne seront plus conçues pour être instanciées, mais uniquement pour faciliter l'utilisation et la cohérence du système grâce à l'héritage.

> **Définition**
> **Classe abstraite**
> Une classe abstraite ne peut pas être instanciée. Elle a été conçue dans le seul but de construire un ou des héritages.

Prenons l'exemple d'un jeu permettant de faire jouer des joueurs humains contre une intelligence artificielle. Dans votre conception, vous introduisez donc une classe `JoueurHumain`, pour pouvoir faire jouer le joueur derrière son ordinateur ou sa console vidéo, et une classe `JoueurMachine` pour faire jouer l'ordinateur. Seulement, ces deux classes sont tellement proches, qu'elles seront presque interchangeables : le jeu devrait permettre les parties (`JoueurHumain` − `JoueurHumain`), (`JoueurMachine` − `JoueurMachine`) et (`JoueurMachine` − `JoueurHumain`).

Or il n'y a pas d'héritage entre les classes `JoueurMachine` et `JoueurHumain`. Pour les relier, il faut introduire, pour la clarté et la simplification de la conception, la classe mère `Joueur` suivante (voir figure 6-21).

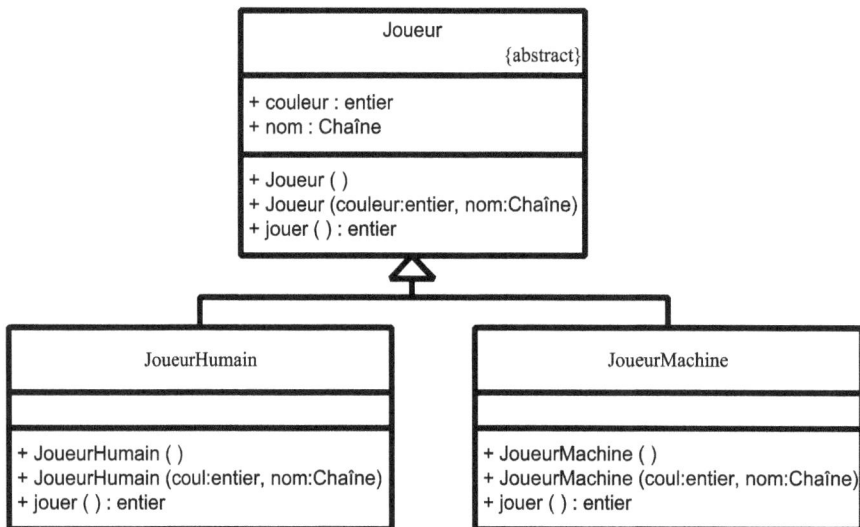

Figure 6-21
Une classe abstraite.

Votre partie sera réalisée soit par un joueur humain, soit par l'ordinateur, mais jamais par le joueur. Cette classe `Joueur` ne sera pas utilisée directement dans votre programme de jeu, sauf pour autoriser le polymorphisme.

Dans quels cas concevoir une classe abstraite ?

- Pour clarifier la conception.
- Pour imposer à des classes les mêmes attributs et la même signature pour certaines méthodes.
- Pour écrire des algorithmes plus génériques grâce au polymorphisme.

Héritage multiple

Nous avons introduit l'héritage comme une relation entre deux classes. Il est aussi possible qu'une classe hérite de plusieurs classes parents.

> **Définition**
>
> **Héritage multiple**
>
> L'héritage multiple permet de définir une classe comme la spécialisation de plusieurs classes mères.

Reprenons un exemple simple, sachant qu'un étudiant est une personne particulière, mais qu'il peut aussi travailler et par là-même être aussi un salarié particulier (voir figure 6-22).

Figure 6-22

Exemple d'héritage multiple.

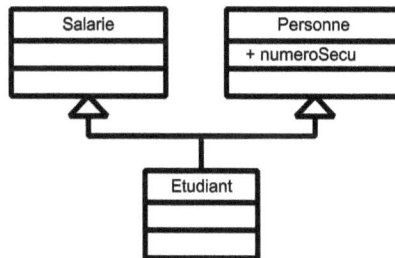

Cette conception offre de nombreux avantages mais aussi des inconvénients. En effet, rien n'empêcherait la hiérarchie suivante (voir figure 6-23).

Figure 6-23

Exemple d'héritage multiple posant problème.

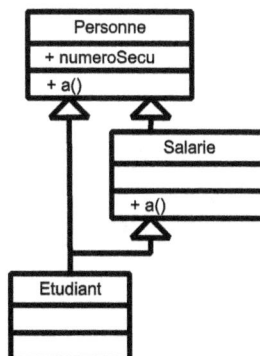

Mais si le Salarie a surchargé la méthode a(), l'appel de cette méthode pour une instance d'étudiant va-t-elle déclencher celle de Personne ou celle du Salarie ? On ne le sait pas et les résultats sont à observer en fonction du langage utilisé pour la programmation.

C'est pourquoi le langage algorithmique ne permet pas l'héritage multiple, bien que ce soit une technique à connaître si votre langage de programmation le gère.

Exercices de bilan

Exercice 6.1 Écrire le logiciel de gestion de notes d'étudiants avec une conception objet.

Exercice 6.2 Soit la classe A ayant un seul attribut entier « a1 » et deux accesseurs :

Figure 6-24

L'interface programmeur de la classe A.

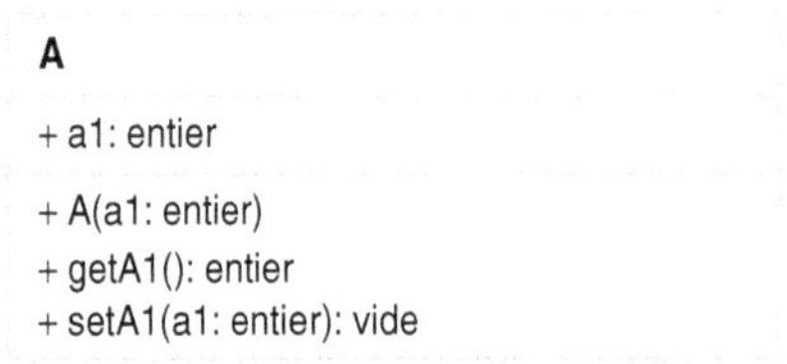

A

+ a1: entier

+ A(a1: entier)
+ getA1(): entier
+ setA1(a1: entier): vide

Écrire la classe B qui hérite de la classe A. La classe B possède :

- un attribut entier « b2 » qui vaut à tout moment deux fois a1 ;
- un seul constructeur B(a1 :entier).

Exercice 6.3 En utilisant la classe Point (un point a comme propriétés ses coordonnées réelles x et y), écrire la classe PointCouleur qui ajoute une couleur (sous forme d'un entier). Définir également la classe Figure qui est déterminée par un ensemble de moins de 10 points. Donner un exemple d'utilisation.

Partie III

Les structures
de données

Cette partie introduit des types autres que le tableau qui permettent également de stocker des valeurs. Les classes et les algorithmes que vous y découvrirez sont intéressants à plusieurs titres :

- pédagogique : en effet, il est formateur d'écrire de nouvelles classes, notamment en utilisant le concept d'héritage. Travailler avec des boucles imbriquées et des tableaux (sans se tromper dans les indices) est aussi un bon exercice pour maîtriser la programmation.

- pratique : un programmeur doit connaître les différentes structures pour déterminer la plus adaptée à stocker ses données.

- technique : en connaissant les mécanismes utilisés pour écrire les vecteurs, les listes, les arbres ou les graphes, vous pourrez mieux les utiliser.

7

Structures de tableaux

Nous savons utiliser les tableaux dans nos algorithmes pour y stocker des éléments de types primitifs et de types objets. Après avoir appris à créer nos propres classes, nous allons maintenant nous intéresser à imaginer et construire des classes permettant, tout comme les tableaux, de contenir des informations, mais avec plus de facilité et de possibilités.

La classe Vecteur

Présentation

En s'inspirant d'une classe très utile du langage Java (`java.util.Vector`), nous allons créer un outil facilitant l'utilisation d'un tableau.

Définition

Vecteur

Un vecteur, tout comme un tableau, permet de stocker des éléments. Son utilisation est facilitée grâce à des méthodes d'insertion, de suppression et d'échange.

Chaque structure de stockage possède des inconvénients et des avantages. La classe `Vecteur` n'échappe pas à la règle :

- inconvénient : taille fixe ;
- avantage : rapide d'accès en lecture et en écriture.

Soit la classe `VecteurEntier` qui nous permettra de gérer un vecteur d'éléments de type entier (voir figure 7-1).

Figure 7-1

L'interface utilisateur de la classeVecteurEntier.

VecteurEntier

VecteurEntier ( )
VecteurEntier (nb: entier)
setEntierAt (nb: entier, position: entier): vide
getEntierAt (position: entier): entier
getTaille ( ): entier
echanger (pos1: entier, pos2: entier): vide

Détaillons l'utilisation de chaque méthode :

- VecteurEntier() permet de créer un vecteur de 5 éléments au maximum.

- VecteurEntier(n: entier) permet de créer un vecteur de n éléments au maximum.

- setEntierAt(nb: entier, position: entier) permet de fixer la valeur nb à l'élément numéro position.

- getEntierAt(position: entier): entier retourne la valeur de l'élément situé en numéro position.

- getTaille(): entier retourne la taille du tableau.

- echanger(pos1: entier, pos2: entier) échange les deux valeurs du tableau.

Pour bien comprendre l'utilisation d'un vecteur d'entiers, écrivons un petit algorithme permettant d'illustrer deux méthodes, et le schéma mémoire associé.

```
Algorithme test-Vecteur
variables: v1: VecteurEntier;
Debut
        v1 ← new VecteurEntier();
        v1.setEntierAt(35,0);
Fin
```

Représentons le schéma mémoire à la fin de l'exécution de l'algorithme précédent (figure 7-2).

Figure 7-2

Schéma mémoire.

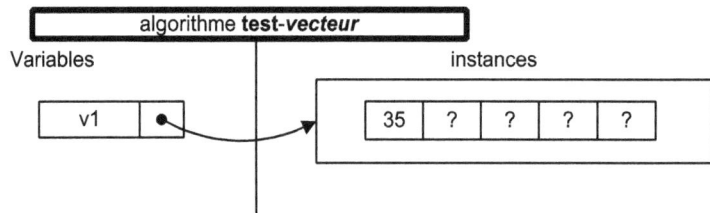

Écriture de la classe VecteurEntier

Les attributs

Définissons les attributs à encapsuler dans la classe VecteurEntier (figure 7-3). Il s'agit en fait d'un tableau d'entiers qui sera initialisé par le constructeur. Nous aurons aussi besoin de connaître la taille de ce tableau : introduisons l'attribut taille de type entier.

Figure 7-3

L'interface programmeur de la classe VecteurEntier.

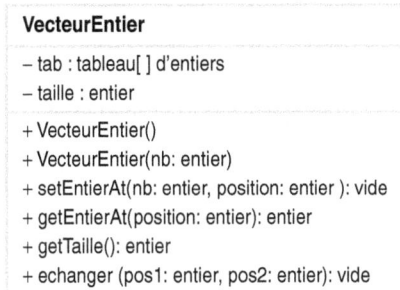

VecteurEntier
– tab : tableau[ ] d'entiers – taille : entier
+ VecteurEntier() + VecteurEntier(nb: entier) + setEntierAt(nb: entier, position: entier): vide + getEntierAt(position: entier): entier + getTaille(): entier + echanger (pos1: entier, pos2: entier): vide

Représentons à nouveau le schéma mémoire de l'algorithme précédant, mais en introduisant les attributs encapsulés dans l'instance du vecteur d'entiers (figure 7-4).

Figure 7-4

Schéma mémoire avec les attributs.

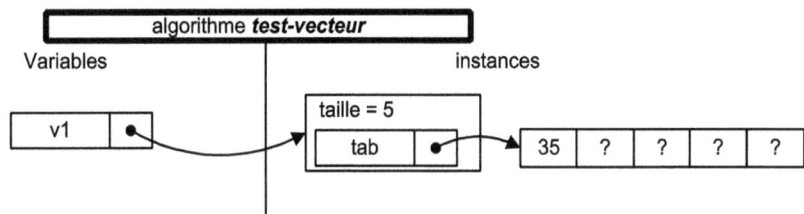

Les constructeurs

Le constructeur de la classe VecteurEntier doit initialiser les attributs. Au début, il n'y a pas d'éléments dans le tableau.

Le constructeur par défaut crée un tableau de 5 éléments.

```
Classe VecteurEntier comporte methode VecteurEntier()
Debut
        this.taille ← 5;                  // l'attribut taille a une valeur
        this.tab ← new entier[5];         // l'attribut tab est initialisé
Fin
```

L'autre constructeur reçoit le nombre d'éléments en paramètre.

```
Classe VecteurEntier comporte methode VecteurEntier(taille: entier)
Debut
        this.taille ← taille;             // l'attribut taille a une valeur
        this.tab ← new entier[taille];    // l'attribut tab est initialisé
Fin
```

Les méthodes

Écrivons les autres méthodes, en commençant par celles qui permettent de modifier les éléments du tableau. Pour cela, il est utile de rappeler qu'à l'exécution de chaque méthode de la classe VecteurEntier, sont connus :

- l'instance courante this qui applique la méthode ;
- les attributs taille et tab (que l'on peut préciser par this.taille et this.tab) ;
- les paramètres et leurs valeurs qui ont été passés lors de l'appel de la méthode ;
- les variables locales.

Commençons par la méthode setEntierAt :

```
Classe VecteurEntier comporte methode setEntierAt(nb: entier, position: entier): vide
Debut
        tab[position] ← nb;
Fin
```

```
Classe VecteurEntier comporte methode getEntierAt(position: entier): entier
Debut
        retourne(tab[position]);
Fin
```

```
Classe VecteurEntier comporte methode getTaille(): entier
Debut
        retourne(taille);
Fin
```

La méthode qui permet d'échanger deux éléments utilise l'algorithme vu au chapitre 1. La seule différence porte sur la nature des variables manipulées : il s'agit ici des éléments de l'attribut tab de la classe VecteurEntier.

```
Classe VecteurEntier comporte methode echanger(pos1: entier, pos2: entier): vide
variables: tmp: entier;
Debut
        tmp ← tab[pos1];
        tab[pos1] ← tab[pos2];
        tab[pos2] ← tmp;
Fin
```

Le contrôle des erreurs d'utilisation

Nous n'avons pas abordé la possibilité de contrôler les erreurs éventuelles de l'utilisation de la classe VecteurEntier : que se passe-t-il pour l'algorithme suivant ?

```
Algorithme VecteurEntier-erreur-d-utilisation
variables: v1: VecteurEntier;
Debut
        v1 ← new VecteurEntier();
        v1.setEntier(4,100);
Fin
```

Une erreur se produit : le constructeur par défaut définit un tableau de 5 éléments, donc l'élément 100 n'existe pas.

L'écriture de votre classe n'est pas en cause : l'erreur a été commise par le programmeur de l'algorithme. Il aurait dû effectuer le contrôle et savoir comment utiliser la classe que vous lui avez donnée. Par contre, lorsque vous utilisez la classe de quelqu'un d'autre, veillez toujours à ne pas commettre ce genre d'erreur.

Un conseil

Ne mettez pas des tests dans vos méthodes pour anticiper et corriger les erreurs de ceux qui vont l'utiliser. En revanche, documentez vos méthodes pour qu'elles soient utilisées correctement.

Amélioration : le vecteur dynamique

Il est facile de faire en sorte que le vecteur ait une taille qui augmente si la limite a été atteinte. Il n'y aura alors plus de problème de taille maximale du vecteur pour l'utilisateur.

Nous avons à notre disposition deux techniques équivalentes pour ajouter cette fonctionnalité à la classe VecteurEntier :

- ajouter des nouvelles méthodes à la classe VecteurEntier ;
- créer une nouvelle classe VecteurEntierPlus qui hérite de la classe VecteurEntier où sont redéfinies seulement les nouvelles méthodes.

Choisissons de définir la nouvelle classe VecteurEntierPlus qui spécialise la classe VecteurEntier selon le schéma suivant. Profitons de cet exemple d'héritage pour rappeler les différentes questions auxquelles il faut avoir répondu.

Héritage

La classe à écrire doit répondre à la question : « Un objet de ma classe fille est-il un objet particulier de la classe mère ? » : figure 7-5.

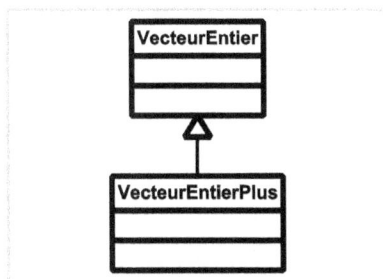

Figure 7-5
Héritage de VecteurEntier.

```
Classe VecteurEntierPlus specialise
VecteurEntier
Debut
Attributs :
        declaration des nouveaux attributs
Constructeurs :
        signature des constructeurs
Methodes :
        signature des methodes à modifier
        signature des nouvelles méthodes
Fin
```

Les nouveaux attributs

Quels sont les attributs spécifiques à la classe fille qui n'existent pas dans la classe mère ? Il faut alors les introduire dans la classe fille.

Il n'y a pas d'attribut supplémentaire.

Les constructeurs

Les constructeurs de la classe fille doivent être redéfinis : l'opérateur super est utilisé pour cela.

```
Classe VecteurEntierPlus comporte methode VecteurEntierPlus()
Debut
    super();
Fin
```

L'autre constructeur reçoit le nombre d'éléments en paramètre.

```
Classe VecteurEntierPlus comporte methode VecteurEntierPlus(taille: entier)
Debut
    super(taille);
Fin
```

Les méthodes

Il faut considérer chaque méthode de la classe mère, et une par une, décider s'il faut la redéfinir ou non.

Les méthodes à ne pas redéfinir

Lorsqu'une méthode sera utilisée telle quelle dans la classe fille, l'héritage nous dispense de la redéfinir (ce serait d'ailleurs une erreur).

Ainsi, la méthode echanger(entier, entier): vide n'a rien à voir avec la taille du vecteur : il est possible d'échanger des variables seulement si elles ont été initialisées.

La méthode getEntierAt(position: entier): entier fait aussi partie de cette catégorie. En effet, il n'est pas souhaitable de fournir cette valeur si elle est hors du tableau puisqu'elle n'aura pas été initialisée.

Les méthodes à modifier

Lorsqu'une méthode ne peut être identique dans la classe fille (si son action est différente, si elle doit mettre à jour un nouvel attribut…), il faut alors obligatoirement la redéfinir.

La méthode setEntierAt(nb: entier, position: entier): vide fait partie de cette catégorie. En effet, il faut augmenter la taille du vecteur si l'utilisateur veut placer une valeur en dehors des limites initiales.

```
Classe VecteurEntierPlus comporte methode setEntierAt(nb: entier, position: entier ): vide
Debut
    si (position > taille) alors
        nouvelleTaille(position+20);
    super.setEntierAt(nb, position);
Fin
```

Les nouvelles méthodes

Quelles sont les méthodes spécifiques à la classe fille qui n'existent pas dans la classe mère ? Il faut alors les introduire dans la classe fille.

La méthode qui augmente la capacité du tableau est nouvelle : il faut définir cette méthode en privé. Notez qu'il n'est pas possible que la dimension du tableau diminue.

Il suffit d'introduire une méthode qui crée un nouveau tableau avec plus de cases que le précédent. Cette méthode comporte 3 étapes :

1. créer un nouveau tableau avec suffisamment d'espace réservé ;

2. recopier les valeurs de tab dans le nouveau tableau ;

3. faire en sorte que tab référence le nouveau tableau, et affecter la nouvelle valeur de la taille.

```
Classe VecteurEntierPlus comporte methode nouvelleTaille(nouvelleTaille: entier): vide
variables: indice: entier;
          nouveauTab: tableau[] d'entiers;
Debut
// (1) création d'un nouveau tableau plus grand, à l'image de l'existant
    nouveauTab ← new entier [nouvelleTaille];
// (2) recopie
    indice ← 0;
    tant_que (indice < taille) faire
    {
          nouveauTab[indice] ← tab[indice];
          indice ← indice +1;
    }
  // (3)  modification des attributs
        taille ← nouvelleTaille;
        tab ← nouveauTab;
Fin
```

Voici un schéma mémoire représentant l'évolution des valeurs lors de l'exécution de la méthode précédente (voir figure 7-6).

Figure 7-6

Exemple d'augmentation de la taille du tableau.

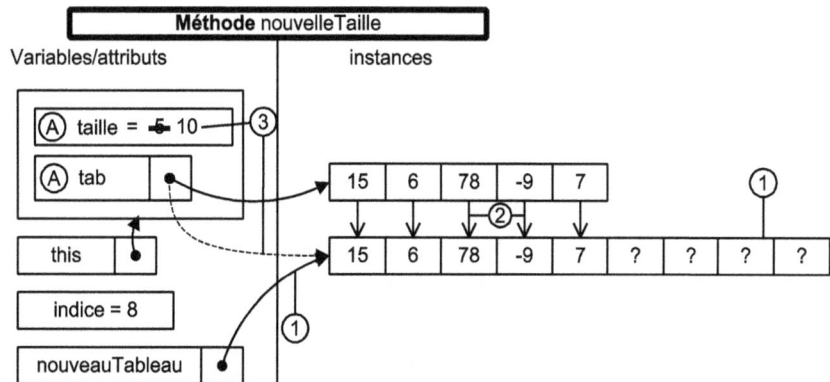

Les algorithmes de tri

Il existe de nombreuses méthodes pour trier par ordre croissant les éléments d'un tableau. Nous allons étudier les quatre plus classiques. Tous ces algorithmes sont intéressants dans la mesure où il n'y a pas de tableau intermédiaire à créer : le tableau initial est modifié par des permutations d'éléments. Ces techniques permettent de vérifier la dextérité avec laquelle vous manipulez les doubles boucles et les tableaux.

> Il est utile de savoir que le verbe « trier » se traduit en anglais par « to sort ».

Nous avons à notre disposition deux techniques équivalentes pour ajouter des méthodes de tri à la classe `VecteurEntier` :

- ajouter des nouvelles méthodes à la classe `VecteurEntier` ;
- créer une nouvelle classe `VecteurTri` qui hérite de la classe `Vecteur` où sont redéfinies seulement les nouvelles méthodes.

Pour plus de simplicité, nous choisissons la première méthode. Les nouvelles méthodes de tri ainsi ajoutées à `VecteurEntier` appartiennent automatiquement à ses classes filles, donc à la classe `VecteurEntierPlus`.

Dans un souci de clarté, les tableaux à trier comportent uniquement des entiers. Mais il est possible de trier n'importe quel tableau d'éléments de type primitifs (ou types objets) à la seule condition d'avoir une opération (ou une méthode) permettant de comparer deux éléments. Il est par exemple possible de trier un tableau de `Date`, puisque la méthode `precede` permet de comparer deux dates.

Les tris simples

Le tri par sélection

> **Définition**
>
> **Le tri par sélection**
>
> Le tri par sélection, appelé aussi tri par le min, permet de trier un tableau. L'algorithme parcourt le tableau pour identifier le plus petit élément, positionne ce dernier au début du tableau, et recommence l'opération.

> Le même algorithme, le tri par le max, parcourt le tableau à la recherche de l'élément le plus grand pour le placer à la fin.

Cette méthode a l'avantage d'être facile à comprendre et à écrire mais s'avère peu rapide.

Un petit exemple permet de mieux comprendre l'évolution du tri (voir figure 7-7). Soit le tableau {7 ; 16 ; 5 ; 10 ; 2}. Chaque étape se fait en deux temps :

1. déterminer le minimum de la partie non triée du tableau ;
2. échanger le minimum avec la première case non triée.

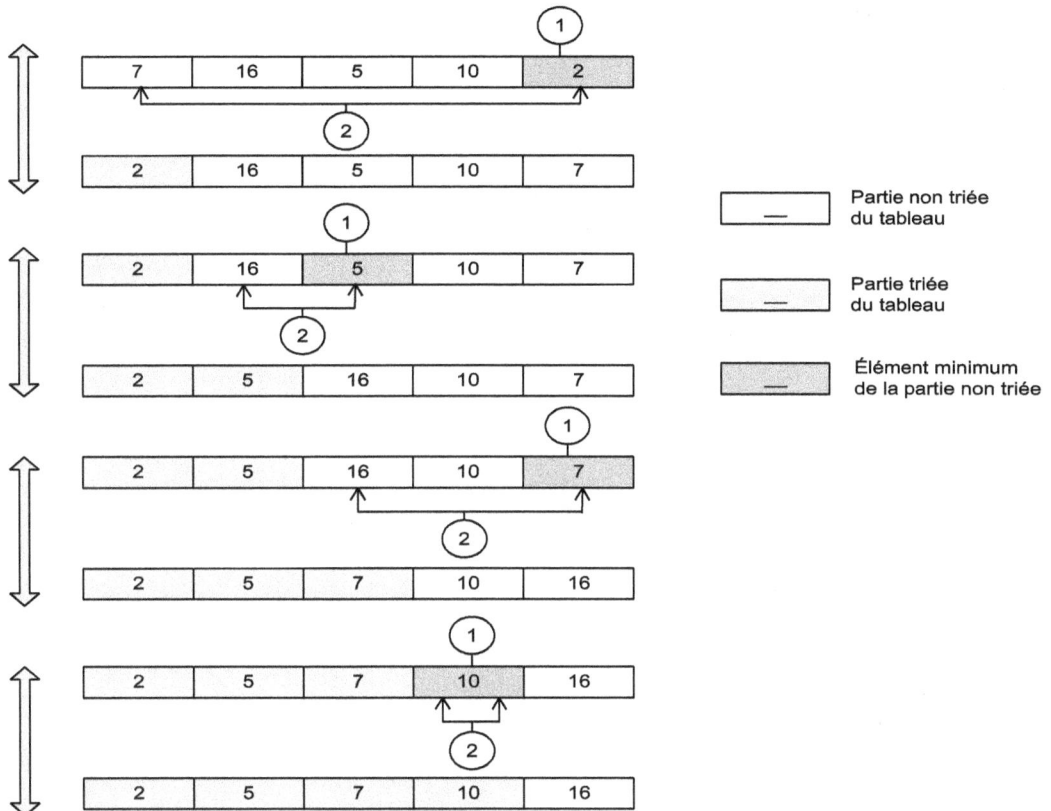

Figure 7-7

Exemple des différentes étapes du tri par sélection.

Ce tri parcourt tous les éléments de l'indice 0 au dernier. Il s'agit là de la boucle principale qui permet d'ajouter à chaque tour l'élément le plus petit restant dans la partie non triée du tableau. La variable indice indique cette position.

Pour chaque tour de la boucle principale, il y a deux opérations :

- Une boucle parcourt la partie non triée pour trouver le plus petit élément grâce à la variable indiceNonTrie.

- On procède à un échange entre le plus petit élément trouvé et le premier de la partie de tableau non triée.

```
Classe VecteurEntier comporte methode triSelection(): vide
variables: indice, indiceNonTrie, posMinimum: entier;
    // indice, indiceNonTrie et posMinimum sont des indices
            minimum: entier;
    // minimum est une valeur
Debut
    indice ← 0; // autant d'itération que d'éléments dans le tableau
```

```
    tant_que (indice < taille) faire
    {
        minimum ← tab[indice];
        posMinimum ← indice;

    // boucle de recherche du minimum
        indiceNonTrie ← indice;
        tant_que (indiceNonTrie < taille) faire
        {
            si (tab[indiceNonTrie] < minimum) alors
            {
                minimum ← tab[indiceNonTrie];
                posMinimum ← indiceNonTrie;
            }
            indiceNonTrie ← indiceNonTrie + 1;
        }
        echanger(posMinimum, indice);
        indice ← indice + 1;
    }
Fin
```

Le tri par insertion

Définition

Le tri par insertion

Le tri par insertion permet de trier un tableau. L'algorithme parcourt le tableau pour insérer chaque élément à la bonne place dans la partie triée du tableau.

Remarque

Le premier élément constitue toujours le tableau trié de départ.

Cette méthode présente l'avantage d'être très simple à comprendre et à mettre en œuvre, mais elle est lente en raison des décalages dus à l'insertion.

Ce tri parcourt tous les éléments de l'indice 1 au dernier. Il s'agit là de la boucle principale. On utilisera une variable indice.

Pour chaque élément de la boucle principale, l'insertion se fait en deux temps :

• Une boucle part de l'élément à insérer et décale tous les éléments plus grands d'une case vers la droite.

• Dès qu'on arrive à un élément plus petit ou au début du tableau, il suffit d'inscrire la valeur de l'élément à insérer. Cette valeur sera sauvegardée dans une variable valeurAInserer.

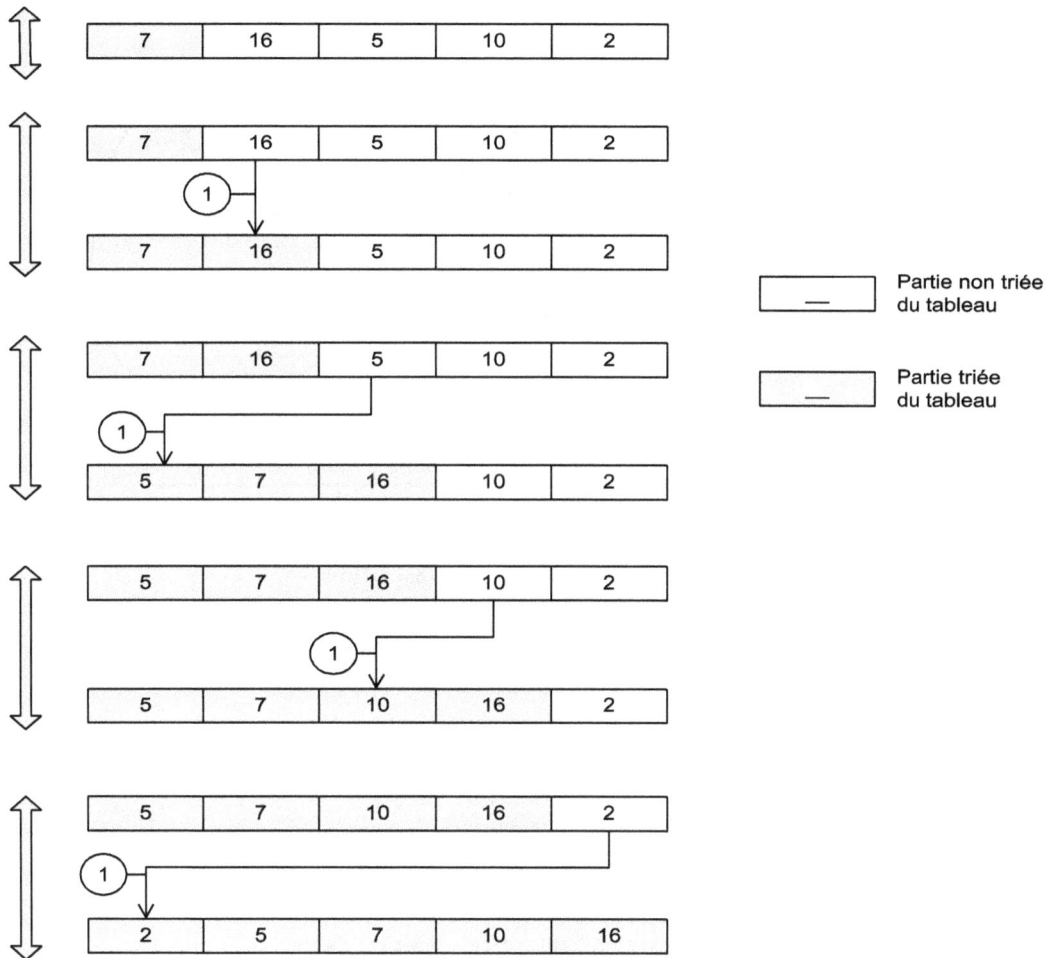

Figure 7-8

Exemple des différentes étapes du tri par insertion.

La partie la plus délicate est l'insertion : un exemple concret nous permettra de comprendre ce morceau d'algorithme avant d'écrire la méthode de tri par insertion entièrement (figure 7-8). Trois étapes sont nécessaires :

1. sauver la valeur à insérer dans une variable valeurAInserer ;

2. décaler d'un rang vers la droite tous les éléments plus grands que l'élément à insérer ;

3. placer la valeur à insérer (qui a été sauvée) à la place du dernier élément décalé.

Figure 7-9

*Insertion
dans la partie
déjà triée.*

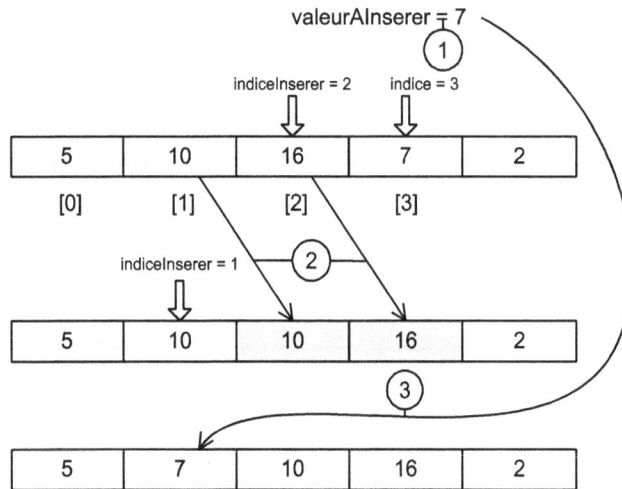

Incluons cet algorithme dans une boucle principale.

```
Classe VecteurEntier comporte methode triInsertion(): vide
variables: indice, indiceInserer: entier;
          valeurAInserer: entier;
Debut
    indice ← 1 ;
    // autant d'itération que d'éléments dans le tableau
    tant_que (indice < taille) faire
    {
    // décalage vers la gauche de tab[indice] : à sa place
        valeurAInserer ← tab[indice];
        indiceInserer ← indice − 1;
        // boucle de recherche du minimum
        tant_que ((indiceInserer ≥ 0)
            ET (valeurAInserer ≤ tab[indiceInserer])) faire
        {
            tab[indiceInserer + 1] = tab[indiceInserer];
            indiceInserer ← indiceInserer − 1;
        }
        tab[indiceInserer + 1] ← valeurAInserer;
        indice ← indice + 1;
    }
Fin
```

Le tri à bulle

Définition

Le tri à bulle

Le tri à bulle, appelé aussi tri bulle ou *bubble sort* en anglais, permet de trier un tableau. L'algorithme parcourt le tableau pour comparer les éléments deux à deux afin de faire descendre les valeurs les plus lourdes en bas du tableau.

Les éléments les plus légers (un peu comme les bulles d'air dans l'eau) vont remonter au début du tableau (à la surface).

Cette méthode présente l'avantage d'être très rapide si le tableau est presque trié (sauf quelques éléments), mais elle sera lente si les éléments du tableau ne sont pas du tout triés.

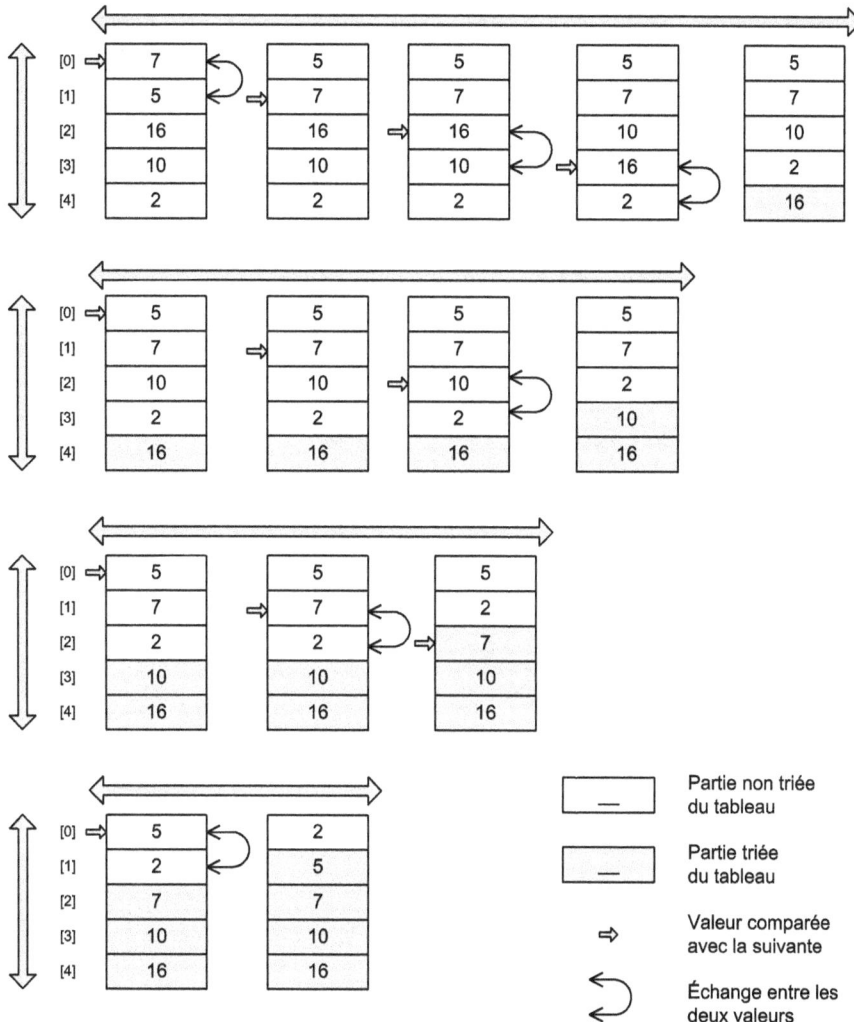

Figure 7-10

Exemple des différentes étapes du tri bulle.

La 1e itération parcourt le tableau pour descendre le plus lourd de l'indice 0 à l'indice taille − 1.

La 2e itération parcourt le tableau pour descendre le plus lourd de l'indice 0 à l'indice taille − 2, puisque le plus lourd est déjà en bas.

Appelons une variable `nbIteration` qui sera initialisée à `taille − 1`, et qui sera décrémentée jusqu'à ce que le tableau soit trié : il s'agit de la boucle principale.

Pour chaque boucle, introduisons une variable `indice` qui parcourt le tableau de 0 à `nbIteration` pour gérer les échanges successifs si nécessaire.

La boucle principale s'arrête quand le tableau est trié, ce qui se produit quand `nbIteration` atteint la valeur 1, mais aussi si aucun échange n'a été effectué au tour précédent. C'est ce dernier cas qui sera implémenté avec l'introduction d'une variable booléenne `pasEncoreTrie`.

```
Classe TableauReelTrie comporte methode triBulle(): vide
variables: nbIteration, indice: entier;
           pasEncoreTrie: booléen;
Debut
    pasEncoreTrie ← vrai;
    nbIteration ← taille − 1;
    tant_que (pasEncoreTrie = vrai) faire
    {
        indice ← 0;
        pasEncoreTrie ← faux;
        tant_que (indice < nbIteration) faire
    // faire parcours des indices 0 à nb_iteration−1 pour comparer les éléments [indice] et [indice + 1].
        {
            si (tab[indice] ≥ tab[indice + 1]) alors
            {
                echanger(indice, indice + 1);
                pasEncoreTrie ← vrai;
    // on a fait un échange, il faut reparcourir le tableau (car 'trie' = Vrai)
            }
            indice ← indice + 1;
        }
    }    // si la variable trie n'a pas été modifiée dans la boucle, cela signifie que le tableau est complètement
        // trié : terminé !
Fin
```

La dichotomie

Avant d'étudier les méthodes de tri par dichotomie, il est indispensable de découvrir les bases de ce principe.

Définition

Le traitement par dichotomie

La dichotomie consiste à subdiviser des données ou un problème en deux. Le traitement sur deux parties plus petites de moitié est en effet souvent plus simple.

La dichotomie, associée au concept de « diviser pour régner », permet de répartir le traitement d'une grande quantité de données en deux traitements de deux quantités moins importantes.

Souvent associée à la récursivité (pour diviser les données en 2, puis en 4, puis en 8…), cette technique est très performante. Attention, la performance a un coût : les algorithmes utilisant la dichotomie sont plus complexes, et de nombreuses erreurs peuvent apparaître dues aux effets de bord.

La recherche dichotomique

La méthode de recherche retourne la position de l'élément ayant la valeur recherchée. Si l'élément n'est pas dans le vecteur, la méthode retourne −1. Si la valeur recherchée apparaît plusieurs fois dans le vecteur, la méthode retourne l'une des positions.

> Pour utiliser la recherche dichotomique, le tableau doit être déjà trié.

La recherche dichotomique consiste à partir d'un tableau déjà trié :

1. séparer le tableau en deux par un indice milieu (entre des indices gauche et droite) ;

2. comparer la valeur recherchée et la valeur située au milieu du sous-tableau ;

3. continuer la recherche dans un seul des deux sous-tableaux.

Il suffit de comparer la valeur recherchée et la valeur située au milieu du sous-tableau.

Recherche dichotomique itérative

```
Classe VecteurEntier comporte methode rechercherDicho(x: entier): entier
// retourne la position de la valeur cherchée
variables: gauche, milieu, droite: entier;
           trouve: booléen;
Debut
    gauche ← 0;
    droite ← taille − 1;
    milieu ← (gauche + droite) / 2;   // division entière pour trouver le milieu
    trouve ← Faux;

    tant_que ((gauche ≤ droite) ET (NON trouve)) faire
    // si on ne trouve rien, à un moment on a gauche ≥ droite
    {
        milieu ← (gauche + droite) / 2;   // recalcule le milieu (DIV)
        trouve ← (tab[milieu] = x);        // on a trouvé l'élément ?

        si (x > tab[milieu]) alors         // l'élément est à droite du milieu
            gauche ← milieu + 1;
        sinon                              // sinon, il est à gauche du milieu
            droite ← milieu − 1;
    }
    si (trouve = Vrai) alors
        retourne milieu;                   // on sort
    sinon
        retourne(−1);                      // élément introuvable : on sort
Fin
```

Recherche dichotomique récursive

La première méthode fait uniquement appel à la méthode (privée) récursive :

```
Classe VecteurEntier comporte methode rechercherDichoRecursif(x: entier): entier
Debut
    retourne(rechercherDichoRecursif(x, 0, taille-1));
Fin
```

La méthode récursive cherche la valeur x dans la partie de tableau située entre les indices gauche et droite.

```
Classe VecteurEntier comporte methode rechercherDichoRecursif(x: entier, gauche:
entier, droite: entier): entier
variables: milieu: entier;
Debut
    milieu ← (gauche + droite) / 2;      // division entière pour trouver le milieu
    si (tab[milieu] = x) alors           // deux conditions d'arrêt
        retourne(milieu);
    si (droite ≤ gauche) alors
        retourne(-1);

    si (x < tab[milieu]) alors           // appels récursifs
        retourne(rechercherDichoRecursif(x, gauche, milieu-1));
    sinon                                // sinon, il est à droite du milieu
        retourne(rechercherDichoRecursif(x, milieu+1, droite));
    Fin
```

Le tri par fusion : interclassement

Définition

Le tri par fusion

Le tri par fusion permet de trier un tableau avec un traitement récursif et dichotomique. Par récursivité, chaque tableau est divisé en deux sous-tableaux qui sont triés puis refusionnés dans le bon ordre grâce à un tableau intermédiaire.

Nous avons à nouveau une méthode récursive à écrire, analysons une étape intermédiaire (voir chapitre 3).

Le tri demande à séparer le tableau en deux : il suffit d'introduire les indices debut, milieu et fin tels que milieu = (debut+fin) / 2. Grâce à la récursivité, ces deux sous-tableaux vont être triés. C'est la puissance de la récursivité, on doit supposer qu'ils ont été triés par la méthode qu'on est en train d'écrire !

```
Classe TableauReelTrie comporte methode triFusion(debut: entier, fin: entier): vide
variables: milieu: entier;
Debut
    si (debut ≠ fin) alors
    {
        milieu ← (fin+debut) / 2;
```

```
            triFusion(debut, milieu);
            triFusion(milieu+1, fin);
            interclasser(debut, milieu, fin);
        }
    Fin
```

Cette méthode sera appelée de 0 à taille−1 pour trier tout le tableau :

```
Classe TableauReelTrie comporte methode triFusion(): vide
Debut
    triFusion(0, taille−1);
Fin
```

Il faut alors interclasser (refusionner) les deux sous-tableaux triés comme le montre la figure 7-11.

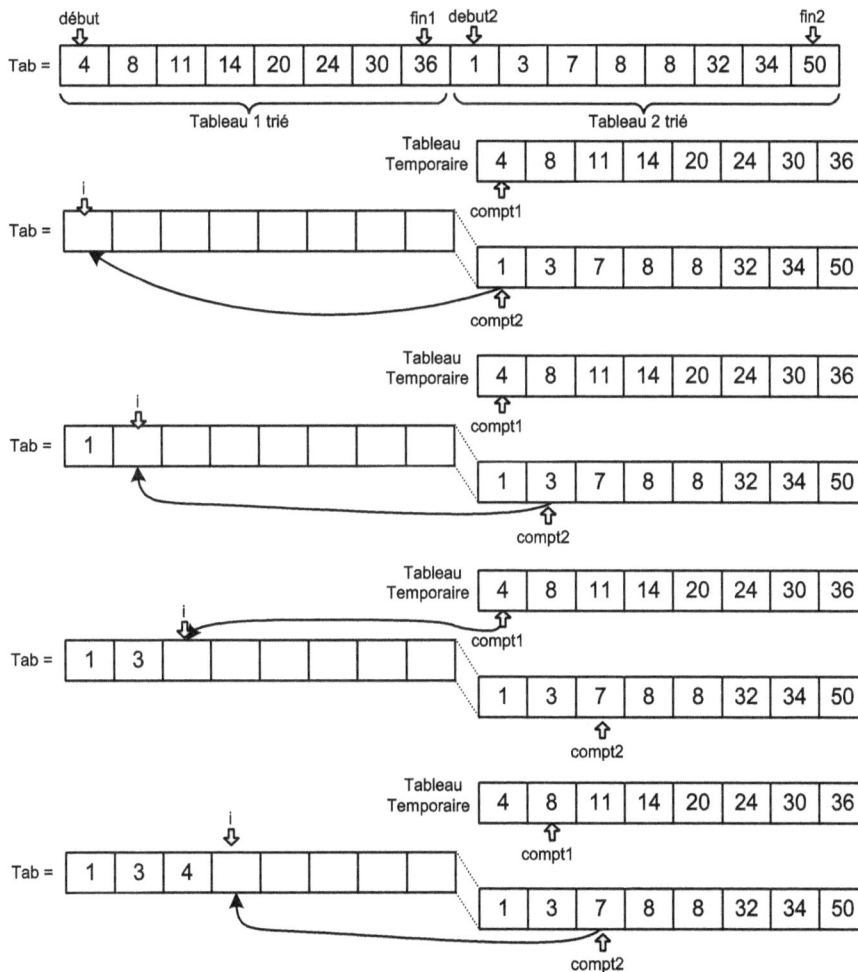

Figure 7-11

L'interclassement de deux tableaux triés.

On commence par faire une copie du 1er tableau dans le tableau temporaire. Les valeurs du 1er tableau sont alors sans importance : les cases ont été vidées sur le schéma pour l'indiquer.

On introduit 3 indices : les indices `compt1` et `compt2` pour parcourir les éléments du 1er et du 2e tableau, et l'indice ŧ pour préciser l'élément du tableau `tab` qui va être modifié.

On compare l'élément de 1er tableau (grâce au tableau temporaire) avec celui du 2e tableau : le plus petit élément est copié dans `tab[i]` et on passe cet élément en incrémentant `compt1` ou `compt2`.

```
Classe TableauReelTrie comporte methode interclasser(debut: entier, fin1: entier,
fin2: entier): vide
variables: debut2: entier;
           tabTemp: entier[];
           compt1, compt2, i: entier;
Debut
    tabTemp ← new entier[fin1−debut1+1];
    debut2 ← fin1+1;
    // on recopie les éléments du début du tableau
    i ← 0;
    tant_que (i ≤ fin1) faire
    {
        tabTemp[i−debut1] = tab[i];
        i ← i + 1;
    }

    compt1 ← debut1;
    compt2 ← debut2;
    i ← debut1;

    tant_que ((i ≤ fin2) ET (compt1 ≠ debut2)) faire
    {
        si (compt2 =(fin2+1)) alors          // tous les éléments du second tableau ont été placés
        {
            tab[i] ← tabTemp[compt1−debut1]; // placer le reste du premier tableau
            compt1 ← compt1 + 1;
        }
        sinon si (tabTemp[compt1−debut1] < tab[compt2]) alors
        {
            tab[i] ← tabTemp[compt1−debut1];
            // ajouter un élément du premier tableau
            compt1 ← compt1 + 1;
        }
        sinon
        {
            tab[i] ← tab[compt2];            // ajouter un élément du second tableau
            compt2 ← compt2 + 1;
        }
        i ← i + 1;
    }
Fin
```

Le tri rapide : tri dichotomique récursif

Définition

Le tri rapide

Le tri rapide permet de trier un tableau avec un traitement récursif et dichotomique. Par récursivité, un élément appelé *pivot* est choisi. Le pivot est alors placé à sa place définitive dans le tableau avec les éléments plus petits avant et les plus grands après. La récursivité traite les deux sous-tableaux avant et après le pivot.

Le tri rapide est récursif : il suffit d'analyser une seule étape du traitement pour pouvoir le comprendre et l'implémenter. En effet, comme nous l'avons vu au chapitre 3, pour écrire une fonction récursive, il suffit d'écrire la condition d'arrêt et une étape (la résolution au rang N) : les rappels récursifs (avec les appels aux rangs inférieurs) donneront la solution. Comme d'habitude, il est utile de dresser un schéma (voir figure 7-12).

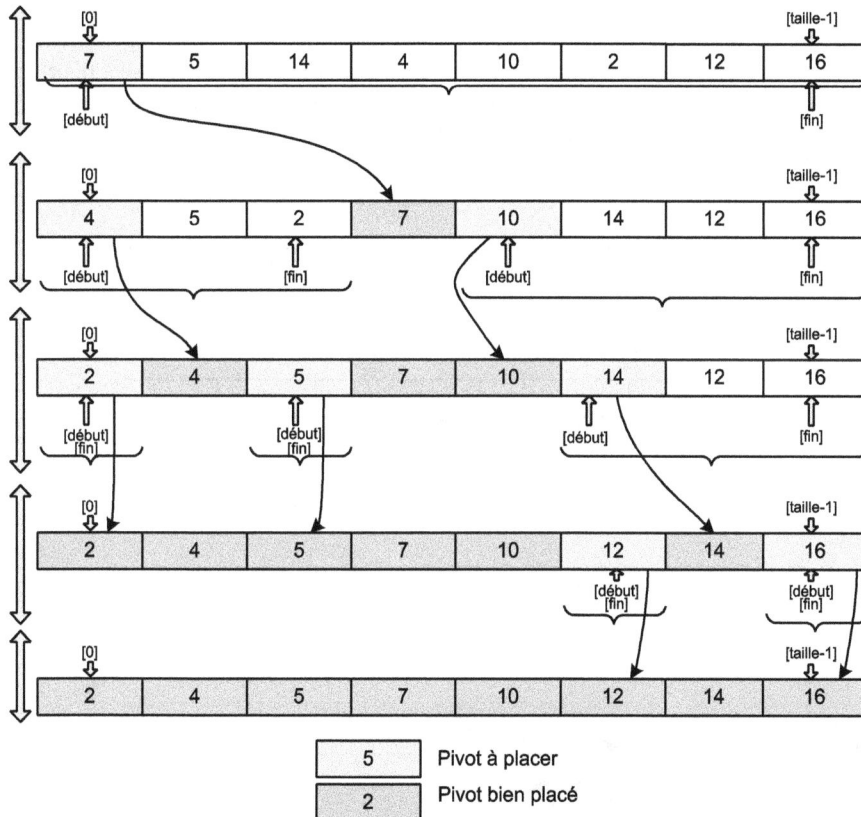

Figure 7-12

Les différentes étapes du tri rapide.

```
Classe TableauReelTrie comporte methode triRapide(debut: entier, fin: entier): vide
variables: pivot: entier;
Debut
     si (fin ≤ debut) alors
         retourne;                        // la condition d'arrêt
     pivot ← placePivot(debut, fin);     // mettre le pivot à sa place
     triRapide(debut, pivot-1);          // appel récursif de la partie gauche de tab[]
     triRapide(pivot+1, fin);            // tri récursif de la partie droite de tab[]
Fin
```

Cette méthode sera appelée de 0 à taille-1 pour trier tout le tableau :

```
Classe TableauReelTrie comporte methode triRapide(): vide
Debut
     triRapide(0,taille-1);
Fin
```

Le problème le plus épineux reste le placement du pivot à la bonne place. Utilisons pour cela deux variables indiceGauche et indiceDroite, qui vont laisser à gauche les éléments plus petits que le pivot, et à droite les éléments plus grands (voir figure 7-13).

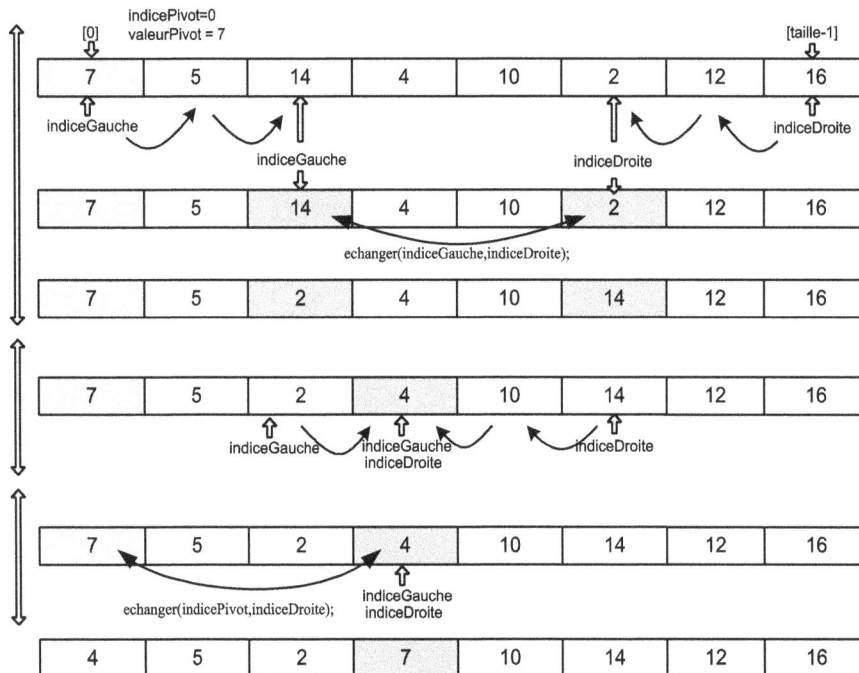

Figure 7-13

Placer le pivot à sa place.

On laisse à leur place les éléments plus petits que le pivot qui sont déjà à gauche : on passe au suivant (en incrémentant indiceGauche). On s'arrête quand indiceGauche indique un élément plus grand que le pivot (ici 14).

De l'autre côté, on laisse à leur place les éléments plus grands que le pivot qui sont déjà à droite : on passe au suivant (en décrémentant indiceDroite). On s'arrête quand indiceDroite indique un élément plus petit que le pivot (ici 2).

On échange alors les valeurs entre indiceGauche et indiceDroite (14 et 2).

Et on recommence jusqu'à ce que indiceGauche et indiceDroite désigne la même case. Il s'agit de la place finale du pivot.

```
Classe TableauReelTrie comporte methode placePivot(debut: entier, fin: entier): entier
variables: indicePivot, indiceGauche, indiceDroite: entier;
        valeurPivot: entier;
        pasPlace: booléen;
Debut
        indicePivot ← debut;
        valeurPivot ← tab[indicePivot];
        indiceGauche ← debut+1 - 1;          // on se place bien
        indiceDroite ← fin + 1;
        pasPlace ← Vrai ;                      // il faut entrer dans la boucle
        tant_que (pasPlace) faire
        {
            indiceGauche ← indiceGauche + 1;
            tant_que ((indiceGauche ≤ fin) ET
                    (valeurPivot > tab[indiceGauche]) faire
            {
                indiceGauche ← indiceGauche + 1;
            }

            indiceDroite ← indiceDroite - 1;
            tant_que (valeurPivot < tab[indiceDroite]) faire
            {
                indiceDroite ← indiceDroite - 1;
            }
            // en général IndiceGauche et IndiceDroite se croisent
            si (indiceGauche ≤ indiceDroite) alors
            {
                echanger(indiceGauche, indiceDroite);
            } sinon
            {
                pasPlace ← Faux;
            }
        }
        echanger(indicePivot, indiceDroite);
        retourne indiceDroite;
Fin
```

Notion de complexité

Approche pratique

Un algorithme doit donner un résultat juste dans tous les cas, mais aussi s'effectuer de manière réaliste. La complexité représente l'évaluation du coût en mémoire utilisée et en temps de calcul d'un programme informatique. En effet, ces deux facteurs peuvent empêcher un algorithme, qui fonctionne sur le papier, de fournir un résultat, compte tenu des limites de vitesse et de capacité de stockage des ordinateurs.

De nos jours, la mémoire ne faisant pas défaut, le point sensible d'un programme reste son temps d'exécution : à quoi sert un programme qui fournira une réponse dans 200 ans ?

Définition

La complexité en temps

La complexité d'un algorithme mesure le nombre d'opérations effectuées relativement au nombre N d'éléments traités.

Un algorithme peut avoir des résultats très différents en fonction des données initiales : le tri à bulle, par exemple, sera très rapide si les données sont déjà presque triées. Selon les cas favorables, défavorables ou les cas intermédiaires, il y a encore plusieurs complexités à calculer.

Définition

La complexité dans le pire (respectivement le meilleur) des cas

Il s'agit de la complexité calculée lorsque les données demandent à l'algorithme le nombre maximum (respectivement le minimum) de traitements.

Définition

La complexité en moyenne

La complexité en moyenne est la moyenne du nombre de traitements pour toutes les données possibles en entrée.

Nous nous intéresserons uniquement à la complexité en moyenne, en choisissant quelques jeux de données au hasard.

Comparons les algorithmes de tris vus précédemment pour des tableaux identiques. Pour cela, calculons le nombre total de comparaisons effectuées pour chaque tri : il suffit d'ajouter la variable `nbTest` et de l'incrémenter au bon endroit.

Le tableau 7-1 présente le résultat obtenu par le programme informatique après quelques minutes (N représente le nombre d'éléments).

Tableau 7-1 Comparaison de la complexité des différents exemples vus précédemment

	Sélection	Insertion	Bulle	Fusion	Rapide
N = 100	5.050	2.509	4.950	1704	539
N = 500	125.220	64.569	124.750	11324	3570
N = 1000	500.500	247.462	499.500	25165	7827
N = 2000	2.001.000	994.319	1.999.000	55229	18561
N = 5000	12.502.500	6.277.463	12.497.500	156382	48558

Nous constatons que le tri par fusion et le tri rapide sont effectivement les plus rapides (sur un tableau initialisé au hasard).

À l'aide d'une calculatrice, vous pouvez vérifier les résultats suivants (Log représente la fonction mathématique logarithme décimal, de base 10) : tableau 7-2.

Tableau 7-2 Résultats

N	$N \times N$	$N \times \text{Log}(N)$
N = 100	$100 \times 100 = 10.000$	$100 \times \text{Log}(100) = 200$
N = 500	250.000	1.349,48
N = 1.000	1.000.000	3.000
N = 2.000	4.000.000	6.602,06
N = 5.000	25.000.000	18.494,85

Nous constatons que les trois premiers tris sont à peu près proportionnels à $N \times N$ (tableau 7-3).

Tableau 7-3 Résultats

Sélection	Insertion	Bulle
$\sim 0,5 \times N \times N$	$\sim 0,25 \times N \times N$	$\sim 0,49 \times N \times N$

Par exemple, pour le tri par insertion, pour $N = 1\,000$, $N \times N = 1\,000\,000$ et $0,25 \times N \times N = 250\,000$: ce nombre est peu différent du nombre de comparaisons calculé par l'ordinateur : 247 462.

Le recours à une calculatrice est nécessaire pour déterminer le facteur de proportionnalité entre les tris rapide et fusion avec $N \times \text{Log}(N)$: $2,7 \times 100 \times \text{Log}(100) = 540$, assez proche des 539 obtenus par l'expérience du tri rapide.

Tableau 7-4 Facteur de proportionnalité

Fusion	Rapide
$\sim 8,5 \times N \times \text{Log}(N)$	$\sim 2,7 \times N \times \text{Log}(N)$

La notation de l'efficacité d'un algorithme s'écrit sans tenir compte des valeurs de proportionnalité. Il suffit d'indiquer la croissance avec le nombre d'éléments N sous les formes suivantes :

- La complexité polynomiale de degré 2 est notée $O(N^2)$ quand le traitement est proportionnel à $N \times N$: c'est le cas pour les tris par sélection, par insertion et à bulle.

- La complexité quasi-linéaire est notée $O(N \times \log(N))$ quand le traitement est proportionnel à $N \times Log(N)$: c'est le cas pour les tris par fusion et le tri rapide.

- La complexité linéaire notée $O(N)$ intervient lorsque l'ensemble des éléments a été parcouru une seule fois. Il s'agit par exemple, de la complexité de l'algorithme de recherche linéaire d'une valeur dans un tableau.

- Un algorithme de complexité constante noté $O(1)$ effectue toujours le même nombre d'opérations, quel que soit le nombre d'éléments N données.

Approche théorique

Calculons la complexité théorique du tri par sélection dans des cas simples. Supposons pour cela que le tableau à trier possède N éléments. Déterminons le nombre de comparaisons effectuées en fonction de N.

Pour trouver l'élément le plus petit, il faut parcourir tout le tableau. Cette opération est effectuée N−1 fois, avec (au début) N éléments, puis N−2 fois avec N−1 éléments restants, ainsi de suite jusqu'à ce qu'il ne reste que 2 éléments (quand il n'en reste qu'un, il n'y a plus de parcours à faire). Calculons le nombre de parcours du tableau :

Nombre de parcours $= (N - 1) + (N - 2) + \dots + 3 + 2$

$\sim N \times (N - 1)/2$: on retrouve le terme le plus grand $\sim 0,5 \times N \times N$, trouvé

par l'approche pratique.

La pile

Employée parfois pour sa simplicité, une structure de données peut vous être utile. Il s'agit de la pile.

Présentation

Définition

Pile

Une pile est une structure de stockage de données. Les éléments sont ajoutés les uns après les autres dans la pile. L'utilisateur peut accéder seulement au dernier élément stocké.

Soit la classe `PileEntier` qui nous permettra de gérer des éléments de type entier (voir figure 7-14).

Figure 7-14

L'interface utilisateur.

PileEntier

+ PileEntier()
+ empiler(valeur: entier): vide
+ depiler(): entier
+ estVide(): booléen

Détaillons l'utilisation de chaque méthode :

- `PileEntier()` permet de créer une pile capable de contenir 7 éléments au maximum.
- `PileEntier(n: entier)` permet de créer une pile de n éléments au maximum.
- `empiler(n: entier)` ajoute une nouvelle valeur n au sommet de la pile.
- `depiler(): entier` retire le sommet de la pile et retourne sa valeur.
- `estVide(): booléen` retourne `Vrai` si la pile n'a pas d'élément, `Faux` sinon.

Pour bien comprendre l'utilisation d'une pile d'entiers, écrivons un petit algorithme permettant d'illustrer chaque méthode et le schéma mémoire associé.

```
Algorithme utilisation-PileEntier
variables: p: PileEntier;
           valeur: entier;
Debut
    p ← new PileEntier();
  // étape n° 1
    p.empiler(3);
  // étape n° 2
    p.empiler(5);
    p.empiler(7);
  // étape n° 3
    valeur ← p.depiler();
  // étape n° 4
Fin
```

Représentons l'évolution des valeurs de la pile : la pile est vide au début, puis les valeurs s'empilent (voir figure 7-15).

Figure 7-15

Évolution de la pile.

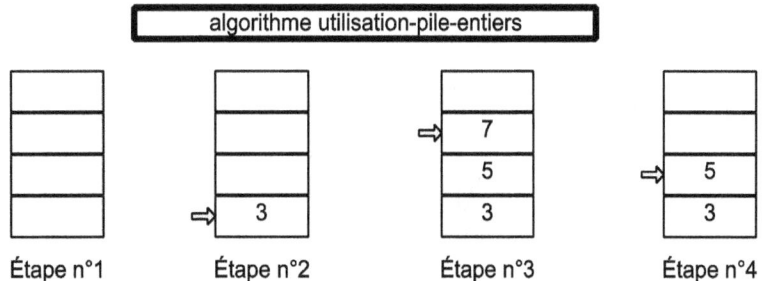

algorithme utilisation-pile-entiers

Étape n°1   Étape n°2   Étape n°3   Étape n°4

Écriture de la classe Pile

Les attributs

La classe `PileEntier` peut être gérée par un tableau. Il faut définir un entier indiquant la position du sommet ou le nombre d'éléments déjà empilés. Choisissons la variable `nbElement` qui est égale à 0 quand la pile est vide, et qui augmente à chaque valeur empilée (voir figure 7-16).

Figure 7-16

L'interface programmeur de la classe PileEntier.

PileEntier

– tab: tableau[] d'entiers
– nbElement: entier

+ PileEntier()
+ empiler(valeur: entier): vide
+ depiler(): entier
+ estVide(): booléen

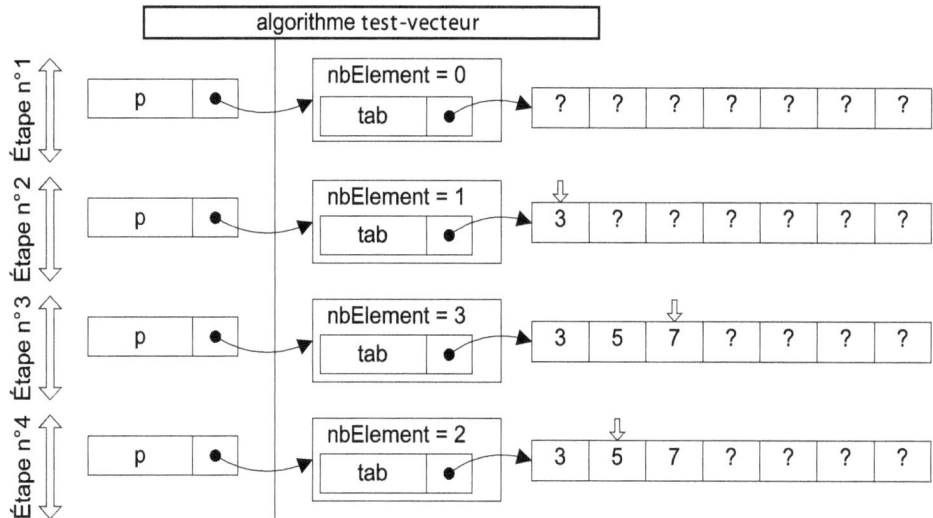

Figure 7-17

La classe PileEntier vue pour son programmeur.

Remarquons que la variable `nbElement` et la position du sommet de la pile dans le tableau ne sont pas identiques. À l'étape n° 2 par exemple, il y a un seul élément (`nbElement` vaut 1) et la valeur 3 est à la position 0 (`tab[0]` vaut 3).

L'écriture des méthodes est plus simple que pour le cas du vecteur. Commençons par le constructeur qui initialise les deux attributs.

```
Classe PileEntier comporte méthode PileEntier()
Debut
    this.nbElement ← 0;        // aucune valeur n'a été empilée
    tab ← new entier[7];       // l'attribut tab est initialisé
Fin
```

```
Classe PileEntier comporte méthode PileEntier(n: entier)
Debut
    this.nbElement ← 0;    // aucune valeur n'a été empilée
    tab ← new entier[n];   // l'attribut tab est initialisé
Fin
```

Avant d'écrire la méthode `empiler`, représentons le schéma montrant son action sur une pile contenant [3 ; 5] pour empiler la valeur 7 : figure 7-18.

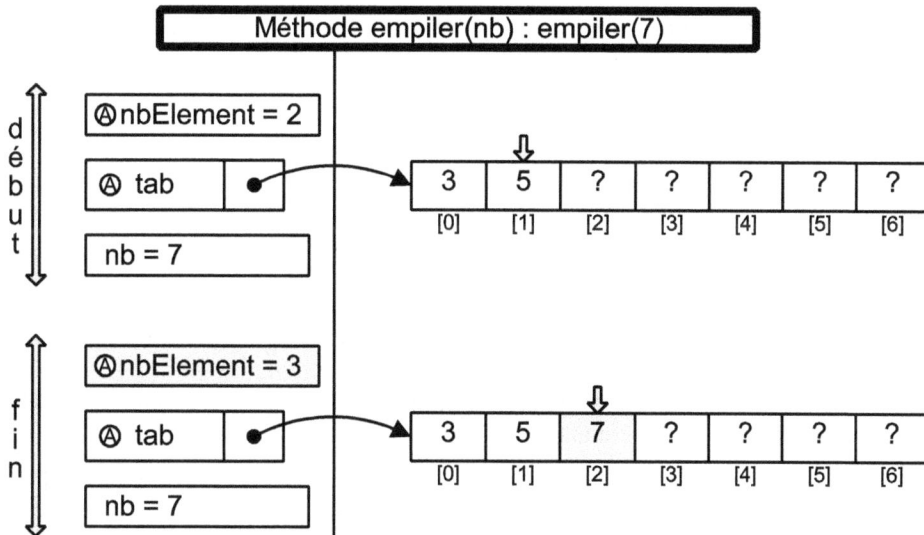

Figure 7-18

Empiler la valeur 7.

```
Classe PileEntier comporte methode empiler(nb: entier): vide
Debut
    tab[nbElement] ← nb;
    nbElement ← nbElement + 1;
Fin
```

Quant à la méthode `depiler()`, il s'agit d'empiler à l'envers.

```
Classe PileEntier comporte methode depiler(): entier
Debut
    nbElement ← nbElement − 1;
    retourne(tab[nbElement]);
Fin
```

> **Remarque**
>
> Il est inutile de modifier la valeur dépilée qui est dans le tableau : cette valeur est en effet inaccessible et sera écrasée au prochain empilement (disposer la valeur cachée 7 ou 0, c'est la même chose…).
>
> Néanmoins, si nous avions empilé des objets (des Dates par exemple), il faudrait obligatoirement mettre la case dépilée du tableau à null pour libérer l'espace mémoire de l'objet pointé.

La méthode estVide() ne modifiant pas les attributs, elle s'écrit simplement.

```
Classe PileEntier comporte methode estVide(): booléen
Debut
    retourne(nbElement = 0);
Fin
```

Exercices de bilan

Exercice 7.1 Implémenter la classe VecteurEntierTrie, un vecteur d'entiers où tous les éléments sont toujours triés.

Exercice 7.2 Écrire la classe FileEtudiant qui contient des étudiants : le premier étudiant entré dans la file sera le premier à sortir.

Exercice 7.3 Écrire un algorithme (simple utilisateur) pour afficher le nombre d'éléments d'une pile (donner une solution itérative et une solution récursive).

Exercice 7.4 Écrire une classe TestTri, comportant un tableau et une méthode de tri par sélection, et ajouter le calcul du nombre de tests effectués, utile notamment pour déterminer la performance.

8

Structures linéaires

Chaque système de stockage présente des avantages et des inconvénients. Le problème des tableaux est leur taille fixe. Une autre structure, dynamique, permet de réserver uniquement en mémoire l'espace utilisé au fur et à mesure des besoins, mais au prix d'une plus grande complexité. Cette technique utilise une classe intermédiaire : la cellule.

La cellule

Présentation

La cellule ne sera pas utilisée directement dans nos algorithmes : cette classe sert à fabriquer d'autres classes comme les structures dynamiques. Nous étudierons les listes et les piles.

Définition

Cellule

Une cellule est un composant qui contient un élément et qui référence la cellule suivante.

Figure 8-1
Une cellule qui contient la valeur 15.

La classe Cellule est une classe réflexive : elle possède un attribut de type Cellule.

Définition

Classe réflexive

Une classe est dite réflexive si elle possède un attribut référençant un objet de sa propre classe.

Le schéma UML suivant permet de représenter la cellule qui appartient à une structure linéaire. Chaque cellule peut ne pas comporter de cellule suivante : si c'est la dernière de la structure, elle référence dans ce cas la cellule zéro. Si elle possède une cellule suivante, cette dernière peut elle-même être référencée par zéro (si c'est la première de la structure).

Figure 8-2

*La cellule,
une classe réflexive.*

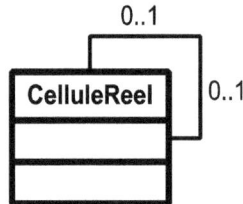

Utilisation

Soit la classe `CelluleReel` qui nous permettra de stocker un élément de type réel (voir figure 8-3).

Figure 8-3

L'interface utilisateur.

CelluleReel

+ CelluleReel(valeur: réel, suivant: CelluleReel)
+ getValeur(): réel
+ getSuivant(): CelluleReel
+ setValeur(valeur: réel): vide
+ setSuivant(suivant: CelluleReel): vide

La classe `CelluleReel` est constituée simplement du constructeur et des 4 accesseurs. Pour bien comprendre l'utilisation d'une cellule de réel, écrivons un petit algorithme permettant d'illustrer chaque méthode et le schéma mémoire associé.

```
Algorithme utilisation-CelluleReel
variables: c1, c2: CelluleReel;
Debut
    c1 ← new CelluleReel(15, null);
    c2 ← new CelluleReel(3,c1);
// étape n°1
    c1.setSuivant(c2);
    c2.setValeur(99);
// étape n° 2
Fin
```

Représentons le schéma mémoire à la fin de l'exécution de l'algorithme précédent.

Figure 8-4

*Schéma mémoire
à l'étape n° 1.*

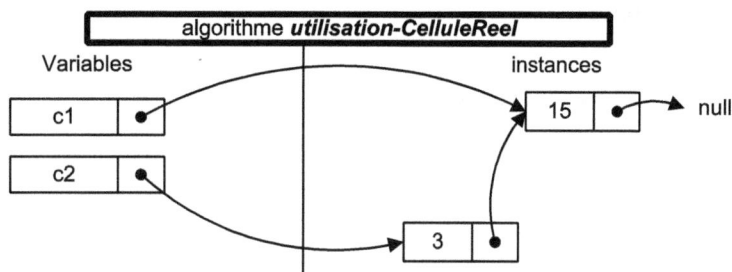

Figure 8-5

*Schéma mémoire
à l'étape n° 2.*

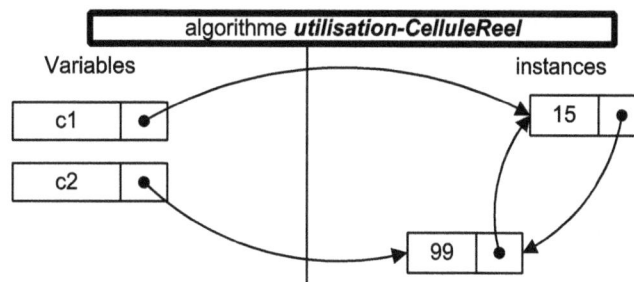

Écriture de la classe CelluleReel

Les attributs

Les deux attributs définissant la cellule sont encapsulés dans la classe (voir figure 8-6). Ils définissent la valeur réelle contenue dans la cellule, et la référence sur la cellule suivante.

Figure 8-6

*L'interface programmeur
de la classe CelluleReel.*

CelluleReel
– valeur: réel
– suivant: CelluleReel
+ CelluleReel(valeur: réel, suivant: CelluleReel)
+ getValeur(): réel
+ getSuivant(): CelluleReel;
+ setValeur(valeur: réel): vide
+ setSuivant(suivant: CelluleReel): vide

L'attribut `suivant` référence une instance de `CelluleReel`. Si la cellule n'a pas de `suivant`, il vaut alors `null`.

Les méthodes

La classe `CelluleReel` s'écrit vraiment sans difficulté (elle ne comporte que des accesseurs).

```
Classe CelluleReel

Debut
Prive :
// Attributs :
    valeur: réel
```

```
        suivant: CelluleReel
Public :
// Constructeurs :
CelluleReel(valeur: réel, suivant: CelluleReel)
Debut
    this.valeur ← valeur;
    this.suivant ← suivant;
Fin

// Méthodes :
getValeur(): réel
Debut
    retourne(valeur);
Fin

getSuivant(): CelluleReel
Debut
    retourne(suivant);
Fin

setValeur(valeur: réel): vide
Debut
    this.valeur ← valeur;
Fin

setSuivant(suivant: CelluleReel): vide
Debut
    this.suivant ← suivant;
Fin

Fin
```

La pile

Utilisation

La pile de réels que nous voulons créer est utilisée de la même manière qu'une pile d'entiers vue au chapitre précédent : d'ailleurs, les méthodes sont les mêmes, au type près.

Soit la classe `PileReel` qui nous permettra de gérer un ensemble d'éléments de type réel (voir figure 8-7).

Figure 8-7

L'interface utilisateur de PileReel.

PileReel

+ PileReel()
+ empiler(valeur: réel): vide
+ depiler(): réel
+ estVide(): booléen

Écriture de la classe PileReel

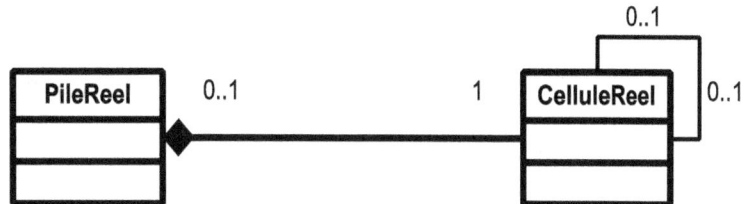

Les attributs

La pile est ici constituée entre zéro (pile vide) et beaucoup de cellules. Chaque cellule appartient à une pile, ou non. La représentation UML du schéma de la classe `PileReel` est celle illustrée par la figure 8-8.

Figure 8-8

La classe PileReel.

La pile de réels est accessible uniquement par la cellule qui est en haut de la pile : seul cet attribut appelé `sommet` sera utile.

Figure 8-9

La classe PileReel vue par son programmeur.

PileReel
– sommet : CelluleReel
+ PileReel() + empiler(valeur: réel): vide + depiler(): réel + estVide(): booléen

Les méthodes

Avant d'écrire le code des méthodes, montrons 2 piles : la première ne contenant aucun élément (la pile vide, voir figure 8-10), et la deuxième où ont été empilées les valeurs 3 puis 4.5 et enfin 99.

```
Algorithme utilisation-PileReel
variables: p: PileReel;
Debut
    p ← new PileReel();
    // étape n°1
    p.empiler(3);
    p.empiler(4.5);
    p.empiler(99);
    // étape n°2
Fin
```

Figure 8-10

Schéma mémoire d'une pile vide.

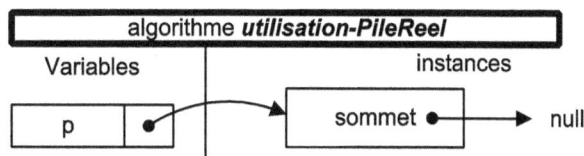

Figure 8-11

*Schéma mémoire
à l'étape n° 2.*

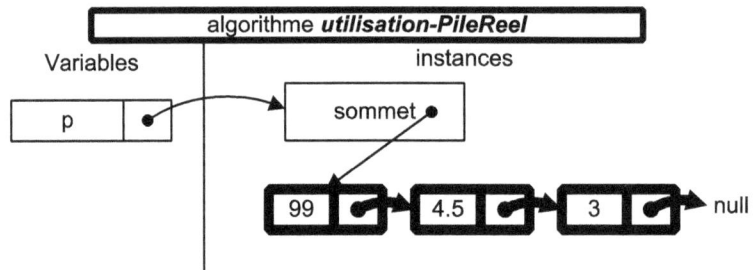

La classe `PileReel` s'écrit facilement grâce à des schémas mémoire.

```
Classe PileReel
Debut
// Attributs :
    sommet: CelluleReel
```

Le constructeur s'écrit sans grande difficulté sachant que la classe n'a qu'un seul attribut à initialiser.

```
PileReel()
Debut
    this.sommet ← null;
Fin
```

La méthode la plus simple consiste à savoir s'il existe des cellules dans la pile. Si la pile est vide, l'attribut sommet vaut `null` : il s'agit de retourner cette information.

```
estVide(): booléen
Debut
    retourne(sommet = null);
Fin
```

Pour pouvoir écrire l'algorithme, expliquons par un schéma (figure 8-12) la méthode `empiler(99)`, qui comporte 2 étapes :

1. On construit une nouvelle cellule qui contient la nouvelle valeur à empiler et dont l'élément suivant est l'instance pointée par l'attribut sommet.

2. Le sommet de la pile devient cette nouvelle cellule.

Figure 8-12

*Schéma mémoire
de p.empiler(99).*

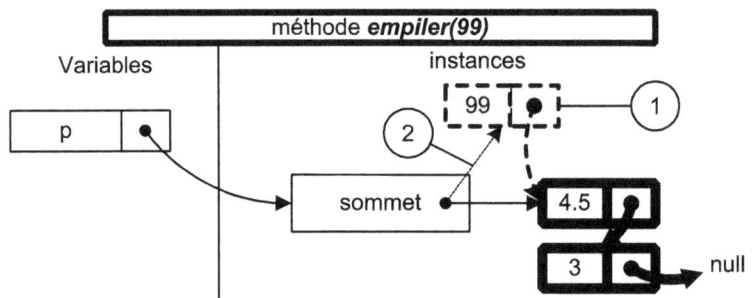

```
empiler(valeur: réel): vide
variable: nouvelleCellule:CelluleReel
Debut
    nouvelleCellule ← new CelluleReel(valeur, sommet);
    sommet ← nouvelleCellule;
Fin
```

Pour la méthode depiler (voir figure 8-13), il suffit de remarquer que la cellule pointée par l'attribut sommet possède un suivant : ce suivant est le prochain sommet (même s'il s'agit de la valeur null).

Figure 8-13

Schéma mémoire de p.depiler().

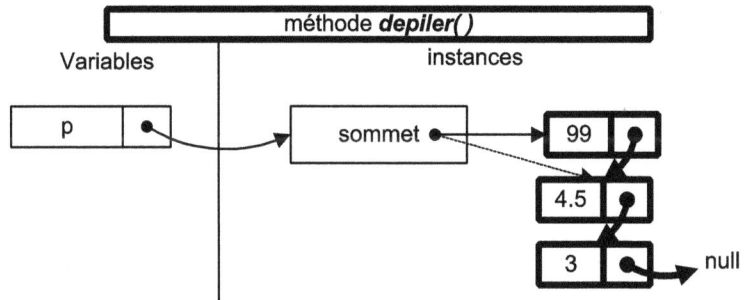

```
depiler(): réel
variable: resultat: réel;
Debut
    resultat ← sommet.getValeur();
    sommet ← sommet.getSuivant();
    retourne(resultat);
Fin
```

La suppression de l'instance inutilisée

Si une instance n'est plus référencée par aucune variable et aucune instance, elle devient inutilisable.

Après l'exécution de la méthode depiler, la cellule contenant 99 est devenue inutile : il serait intéressant de la détruire pour récupérer l'espace mémoire occupé. Pour cela, les langages informatiques proposent deux méthodes.

• Dans les langages les plus récents, notamment Eiffel ou Java, un mécanisme récupère automatiquement l'espace mémoire occupé par les instances devenues inutiles. Mais comment peut-il le savoir ? Il le sait, comme dans le cas de la méthode depiler, lorsqu'une instance n'est plus utilisable car plus aucune variable ne permet d'y accéder. C'est cette solution qui a été retenue dans le langage algorithmique.

• Dans d'autres langages objet comme le C++, c'est au programmeur de faire le ménage avant de perdre définitivement l'instance : c'est une erreur grave de ne pas libérer la mémoire inutilisée. Cette opération se fait par l'instruction delete. Si on l'utilisait dans notre langage algorithmique (ce qui est tout à fait possible, et même souhaitable si le langage d'application nécessite une libération manuelle de la mémoire), on obtiendrait le code suivant :

```
depiler(): réel
variables: resultat: réel;
            ancienSommet: CelluleReel;
Debut
    ancienSommet ← sommet;
    resultat ← sommet.getValeur();
    sommet ← sommet.getSuivant();
    delete(ancienSommet);              // récupérer la mémoire
    retourne(resultat);
Fin
```

Dans les langages où la libération de la mémoire est laissée au soin du développeur, il doit toujours y avoir autant d'opérateurs `delete` qu'il y a eu d'opérateurs `new` utilisés.

La liste

Présentation

Les listes sont des structures dynamiques.

Définition

Liste

Une liste, appelée aussi liste chaînée, est une structure dynamique de cellules. Les éléments sont atteints en parcourant chaque cellule depuis la première, appelée tête de la liste.

Voici le schéma d'une liste contenant les valeurs 99, 4.5 et 3 :

Figure 8-14

Exemple d'une liste de trois éléments.

Utilisation

Soit la classe `ListeReel` qui nous permettra de gérer un ensemble d'éléments de type réel (voir figure 8-15).

Figure 8-15

L'interface utilisateur de ListeReel.

ListeReel

+ ListeReel()

+ ajouterTete(valeur: réel): vide

+ ajouterQueue(valeur: réel): vide

+ supprimerTete(): vide

+ supprimerValeur(valeur: réel): vide

+ contient(valeur: réel): booléen

+ estVide(): booléen

- `ListeReel()` permet de construire une liste vide.
- `ajouterTete(valeur: réel)` permet d'ajouter la valeur au début de la liste.
- `ajouterQueue(valeur: réel)` permet d'ajouter la valeur à la fin de la liste.
- `supprimerTete()` supprime la première cellule de la liste.
- `SupprimerValeur(valeur: réel)` supprime la première cellule de la liste contenant la valeur.
- `contient(valeur: réel): booléen` retourne `Vrai` si la liste contient la valeur, sinon `Faux`.
- `estVide(): booléen`, retourne `Vrai` si la liste ne contient aucun élément, sinon `Faux`.

Écriture de la classe ListeReel

Les attributs

Une liste de réels est définie par une suite de cellules de réels. Il est seulement nécessaire de connaître la première cellule, appelée tête de la liste.

Figure 8-16

La classe ListeReel vue pour son programmeur.

ListeReel
– tête : CelluleReel
+ ListeReel()
+ ajouterTete(valeur: réel): vide
+ ajouterQueue(valeur: réel): vide
+ supprimerTete(): vide
+ supprimerValeur(valeur: réel): vide
+ contient(valeur: réel): booléen
+ estVide(): booléen

Avant d'écrire les méthodes, présentons deux listes : la première ne contenant aucun élément (la liste vide), et la deuxième où ont été ajoutées en queue les valeurs 99 puis 4.5 et enfin 3.

```
Algorithme utilisation-ListeReel
variables: liste: ListeReel;
Debut
    liste ← new ListeReel();
  // étape n°1
    liste.ajouterQueue(99);
    liste.ajouterQueue(4.5);
    liste.ajouterQueue(3);
  // étape n°2
Fin
```

Figure 8-17

Liste vide (étape n° 1).

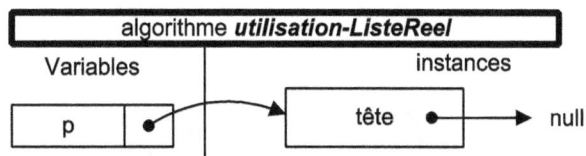

Figure 8-18

Liste avec trois éléments (étape n° 2).

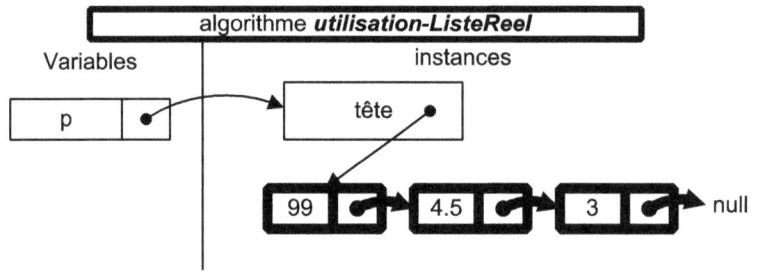

Les méthodes

Le constructeur de la classe ListeReel doit initialiser les attributs. Le constructeur initialise la tête : à la création, la liste est vide, aucune cellule ne compose la liste. La figure 8-17 nous en montre un exemple :

```
Classe ListeReel comporte methode ListeReel()
Debut
    tete ← null;
Fin
```

Écrivons les autres méthodes, en commençant par celles qui permettent de travailler sur l'élément de tête. La méthode ajouterTete est identique à la méthode empiler pour la pile.

```
Classe ListeReel comporte methode ajouterTete(valeur: réel): vide
variable: nouvelleCellule: CelluleReel
Debut
    nouvelleCellule ← new CelluleReel(valeur, tete);
    tete ← nouvelleCellule;
Fin
```

La méthode supprimerTete est identique à la méthode depiler pour la pile.

```
Classe ListeReel comporte methode supprimerTete(): vide
Debut
    tete ← tete.getSuivant();
Fin
```

La méthode estVide est identique à celle de la pile :

```
Classe ListeReel comporte methode estVide(): booléen
Debut
    retourne(tete = null);
Fin
```

Pour travailler avec la cellule de queue (la dernière avant le null), c'est plus difficile : il faut parcourir la liste pour positionner la variable locale queue (1) sur la dernière cellule, créer la nouvelle cellule (2) et faire en sorte que le suivant de queue désigne cette nouvelle cellule (3), voir figure 8-19.

Figure 8-19

Insertion en queue.

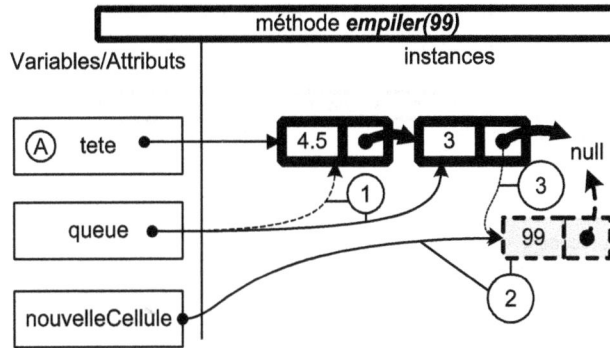

```
Classe ListeReel comporte méthode ajouterQueue(v: réel): vide
variables: nouvelleCellule, queue: CelluleReel
Debut
    // (1) on veut atteindre la dernière cellule
    queue ← tete;
    tant_que (queue ≠ null) faire
    {
        queue ← queue.getSuivant();
    }
    // (2) création d'une nouvelle cellule
    nouvelleCellule ← new CelluleReel(v, null);
    // (3) celle qui était dernière devient avant-dernière
    queue.setSuivant(nouvelleCellule);
Fin
```

Remarquons que cette méthode fonctionne aussi sur une liste vide.

La méthode contient permet de vérifier si une valeur appartient à la liste de réels : c'est assez simple, il suffit de parcourir la liste et d'arrêter dès que la valeur recherchée a été trouvée.

```
Classe ListeReel comporte methode contient(valeur: réel): booléen
variable: iterateur: CelluleReel
Debut
    iterateur ← tete;
    tant_que (iterateur ≠ null) faire
    {
        si (iterateur.getElement() = valeur) alors
            retourne(Vrai);
        iterateur ← iterateur.getSuivant();
    }
    retourne(Faux);
Fin
```

Examinons maintenant une méthode qui oblige à s'arrêter à un endroit de la liste : supprimerValeur(valeur: réel). Il faut parcourir les éléments à la recherche de la valeur, mais conserver la cellule précédant celle qui contient la valeur. On introduit donc deux variables : la première est un itérateur qui parcourt la liste depuis la deuxième cellule jusqu'à la dernière, la deuxième variable pointe toujours sur la cellule antérieure à l'itérateur (voir figure 8-20).

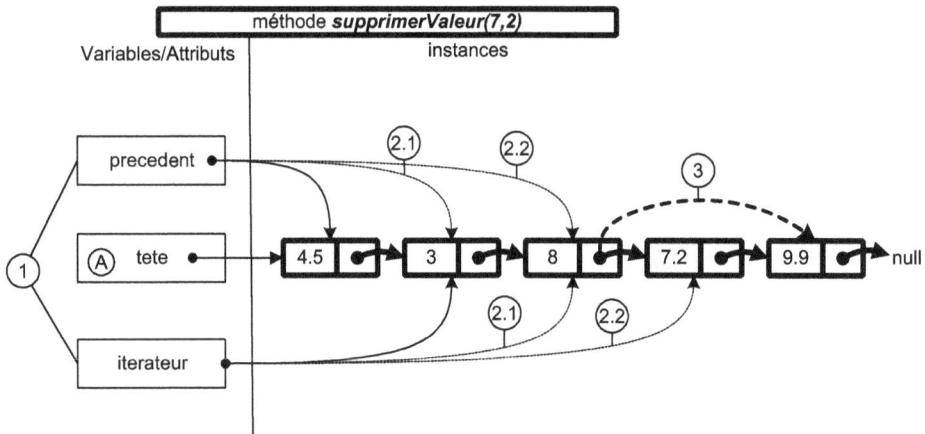

Figure 8-20

Suppression d'une valeur au milieu.

Dans cet algorithme, les cas de la liste vide ou de la liste avec une seule cellule n'ont pas été pris en compte : il faut les vérifier dès le début.

```
Classe ListeReel comporte methode supprimerValeur(valeur: réel): vide
variable: iterateur, precedant: CelluleReel
Debut
    si (estVide()) alors
        retourne;

    si (tete.getElement() = valeur)) alors
        supprimerTete();

// (1) initialisation
    precedant ← tete;
    iterateur ← tete.getSuivant();
// (2) parcours de la liste
    tant_que (iterateur ≠ null) faire
    {
        si (iterateur.getElement() = valeur) alors
        {  // (3) on supprime la cellule
            precedant ← iterateur.getSuivant();
            iterateur ← tete.getSuivant();
            retourne;
        }
        precedant ← iterateur;
        iterateur ← iterateur.getSuivant();
    }
    retourne;
Fin
```

La table de hachage

La table de hachage présente deux avantages pour stocker des données :

- l'insertion est presque immédiate ;
- la recherche est très rapide.

Le principe

Dans le traitement de nombreuses données non triées, la difficulté est d'accéder le plus rapidement possible aux informations. Introduisons donc une technique d'algorithme qui mélange les tableaux et les listes chaînées.

Rappelons que l'insertion dans un tableau trié est longue, et la recherche dans un tableau non trié aussi. Une solution très astucieuse consiste à stocker (de manière rapide) les données par blocs, puis, pour y accéder, à aller directement dans le bloc où se trouve la donnée. Le problème sera d'associer une donnée à un bloc de stockage. La table de hachage est la mise en pratique de cette idée.

Définition

La table de hachage

Une table de hachage est une structure de données constituée d'un tableau de listes. Les données ne sont pas triées mais regroupées par blocs grâce à une fonction, appelée *fonction de hachage*.

Voici un schéma représentant une table de hachage constituée sur un tableau de N éléments (figure 8-21).

Figure 8-21

Schéma d'une table de hachage de réels.

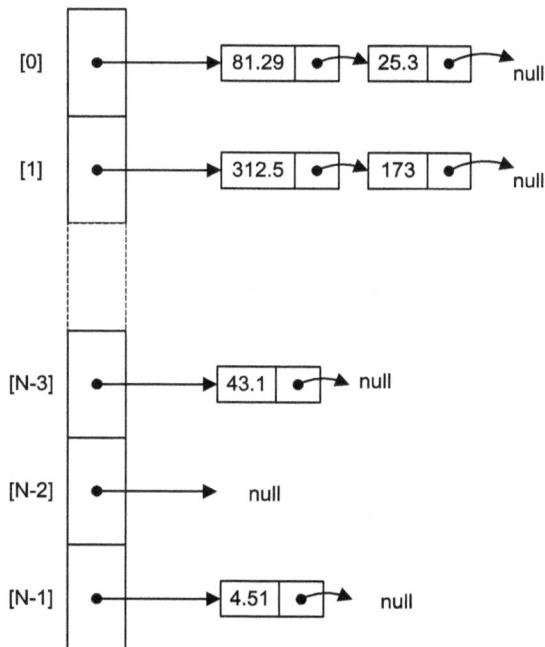

La fonction de hachage permet de séparer les données dans les différentes listes.

La fonction de hachage

> **Définition**
>
> **La fonction de hachage**
>
> La fonction de hachage permet de déterminer, à partir d'une donnée, l'indice du tableau (et donc la liste) dans lequel la donnée doit se trouver.

Exemple

Prenons un exemple pour illustrer l'utilisation de la fonction de hachage. Pour stocker 3 000 dates historiques du XXe siècle, avec un tableau de 100 listes chaînées, l'idéal serait que chaque liste possède 30 dates.

- Première fonction de hachage : chaque liste représente une année.

  Fonction(date) = (année) MOD 100

  Chaque date est alors associée à un entier entre 0 et 99 grâce à l'opération modulo. 1900 est associée à la liste [0], 1901 à la liste [1], 1902 à la liste [2], etc. Il semble probable que les listes des années riches en événements historiques (1914-1918 et 1939-1945) soient très remplies, et les autres beaucoup moins. Et rechercher une date dans une liste très longue, cela prend du temps.

- Deuxième fonction de hachage : utilisons le jour, le mois et l'année :

  Fonction(date) = (jour + mois + année) MOD 100

  On obtient encore un nombre compris entre 0 et 99. Chaque date est très précisément associée à un nombre. Les dates sont a priori réparties aléatoirement dans les différentes listes.

Les deux fonctions de hachage sont valides, mais la deuxième semble plus efficace que la première. Cela reste encore à vérifier concrètement par le programme en étudiant la bonne répartition du nombre de dates dans toutes les listes.

Conseils

La conception d'une table de hachage n'est pas théorique mais très pratique. Pour utiliser une table de hachage, les données doivent être réparties de manière homogène dans les différents éléments du tableau.

Si possible, la fonction de hachage doit tenir compte de tous les éléments constituant la donnée.

L'insertion

Les données sont partiellement triées : pour une valeur donnée, on sait immédiatement, grâce à la fonction de hachage, à quelle liste chaînée elle appartient. Il suffit d'insérer en tête cette valeur sur la liste associée (par la fonction de hachage).

La recherche

Pour une valeur donnée, on sait immédiatement, grâce à la fonction de hachage, à quelle liste chaînée elle appartient.

Par contre, la liste chaînée n'est pas triée : il reste encore à la parcourir pour rechercher la valeur. D'où la nécessité de disposer de petites listes, et donc d'une fonction de hachage qui répartisse au maximum les données stockées dans toutes les listes.

Le nombre de listes

Le nombre d'éléments du tableau dépend du nombre de données à gérer. Des listes d'une centaine d'éléments semblent efficaces donc pour un dictionnaire de 30 000 mots, il suffira d'avoir 300 listes. En revanche, si vous n'avez que 200 valeurs à stocker avec 300 listes, cette structure est contre-productive.

> Pensez toujours à adapter le nombre de liste au nombre de données.

Changer le nombre de listes

Les inconvénients d'un programme proviennent souvent de l'évolution de son utilisation. Si vous aviez dimensionné votre table de hachage avec des listes de 50 éléments pour 5 000 données, et qu'au cours du temps, le nombre de données est passé à 50 000, votre programme se trouvera ralenti. Pour cela, il est astucieux de pouvoir augmenter dynamiquement le nombre de listes (et donc la dimension du tableau de listes). Cette opération demande du temps car il faut replacer tous les éléments dans la nouvelle table.

Exemple : le livre d'histoire

Les dates sont associées à un descriptif sous forme de chaîne de caractères. Il faut les classer pour obtenir au plus vite l'insertion et la recherche. Pour cela, la table de hachage est une solution toute trouvée.

Une date historique est une date particulière : l'héritage nous permettra de gagner en temps et en simplicité. Introduisons la classe DateHistorique qui est une Date avec un attribut supplémentaire de type Chaîne et les 2 accesseurs associés.

On suppose connue la liste de date demandée dans les exercices de bilan de ce chapitre.

Voici la classe ListeDate et la table de hachage (figures 8-22 et 8-23).

Figure 8-22

La classe ListeDate vue par son programmeur.

ListeDate
– tete: CelluleDate
+ ListeDate()
+ ajouterTete(valeur: Date): vide
+ ajouterQueue(valeur: Date): vide
+ supprimerTete(): vide
+ supprimerValeur(valeur: Date): vide
+ contient(valeur: Date): booléen
+ estVide(): booléen

Figure 8-23

La classe TableHachageDate.

TableHachageDate

– tab: tableau de ListeDate

– n: entier

– tailleListes: tableau[] d'entiers

+ TableHachageDate()

+ TableHachageDate(n: entier)

+ ajouter1(d: Date): vide

+ ajouter2(d: Date): vide

+ recherche(d: Date): booléen

Il nous reste à écrire la table de hachage, mais avant cela, ajoutons les deux fonctions de hachage à la classe Date :

Le paramètre entier n représente le nombre d'éléments (de listes chaînées) de chaque tableau.

```
public fonctionHachage1(n: entier): entier
{
    retourne(annee MOD n);
}
```

```
public fonctionHachage2(n: entier): entier
{
    retourne((jour + mois + annee) MOD n);
}
```

Écrivons la table de hachage contenant des dates :

```
classe TableHachageDate
Debut
Prive :
// attributs
    tab: tableau[] de ListeDate;
    n: entier;
    tailleListes: tableau[] d'entiers;

Public :
// constructeurs
TableHachageDate()
variable: i: entier;
Debut
    n ← 50;
    tailleListes ← new entier[n];
    tab ← new ListeDate[n];
    pour (i ← 0) jusqu'à (n) faire
    {   tab[i]  ← new ListeDate();
    }
Fin

TableHachageDate(n:entier)
```

```
Debut
   this.n ← n;
   tailleListes ← new entier[n];
   tab ← new ListeDate[n];
   pour (i ← 0) jusqu'à (n)
   {   tab[i]  ← new ListeDate();
   }
Fin

ajouter1(Date d): vide
Debut
   tab[d.fonctionHachage1(n)].ajouterTete(d);
   tailleListes[d.fonctionHachage1(n)] ← tailleListes[d.fonctionHachage2(n)]+1;
Fin

public ajouter2(Date d): vide
Debut
   tab[d.fonctionHachage2(n)].ajouterTete(d);
   tailleListes[d.fonctionHachage2(n)] ← tailleListes[d.fonctionHachage2(n)]+1;
Fin

afficher(): vide
variable: i: entier;
Debut
   pour (i ← 0) jusqu'à (n) faire
   {   ecrire("    "+tailleListes[i]);
   }
Fin

recherche(Date d):booléen
Debut
   retourne(tab[d.fonctionHachage2(n)].contient(d));
Fin

Fin
```

Exercices de bilan

Exercice 8.1 Écrire une méthode dans la classe ListeReel qui supprime le dernier élément.

Exercice 8.2 Écrire une méthode (récursive) qui retourne le nombre d'éléments de la classe ListeReel.

Exercice 8.3 Écrire une méthode de la classe ListeReel qui retourne la valeur de l'élément le plus grand.

9

Structures réflexives

Nous allons maintenant aborder deux nouvelles structures de données très performantes pour insérer, rechercher et gérer des valeurs. Tout d'abord, les arbres qui nous permettront de représenter des hiérarchies : de sa forme la plus générale, l'arbre N-aire, à sa forme la plus utile, l'arbre binaire de recherche. Ensuite, les graphes, qui permettent de présenter deux algorithmes classiques.

L'arbre

Présentation

Dans une structure d'arbre, tout comme dans une liste chaînée, les valeurs se succèdent. Cependant, une valeur admet un nombre illimité de successeurs. Cette structure ressemble effectivement à un arbre qui, depuis la racine, voit ses branches de plus en plus nombreuses.

> **Définition**
>
> **Un arbre**
>
> Un arbre, appelé aussi arbre N-aire, est un ensemble de nœuds permettant de définir une hiérarchie sans cycle.

Dans un arbre N-aire, chaque nœud possède au maximum N nœuds suivants.

La représentation d'un arbre en informatique se fait à l'envers : la racine se trouve en haut et les branches se développent vers le bas. Tout simplement pour simplifier notre écriture qui se fait naturellement de haut en bas.

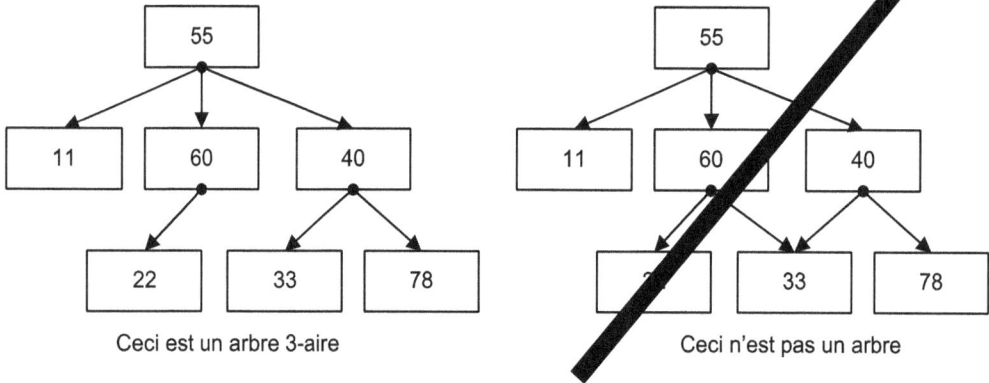

Figure 9-1

Un arbre de 7 nœuds.

Le schéma de droite n'est pas un arbre : la case contenant la valeur 33 est le successeur de deux cases. Introduisons certaines définitions permettant de caractériser un arbre.

Définition

Un nœud

Un nœud, appelé aussi sommet, contient un élément et indique les nœuds suivants.

Pour reprendre l'image d'un arbre généalogique, nous parlerons de nœuds fils, nœud père et nœud frère.

Définition

La racine

La racine d'un arbre est le nœud initial. Tous les autres nœuds de l'arbre suivent directement ou indirectement la racine.

La racine est le seul nœud sans père.

Définition

Une feuille

Une feuille est un nœud qui n'a pas de suivant.

Si un arbre n'a qu'un nœud, il s'agit de la racine qui est aussi une feuille.

Définition

Une branche

Une branche est un chemin qui rejoint deux nœuds.

> **Définition**
>
> **La hauteur d'un nœud**
>
> La hauteur d'un nœud est égale au nombre de branches le séparant de la feuille la plus éloignée plus un.

La hauteur d'un arbre vaut alors la hauteur du nœud racine.

> **Définition**
>
> **La profondeur d'un nœud**
>
> La profondeur d'un nœud est égale au nombre de branches le séparant de la racine plus un.

La profondeur de la racine vaut 1.

Illustrons ces différentes définitions par un schéma :

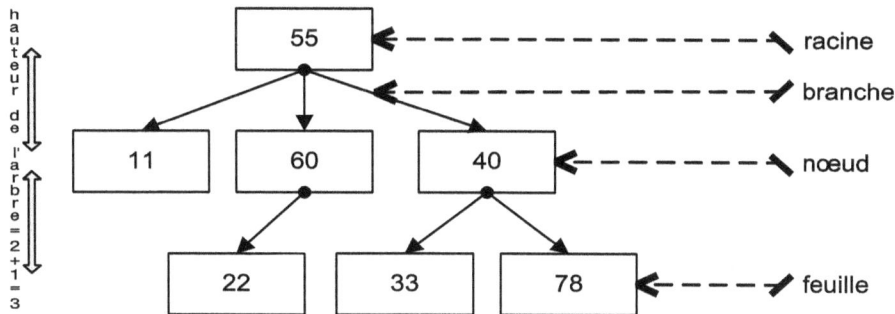

Figure 9-2

Les définitions d'un arbre N-aire.

Conception de la classe Arbre

Nous allons dans cette section représenter un arbre grâce à différentes méthodes de conception. Comme souvent nous nous aiderons de schémas.

À partir d'un tableau

Il suffit de remarquer que chaque nœud de notre arbre exemple possède au plus trois nœuds fils. Imaginons un tableau à 2 dimensions où chaque indice représente un nœud. Pour connaître les suivants de chaque nœud, il suffit d'inscrire leurs indices dans les cases ad hoc du tableau. L'absence de nœud suivant est représentée par la valeur −1.

Figure 9-3

Représentation de l'arbre 3-aire par un tableau.

Numéro	[0]	[1]	[2]	[3]	[4]	[5]	[6]
Valeur	55	11	60	40	22	33	78
Suivant 1	1	−1	4	5	−1	−1	−1
Suivant 2	2	−1	−1	−1	−1	−1	−1
Suivant 3	3	−1	−1	6	−1	−1	−1

Cette conception est compliquée à gérer, et de ce fait, elle n'est pas très utilisée : nous ne la détaillerons pas.

À partir d'une classe Noeud

Comme pour une liste chaînée, introduisons une classe intermédiaire Noeud qui permet d'accéder aux nœuds fils. Dans la figure 9-4, introduisons un nœud pouvant référencer jusqu'à trois nœuds suivants. Ceux-ci pourront être stockés dans trois attributs (nommés gauche, milieu et droit) ou dans un tableau de trois éléments.

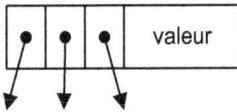

Figure 9-4

Représentation d'un nœud et de sa classe NoeudEntier3.

Tout comme la liste chaînée a été construite, il est simple d'utiliser la classe Noeud pour construire un arbre :

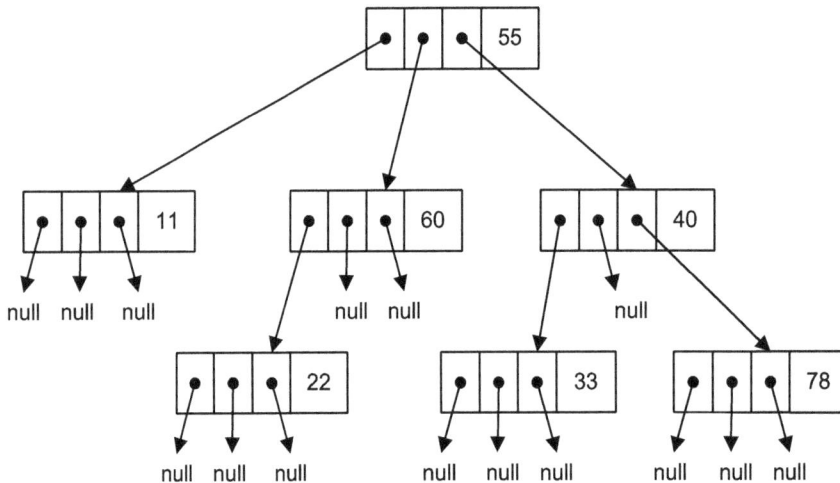

Figure 9-5

L'arbre de nœuds.

La classe `ArbreEntier3` peut donc être représentée ainsi :

Figure 9-6

La classe arbre 3-aire d'entiers.

ArbreEntier3
– racine: NoeudEntier3
+ les constructeurs
+ getGauche(): NoeudEntier3
+ getMilieu(): NoeudEntier3
+ getDroit(): NoeudEntier3
+ getValeur(n: NoeudEntier3): entier
+ estVide(): booléen
+ estFeuille(n: NoeudEntier3): booléen

Comme une classe réflexive

L'arbre possède des sous-arbres : la classe `Arbre` peut donc se passer de la classe `Noeud` et posséder ses propres accès aux arbres fils.

Il est d'ailleurs possible de représenter un arbre avec une écriture standard utilisant les parenthèses. Chaque sous-arbre est alors représenté par la racine, suivie de ses suivants entre parenthèses. Notons que chaque sous-arbre est lui-même un arbre qui utilise la même notation. L'écriture finale est réflexive.

L'exemple s'écrit alors : (55 (premier sous-arbre, deuxième sous-arbre, troisième sous-arbre)).

Le premier sous-arbre s'écrit : (11).

Le deuxième sous-arbre s'écrit : (60 (22))

Le troisième sous-arbre s'écrit : (40 (33, 78))

Ce qui donne finalement : (55 (11, 60 (22), 40 (33, 78))).

Dans le cas d'un arbre 3-aire, chaque nœud possède au plus 3 sous-arbres que nous appellerons respectivement gauche, milieu et droit. Pour un arbre N-aire de taille supérieure, il aurait été plus pratique de stocker les sous-arbres dans un tableau.

Figure 9-7

La classe Arbre.

Arbre
– valeur: entier
– gauche: Arbre
– milieu: Arbre
– droit: Arbre
+ Arbre()
+ Arbre(valeur: entier)
+ Arbre(valeur: entier, gauche: Arbre, milieu: Arbre, droit: Arbre)
+ estVide(): booléen
+ getHauteur(): entier

Avec cette conception d'arbre, l'utilisateur de la classe doit faire attention pour construire l'arbre désiré. Prenons l'exemple précédent (55 (11, 60 (22), 40 (33, 78))) pour écrire l'algorithme qui génère cet arbre.

```
Algorithme utilisation-Arbre
variables: a, a1, a2, f1, f2, f3, f4: Arbre;
```

```
Debut
    f1 ← new Arbre(11);
    f2 ← new Arbre(22);
    f3 ← new Arbre(33);
    f4 ← new Arbre(78);
    a1 ← new Arbre(60, f2, null, null);
    a2 ← new Arbre(40, f3, null, f4);
    a ← new Arbre(55, f1, a1, a2);
Fin
```

Ou en une seule instruction, en retrouvant l'écriture précédente :

```
Debut
    a ← new Arbre(55,
      new Arbre(11),
      new Arbre(60, new Arbre(22) , null, null),
      new Arbre(40, new Arbre(33) , null, new Arbre(78) ) ) ;
Fin
```

L'arbre binaire

Présentation

L'arbre binaire nous permettra de mettre simplement en application les conceptions générales pour représenter un arbre N-aire.

Définition

Un arbre binaire

Un arbre binaire est un arbre 2-aire : chaque nœud possède 0, 1 ou 2 suivants.

Définition

Le sous-arbre droit – le sous-arbre gauche

Chaque nœud d'un arbre binaire peut posséder un sous-arbre droit et un sous-arbre gauche dont la racine est respectivement son fils droit et son fils gauche.

Introduisons maintenant la classe ArbreBinaireEntier sous sa forme réflexive. Notez l'utilisation de la visibilité *protégé* notée avec #, qui autorise l'utilisation des propriétés par les seules classes filles.

Figure 9-8

La classe ArbreBinaireEntier.

ArbreBinaireEntier
valeur: entier
gauche: ArbreBinaireEntier
droit: ArbreBinaireEntier
+ ArbreBinaire(valeur:entier)
+ ArbreBinaire(valeur: entier, gauche: ArbreBinaireEntier, droit: ArbreBinaireEntier)
+ estVide(): booléen
+ getGauche(): ArbreBinaireEntier
+ getDroit(): ArbreBinaireEntier

Les méthodes

Les constructeurs

Représentons un ArbreBinaireEntier suite à l'exécution de l'algorithme suivant :

```
Algorithme utilise-arbreBinaireEntier
variables a1, a2, a3: ArbreBinaireEntier;
Debut
    a1 ← ArbreBinaireEntier();
    a2 ← ArbreBinaireEntier(55);
    a3 ← ArbreBinaireEntier(4 , null, a2);
Fin
```

Figure 9-9

Schéma mémoire d'ArbreBinaireEntier.

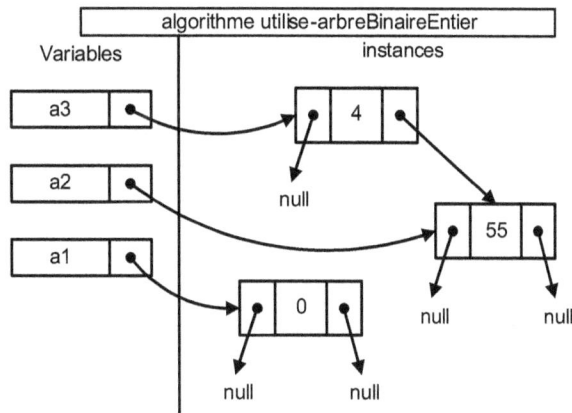

```
classe ArbreBinaireEntier comporte methode ArbreBinaireEntier()
Debut
    gauche ← null;
    droit ← null;
    this.valeur ← 0;
Fin
```

```
classe ArbreBinaireEntier comporte methode ArbreBinaireEntier(valeur: entier)
Debut
    gauche ← null;
    droit ← null;
    this.valeur ← valeur;
Fin
```

```
ArbreBinaireEntier(valeur: entier, gauche: ArbreBinaireEntier, droit: ArbreBinaireEntier)
Debut
    this.gauche ← gauche;
    this.droit ← droit;
    this.valeur ← valeur;
Fin
```

Les accesseurs

Il suffit de créer des accesseurs en lecture (get) et en écriture (set) pour les trois attributs valeur, droit et gauche.

Les parcours d'arbre

Il existe 4 techniques pour parcourir l'ensemble des valeurs d'un arbre. Voyons les algorithmes implémentant ces différents parcours : l'utilisation de la récursivité nous simplifiera les choses.

Le parcours en profondeur

Trois algorithmes récursifs simples permettent le parcours en profondeur d'un arbre binaire.

Définition

Le parcours en profondeur d'un arbre

Tous les nœuds de l'arbre sont atteints branche par branche dans toute leur profondeur. Les trois types de parcours en profondeur sont le parcours préfixé, infixé et postfixé.

Visualisons les 3 parcours par un schéma, avant d'écrire leurs algorithmes.

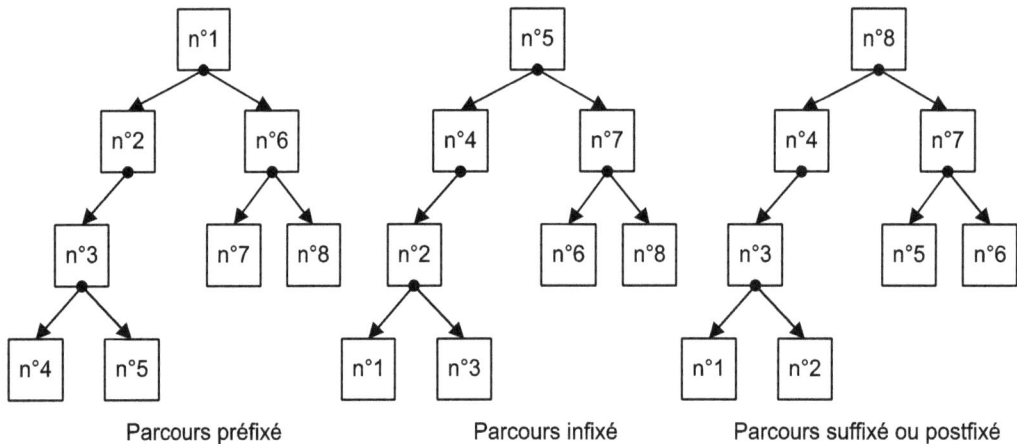

Figure 9-10

Différentes manières de parcourir un arbre.

Dans les 3 méthodes, les branches gauches puis droites sont scannées récursivement. La différence apparaît au moment de faire le traitement des nœuds visités : le traitement se fait avant la visite des deux sous-arbres pour le parcours préfixé, après pour le parcours postfixé et entre les deux pour le parcours infixé.

Le parcours préfixé

L'appel de la méthode récursive :

```
classe ArbreBinaireEntier comporte methode parcoursPrefixe(): vide
Debut
    ParcoursPrefixe(this);
Fin
```

Et la méthode récursive :

```
classe ArbreBinaireEntier comporte methode ParcoursPrefixe(ab: ArbreBinaireEntier): vide
Debut
    ecrire(ab.getValeur());            // traitement
    si (ab.getGauche() ≠ null) alors
        parcoursPrefixe(ab.getGauche());   // appel récursif
    si (ab.getDroit() ≠ null) alors
        parcoursPrefixe(ab.getDroit());    // appel récursif
Fin
```

Le parcours infixé

L'appel de la méthode récursive :

```
public parcoursInfixe(): vide
Debut
    parcoursInfixe(this);
Fin
```

Et la méthode récursive :

```
classe ArbreBinaireEntier comporte methode parcoursInfixe(ab: ArbreBinaireEntier): vide
Debut
    si (ab.getGauche() ≠ null) alors
        parcoursInfixe(ab.getGauche());    // appel récursif
    ecrire(ab.getValeur());            // traitement
    si (ab.getDroit() ≠ null) alors
        parcoursInfixe(ab.getDroit());     // appel récursif
Fin
```

Le parcours postfixé (ou suffixé)

L'appel de la méthode récursive :

```
classe ArbreBinaireEntier comporte methode parcourSuffixe(): vide
Debut
    parcourSuffixe(this);
Fin
```

Et la méthode récursive :

```
classe ArbreBinaireEntier comporte methode parcourSuffixe(ab: ArbreBinaireEntier): vide
Debut
    si (ab.getGauche() ≠ null) alors
        parcourSuffixe(ab.getGauche());    // appel récursif
```

```
    si (ab.getDroit() ≠ null) alors
        parcourSuffixe(ab.getDroit());     // appel récursif
    ecrire(ab.getValeur());                // traitement
Fin
```

Le parcours en largeur

> **Définition**
>
> **Le parcours en largeur d'un arbre**
>
> Tous les nœuds de l'arbre sont atteints depuis la racine, puis couche par couche de gauche à droite.

Voici le schéma représentant l'ordre du parcours des nœuds de l'arbre suivi de son algorithme.

Figure 9-11

Parcours en largeur.

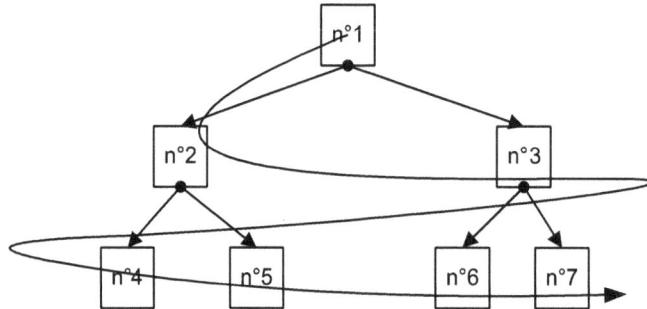

Pour écrire cette méthode, il faut introduire une liste d'arbres où seront stockés les nœuds au fur et à mesure de leur passage. Mis à part le constructeur, il suffit de savoir ajouter en tête et retirer en queue : une file (First In First Out) aurait même suffit.

La méthode de parcours en largeur n'est pas récursive.

```
Classe ArbreBinaireEntier comporte methode parcoursLargeur(): vide
variables: ab: ArbreBinaireEntier;
           liste: ListeArbreBinaireEntier;
Debut
    liste ← new ListeArbreBinaireEntier();
    liste.ajouterTete(this);

    tant_que (liste.estVide() = Faux) faire
    {
        ab ← liste.retirerQueue();
        ecrire(ab.getValeur());                 // le traitement
        si (ab.getGauche() ≠ null) alors
            liste.ajouterTete(ab.getGauche());
        si (ab.getDroit() ≠ null) alors
            liste.ajouterTete(ab.getDroit());
    }
Fin
```

L'arbre binaire de recherche

Présentation

L'arbre binaire de recherche est particulièrement adapté au stockage des informations pour y accéder rapidement : la recherche et l'insertion ont une complexité de O(logN).

Définition

Un arbre binaire de recherche

Un arbre binaire de recherche, appelé aussi arbre binaire ordonné, est un arbre binaire tel que la valeur de chaque nœud est supérieure à celle du sous-arbre gauche et inférieure à celle du sous-arbre droit.

Voici un exemple d'ABR : pour chaque nœud,

Figure 9-12

Exemple d'un arbre binaire de recherche.

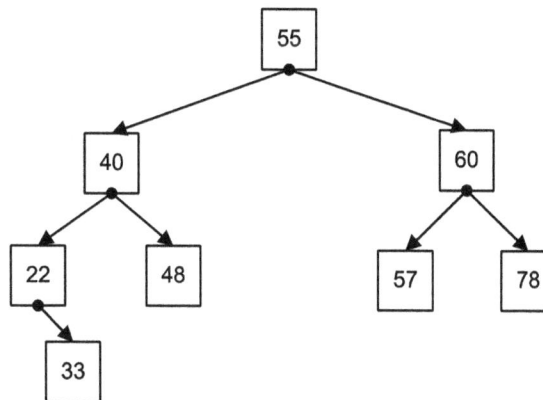

Propriété d'un arbre binaire de recherche
Chaque valeur n'est stockée qu'une seule fois dans l'arbre.

Un arbre binaire de recherche est un arbre binaire particulier : utilisons l'héritage pour le définir.

Utilisation

Introduisons un arbre binaire de recherche. Nous avons deux solutions pour le concevoir.

Par héritage

Le concevoir par héritage de la classe `ArbreBinaireEntier`.

Figure 9-13

Définition de l'arbre binaire de recherche.

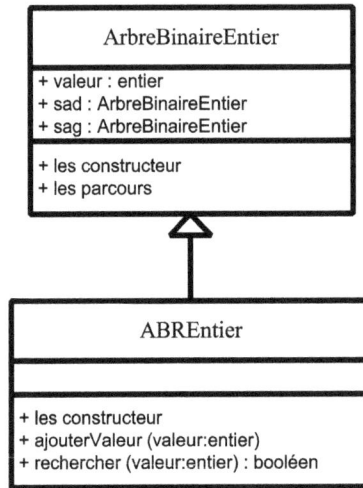

Par composition avec une classe Noeud

L'instance d'un arbre de recherche sera définie uniquement par une racine de type Noeud. C'est cette conception que nous allons implémenter.

Soit la classe Noeud.

Figure 9-14

La classe Noeud vue par son concepteur.

Noeud

– valeur: entier
– gauche: ArbreBinaireEntier
– droit: ArbreBinaireEntier

+ Noeud(valeur: entier)
+ Noeud(valeur: entier, gauche: ArbreBinaireEntier, droit: ArbreBinaireEntier)
+ les six accesseurs associés aux trois attributs

Et la classe ABREntier :

Figure 9-15

La classe ABREntier vue par son concepteur.

ABREntier

– racine: Noeud

+ ABREntier()
+ ajouter(valeur: entier): booléen
+ rechercher(valeur:entier): booléen

Écriture de la classe ABREntier

Utilisation de la classe

Utilisons les méthodes avant de les écrire pour créer l'arbre suivant : (55 (60 (22), 40 (33, 78))).

```
Algorithme utilisation-ArbreBinaireDeRecherche
variables: a1, a2, a: ABREntier;
Debut
    a1 ← new ABREntier();
    a2 ← new ABREntier(40);
    a ← new ABREntier();
    a.ajouterValeur(55);
    a.ajouterValeur(60);
    a.ajouterValeur(40);
    a.ajouterValeur(22);
    a.ajouterValeur(33);
    a.ajouterValeur(78);
Fin
```

Représentons le schéma mémoire après l'insertion de la valeur 60.

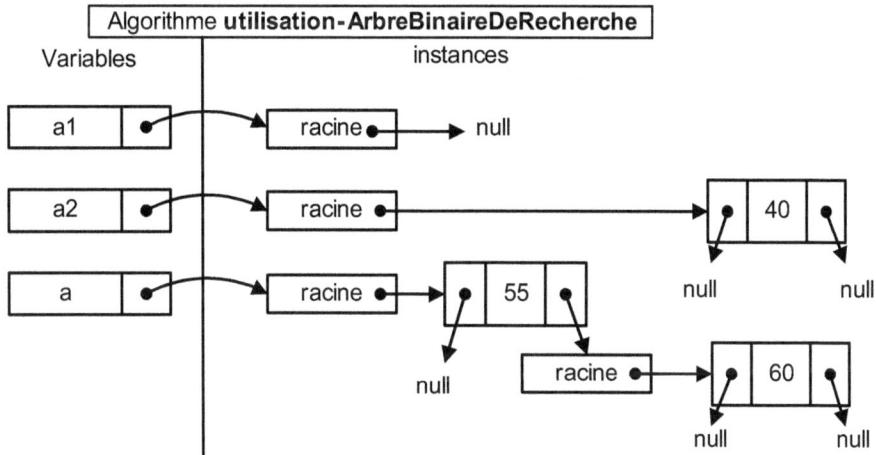

Figure 9-16

Trois arbres binaires de recherche.

Les méthodes

Les constructeurs

```
classe ABREntier comporte methode ABREntier()
Debut
    racine ← null;              // un arbre vide
Fin
```

```
classe ABREntier comporte methode ABREntier(valeur: entier)
Debut
    racine ← new Noeud(valeur);   // un arbre avec une valeur
Fin
```

Ajouter une valeur

Cette méthode est récursive selon le principe suivant :

- Si l'arbre est vide, on crée une feuille contenant la valeur val passée en paramètre ; cette feuille devient la racine de l'arbre et la méthode retourne Vrai (puisque l'ajout a bien eu lieu).

- Lorsque le sous-arbre est non vide, on considère le contenu x de sa racine :

  - Si cette valeur x égale val, l'élément existait déjà dans l'arbre : l'ajout n'a pas à être effectué, la méthode retourne Faux.

  - Sinon, suivant que val < x ou val > x, on appelle récursivement l'ajout dans le sous-arbre gauche ou le sous-arbre droit de la racine de cet arbre.

```
classe ABREntier comporte methode ajouterValeur(val: entier): booléen
variables: g, d: ABREntier;
           x: entier;
Debut
    si (racine = null) alors          // arrêt récursif
    {
        racine ← new Noeud(val);
        retourne(Vrai);
    }
    x ← racine.getValeur();
    si (val = x) alors
    {
        retourne(Faux);               // arrêt récursif
    }
    sinon si (val < x) alors
    {
        g ← racine.getGauche();
        retourne g.ajouterValeur(val); // appel récursif
    }
    sinon
    {
        d ← racine.getDroit();
        retourne d.ajouterValeur(val); // appel récursif
    }
Fin
```

Rechercher une valeur

Cette méthode est récursive selon le principe suivant :

- Si l'arbre est vide, la méthode retourne Faux (puisque la valeur val passée en paramètre n'a pas été trouvée).

- Lorsque le sous-arbre est non vide, on considère le contenu x de sa racine :

  - Si cette valeur x égale val, la méthode retourne Vrai.

  - Sinon, suivant que val < x ou val > x, on appelle récursivement la recherche dans le sous-arbre gauche ou le sous-arbre droit de la racine de cet arbre.

```
classe ABREntier comporte methode rechercher(val: entier): booléen
variables: g, d: ABREntier;
           x: entier;
Debut
    si (racine = null) alors
    {
        retourne(Faux);              // arrêt récursif
    }
    x ← racine.getValeur();
    si (val = x) alors
    {
        retourne(Vrai);
    }
    sinon si (val < x) alors
    {
        g ← racine.getGauche();
        retourne g.rechercher(val);  // appel récursif
    }
    sinon
    {
        d ← racine.getDroit();
        retourne d.rechercher(val);  // appel récursif
    }
Fin
```

Les graphes

Présentation

Les définitions

Une structure de graphe contient des valeurs reliées entre elles sans ordre particulier.

Définition

Un graphe

Un graphe est un ensemble non linéaire de nœuds reliés entre eux.

Il existe plusieurs types de graphe. Nous aborderons les graphes dont 2 nœuds sont reliés exclusivement par 0 ou 1 lien. Parmi ceux-ci, introduisons 2 grandes catégories : les graphes orientés et les graphes valués.

Définition

Un graphe orienté

Pour un graphe orienté, la liaison entre deux nœuds est orientée par une flèche.

La liaison possède alors un nœud de départ et un nœud d'arrivée.

Définition

Un graphe valué

Pour un graphe valué, la liaison entre deux nœuds a une valeur, appelée le poids.

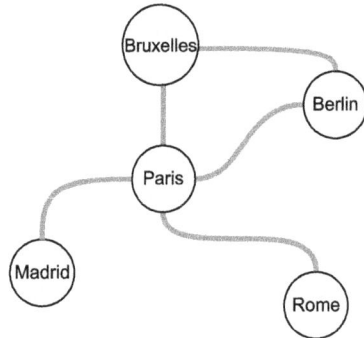

Graphe des capitales   Graphe orienté et valué

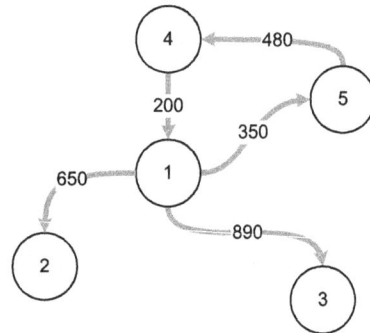

Figure 9-17
Un graphe de 5 nœuds.

D'autres définitions permettent de caractériser les composants d'un graphe.

Définition

Un nœud – un sommet

Un nœud, appelé aussi sommet, possède une valeur qui indique les nœuds adjacents.

Définition

Un arc – une arête

Un arc relie deux nœuds.

Si l'arc relie un nœud sur lui-même, il s'agit d'une boucle.

Définition

Le degré d'un nœud

Le degré d'un nœud est le nombre d'arcs entrant et sortant de celui-ci.

Une chaîne est dite fermée si les deux extrémités de la chaîne sont identiques.

Illustrons ces différentes définitions par un schéma :

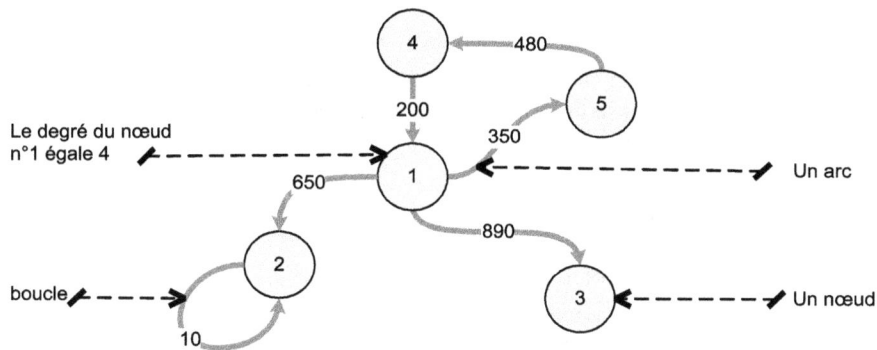

Figure 9-18
Les définitions d'un graphe.

Utilisation

Il sera intéressant d'introduire un graphe pour modéliser certaines structures existantes et complexes comme :

* Des cartes géographiques, chaque nœud étant une ville ou un pays, etc.
* Des lignes de transport, chaque nœud étant une gare, un aéroport ou un port, etc.
* Des formes géométriques (dans l'espace), chaque nœud étant un point relié aux autres.

Conception de la classe Graphe

Sous forme de matrice

• Si le graphe n'est pas orienté, alors la matrice est symétrique.

• Si le graphe est non valué, alors la matrice ne contient que des 0 et des 1.

Voici trois exemples de matrices d'adjacence :

	[0]	[1]	[2]	[3]
[0]	0	1	1	0
[1]	1	0	1	0
[2]	1	1	0	1
[3]	0	0	1	0

	[0]	[1]	[2]	[3]
[0]	0	1	0	0
[1]	0	0	1	0
[2]	1	0	0	1
[3]	0	0	0	0

	[0]	[1]	[2]	[3]
[0]	0	0.5	0.1	0
[1]	0.5	0	0.25	0
[2]	0.1	0.25	0	0.15
[3]	0	0	0.15	0

Figure 9-19

Matrices d'adjacence d'un graphe.

Il est alors possible de représenter un graphe par un tableau à 2 dimensions ayant pour taille le nombre de nœuds du graphe. L'insertion d'une arrête a pour conséquence de changer la valeur de l'élément correspondant du tableau.

Figure 9-20

L'interface programmeur de la classe graphe.

Graphe

– tab : tableau[ ][ ] d'entiers
– nbSommet : entier

+ Graphe(nombreNoeud: entier)
+ ajouterArc(noeudDebut:entier, noeudFin: entier): vide
+ estArc(debut, fin: entier): booléen
+ degre(sommet:entier)

Écrivons la classe Graphe, en commençant par le constructeur qui initialise les éléments du tableau 0.

```
classe Graphe comporte methode Graphe(nbSommet: entier)
variables: ligne, col: entier;
Debut
   this.nbSommet ← nbSommet;
   this.tab ← new entier[nbSommet][nbSommet];

   pour (ligne ← 0) jusqu'à (nbSommet) faire
   {   pour (col ← 0) jusqu'à (nbSommet) faire
      {
         tab[ligne][col] ← 0;
      }
   }
Fin
```

Puis la méthode qui ajoute des arcs :

```
classe Graphe comporte methode ajouterArc(noeudDebut: entier, noeudFin: entier): vide
```

```
Debut
    tab[noeudDebut—1][noeudFin—1] ← 1;
Fin
```

La méthode `estArc`,

```
classe Graphe comporte methode estArc(noeudDebut: entier, noeudFin: entier): booléen
Debut
    retourne(tab[noeudDebut—1][noeudFin—1] ≠ 0);
Fin
```

La méthode `degre`,

```
classe Graphe comporte methode degre(noeud: entier): entier
variable: degre: entier
         indice: entier
Debut
    degre ← —1; // on enlève le nœud sur lui-même
    pour (indice ← 0) jusqu'à (nbSommet) faire
    {
        si (tab[sommet][indice] ≠ 0) alors
            degre ← degre + 1;
    } // l'indice s'incrémente
    retourne(degre);
Fin
```

Sous forme de listes

Les matrices précédentes peuvent contenir beaucoup d'éléments ayant pour valeur 0. Pour pallier l'utilisation importante de mémoire, une représentation agréable peut se faire grâce à l'introduction d'une liste de sommets, chaque sommet connaissant uniquement ses successeurs (grâce à une liste).

Sommet
– listeSuccesseur: ListeSommet
+ Sommet(nombreNoeud: entier)
+ ajouterSuccesseur(noeud: Sommet): vide

Graphe
– liste: ListeSommet
+ Graphe(nombreNoeud: entier)
+ ajouterSommet(noeud: Sommet): vide
+ ajouterArc(debut, fin: Sommet): vide
+ estArc(debut, fin: Sommet): booléen

Figure 9-21

La classe graphe définie par une liste.

On utilise pour cela une classe `Liste` qui contient des `Sommets`.

Figure 9-22

*L'interface utilisateur
de la classe
ListeSommet.*

ListeSommet
+ ListeSommet()
+ ajouterTete(valeur: Sommet): vide
+ ajouterQueue(valeur: Sommet): vide
+ supprimerTete(): vide
+ supprimerValeur(valeur: Sommet): vide
+ contient(valeur: Sommet): booléen
+ estVide(): booléen

Deux algorithmes classiques

Colorer un graphe

Un graphe coloré est tel que deux sommets adjacents n'ont pas la même couleur. Le but de l'algorithme est d'utiliser moins de couleurs que de sommets. Le nombre minimum de couleurs d'un graphe est appelé *le nombre chromatique* du graphe.

Un algorithme assez simple, de Welch et Powell, permet de colorer un graphe. Il suffit de classer les sommets par ordre de degré décroissant.

Dans l'ordre du classement, utiliser la première couleur pour colorer le premier sommet (non coloré) et tous les sommets suivants s'ils ne lui sont pas adjacents. Et recommencer avec une autre couleur.

```
classe Graphe comporte methode colorer(): vide
variables: degre, couleur: tableau d'entiers;
           nbSommetColorise, nouvelleCouleur: entier
           i, indicedegreMax, degreMax: entier
Debut
   degre ← new entier [this.nbSommmet];
   couleur ← new entier [this.nbSommmet];
   pour (i ← 0) jusqu'à (nbSommet) faire
   {
      couleur[i] ← 0;
      degre[i] ← this.degre(i);
   }

   nbSommetColorise ← 0;
   tant_que (nbSommetColorise < nbSommet) faire
   {                                // nouvelle couleur
      nouvelleCouleur ← nouvelleCouleur + 1;

                         // on recherche le degré max d'un sommet sans couleur
      indicedegreMax ← -1;
      degreMax ← 0;
      pour (i ← 0) jusqu'à (nbSommet) faire
      {
         si (couleur[i] = 0 ET degreMax < degre[i]) alors
         { indicedegreMax ← i;
           degreMax ← degre[i];
         }
      }

                         // on met le degreMax à la nouvelle couleur
      couleur[indicedegreMax] ← nouvelleCouleur;
      nbSommetColorise ← nbSommetColorise + 1;

                         // et tous les sommets non colorisés
                         // qui ne sont pas adjacent à indicedegreMax
      pour (i ← 0) jusqu'à (nbSommet) faire
      {
         si (couleur[i] = 0 ET tab[i][indicedegreMax] = 0) alors
         { couleur[i] ← nouvelleCouleur;
           nbSommetColorise ← nbSommetColorise + 1;
         }
      }
   }
Fin
```

Le tableau couleur contient les couleurs (numérotées à partir de 1) des sommets.

Le plus court chemin d'un graphe

L'algorithme de Floyd permet de calculer le chemin le plus court entre deux sommets d'un graphe. Soient Sdebut et Sfin deux extrémités du graphe. Pour montrer que le chemin (Sdebut - Sfin) est un chemin minimum, prenons un sommet intermédiaire Sinter qui appartient à cette chaîne. Alors les chemins (Sdebut - Sinter) et (Sinter - Sfin) sont obligatoirement des sous-chemins eux aussi minimum.

Introduisons une matrice floyd identique à la matrice d'adjacence, ayant une valeur infinie là où les nœuds ne sont pas adjacents (les éléments qui équivalent 0 dans la matrice d'adjacence).

Le principe est assez simple :

1. On construit la matrice de floyd à partir de la matrice d'adjacence.

2. Pour chaque chemin entre le sommet Si et le sommet Sj, on va tester tous les sommets Sk et mesurer le coût pour aller de l'un à l'autre : le coût de i à j est égal au coût de i à k (noté coutik) auquel on ajoute le coût de k à j (noté coutkj), s'ils ne sont pas infinis.

```
classe Graphe comporte methode floyd(): vide
variables: floyd: tableau[][] d'entiers
           ligne, col: entier;
           infini: entier;
           k, i, j: entier;
           coutik, coutkj, coutMin: entier;
Debut
    infini ← 9999999;    // il faut bien mettre une valeur
   // création du tableau floyd
    floyd ← new entier[nbSommet][nbSommet];
    pour (ligne ← 0) jusqu'a (nbSommet) faire
    {   pour (col ← 0) jusqu'a (nbSommet) faire
        {    si (ligne = col) alors
                 floyd[ligne][col] ← 0;
             sinon si (tab[ligne][col] = 0) alors
                 floyd[ligne][col] ← infini;
             sinon
                 floyd[ligne][col] ← tab[ligne][col];
        }
    }
   // traitement de la matrice floyd
    pour (k ← 0) jusqu'a (nbSommet) faire
        pour (i ← 0) jusqu'a (nbSommet) faire
            pour (j ← 0) jusqu'a (nbSommet) faire
            {
                coutik = floyd[i][k];
                coutkj = floyd[k][j];

                si (coutik ≠ infini ET coutkj ≠ infini) alors
                {   coutMin ← coutik + coutkj;
                    si (coutMin < floyd[i][j]) alors
                        floyd[i][j] ← coutMin;
                }
            }
Fin
```

La matrice `floyd` contient alors le coût minimal pour aller d'un sommet à un autre. Cet algorithme en $O(N^3)$ s'applique à des graphes valués ou orientés.

Exercices de bilan

Exercice 9.1 Écrire une méthode pour supprimer une valeur (passée en paramètre) dans un ABR.

Exercice 9.2 Stocker des paris de courses de chevaux dans un ABR. Chaque pari est identifié par 3 nombres entiers différents de 1 à 20. Après avoir saisi 3000 paris au hasard, identifier le nombre de gagnants dans l'ordre.

Exercice 9.3 Dans l'exercice précédent, afficher le nombre d'itérations nécessaires pour trouver le résultat.

Partie IV

Projet, exercices et exemples d'applications

Cette partie a pour objectif de donner des algorithmes solutions de problèmes divers, ainsi que des exemples d'applications. Dans le chapitre 10, vous apprendrez à concevoir et à programmer un jeu complet : vous découvrirez ainsi un algorithme permettant de faire réfléchir l'ordinateur. Le chapitre 11 fournit les solutions commentées des différents exercices proposés au cours de cet ouvrage. Le dernier chapitre propose des exemples d'applications en Java, C++ et Visual Basic.

10

Projet Puissance 4

Ce projet est la synthèse des concepts introduits dans ce manuel. L'analyse et l'écriture d'un logiciel sont plus difficiles que la réalisation d'un exercice : les techniques à utiliser sont diverses et la solution n'est pas unique. Dans le cas du jeu Puissance 4, les points abordés dans la solution proposée seront les suivants : composition et héritage, polymorphisme et classe abstraite, arbres et pile, tableaux, récursivité.

La règle du jeu

Le jeu Puissance 4 se joue à deux joueurs.

Chaque joueur possède ses propres jetons. La grille possède 7 colonnes de 6 étages dans lesquelles les jetons vont tomber. Chacun des deux adversaires joue à tour de rôle, en plaçant un jeton dans une colonne de la grille. Le jeton prend alors sa place définitive en bas de la grille au-dessus des pions déjà joués.

Exemple en cours de partie

Le joueur n° 1 place les croix (x) et son adversaire, le joueur n° 2, place les ronds (o). Voici un exemple de la position des pions sur la grille en cours de partie.

Figure 10-1

Schéma de la grille d'un jeu Puissance 4.

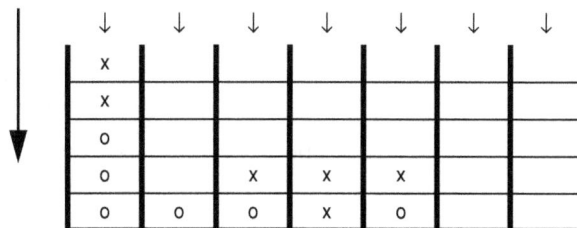

Le joueur n° 1 joue dans la deuxième colonne, la croix (x) descend au-dessus du rond à côté des trois autres croix : il gagne !

Fin du jeu

La partie est terminée quand un joueur a aligné 4 jetons (horizontalement, verticalement ou en diagonale) : il a alors gagné.

Si la grille est remplie mais qu'aucun des joueurs n'a aligné 4 jetons, la partie est nulle : il n'y a pas de vainqueur.

Cahier des charges

Réaliser un jeu Puissance 4 qui permet à deux joueurs de se mesurer.

Chaque joueur peut être un utilisateur ou l'ordinateur. L'utilisateur précise le coup qu'il veut jouer. L'ordinateur devra trouver le meilleur coup possible. Le jeu sera fait en mode texte (la grille sera affichée après chaque coup).

Il est demandé une solution algorithmique.

Analyse

Ne cherchons pas à écrire un logiciel du premier coup, car le résultat va dépendre de la démarche employée. N'essayons pas d'aller trop vite et fixons des paliers de développement, sachant que seule l'ultime étape répondra complètement à notre cahier des charges.

Nous allons procéder à une analyse globale de l'application à l'aide du langage de modélisation UML : cette conception doit faire ressortir des modules (classes, méthodes, etc.) indépendants. Suivons les recommandations de UML pour commencer l'analyse et visualiser les cas d'utilisation.

Cas d'utilisation

Deux entités sont essentielles au jeu : le joueur et le jeu.

Deux acteurs ressortent de l'analyse : le joueur qui choisit son coup et joue, et le jeu lui-même qui fait jouer les deux joueurs à tour de rôle et indique si la partie est terminée (voir figure 10-2).

Figure 10-2

Le cas d'utilisation.

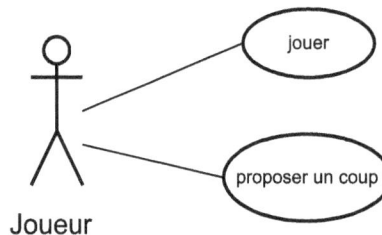

Joueur — jouer — proposer un coup

Diagramme de classes du point de vue conceptuel

Une première lecture du cahier des charges permet d'isoler trois objets physiques nécessaires au jeu : la grille, les deux joueurs et les pions (voir figure 10-3).

Figure 10-3

Première solution.

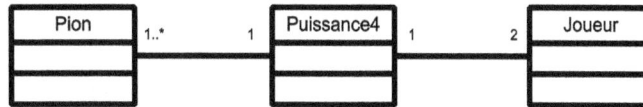

Un jeu Puissance 4 utilise des pions, et permet à deux joueurs de s'affronter. Mais le jeu lui-même possède deux types de règles :

* les actions pour gérer les joueurs l'un après l'autre ;

* les actions pour gérer les positions sur la grille (savoir si un coup est valable ou si la partie est terminée).

Ce double rôle de Puissance 4 peut se représenter comme en figure 10-4.

Figure 10-4

Deuxième solution.

Nous avons donc un choix de conception à effectuer : gérer, dans la même classe Puissance4, la grille et les joueurs ou bien créer deux classes séparées Grille et Puissance4. Pour une meilleure lisibilité, nous choisissons de créer deux classes pour isoler la gestion des joueurs et la gestion de la grille (voir figure 10-5).

Figure 10-5

Les classes Grille et Puissance4.

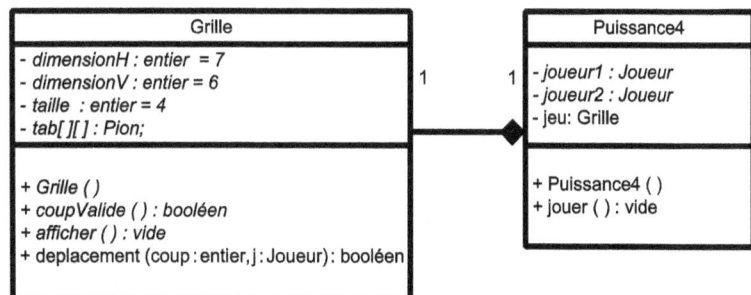

La classe Puissance4 possède un constructeur (qui initialise les attributs) et la méthode jouer qui permet de faire jouer les deux joueurs alternativement sur la grille.

La classe Grille possède trois constantes qui la définissent : la hauteur, la largeur et le nombre de pions à aligner pour gagner (taille = 4).

Un coup est un entier qui est égal au numéro de la colonne choisie par le joueur : en effet, il suffit de spécifier la colonne à jouer à chaque tour ($0 \leq$ coup $\leq$ dimensionH $- 1$).

tab	[0]	[1]	[2]	[3]	[4]	[5]	[6]
[5]							
[4]		Tab[1][4]					
[3]							
[2]							
[1]					Tab[4][1]		
[0]	Tab[0][0]						

Figure 10-6

Le tableau de pions.

Il reste donc à concevoir les joueurs et les pions.

D'après le cahier des charges, un joueur est soit géré par un utilisateur humain, soit par l'ordinateur. Mais dans les deux cas, ses actions doivent lui permettre de placer des pions (connaissant évidemment la grille) quand le jeu le lui demande en choisissant un coup (un numéro de colonne à jouer).

Soit la classe Joueur, voir figure 10-7.

Figure 10-7

La classe Joueur.

Joueur

– couleur: entier

+ Joueur( )
+ choisirCoup(jeu: grille): entier
+ les accesseurs

En fait, le joueur est soit un être humain, soit l'ordinateur. Et seule la méthode choisirCoup diffère : la figure 10-8 illustre un cas d'héritage assez simple.

Nous étudierons le JoueurJMachine plus en détail par la suite. Pour l'instant, sachez que l'attribut profondeur permet à l'ordinateur de savoir combien de coups à l'avance sont analysés avant de jouer.

Chaque pion possède une caractéristique : sa couleur (représentée par une croix ou un rond). Ils seront placés sur la grille dès que le joueur joue un coup particulier.

Remarque

Certains auraient préféré créer un tableau tab d'entiers initialisés avec des valeurs simples (0 : pas de pion, 1 pour le premier joueur et 2 pour le deuxième). Mais la gestion des pions et de leurs positions auraient été faite au niveau de la grille : cette solution qui fonctionne est moins claire, moins modulaire et moins « objet ».

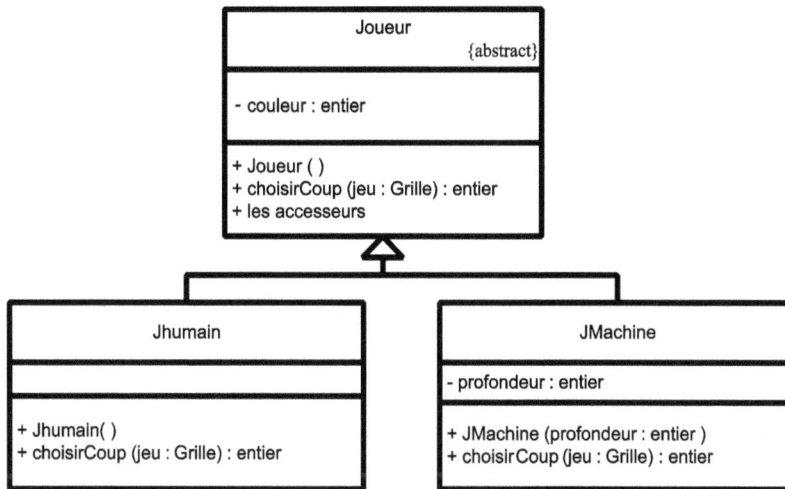

Figure 10-8

Les joueurs par héritage.

Nous allons même dissocier le pion de sa position. En effet, une position existe même si aucun pion n'y est (encore) placé. L'attribut x correspond au numéro d'une colonne et y au numéro d'une ligne (voir figure 10-9).

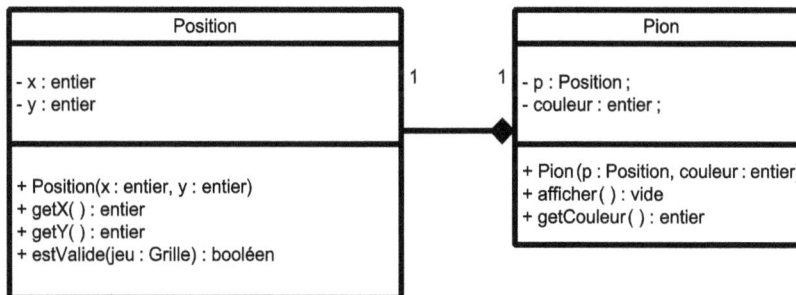

Figure 10-9

Le tableau de Pions.

La méthode estValide permet de savoir si une position est dans la grille ou non.

Diagramme d'activités

Une première lecture du cahier des charges permet de disposer de 3 entités : la grille, les joueurs et les pions.

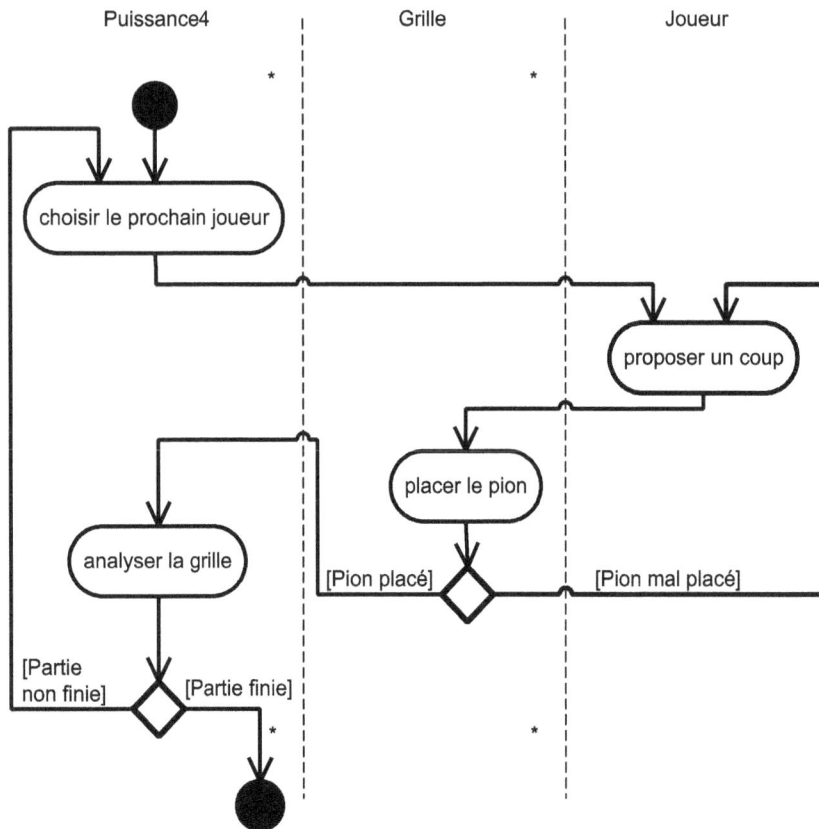

Figure 10-10
Enchaînement des activités.

Diagramme d'objets

Le joueur pourra être au choix un humain ou l'ordinateur. Les deux types de joueur auront les actions typiques d'un joueur : choisir un coup et le jouer.

Première étape : faire jouer deux joueurs humains l'un contre l'autre.

Faire jouer deux joueurs

Il est préférable de se contenter de peu au début : le jeu pourra faire jouer alternativement deux joueurs humains, placer leurs pions sur la grille et afficher la grille après chaque coup joué. Le jeu ne préviendra même pas en cas de victoire d'un des joueurs.

L'analyse avec la classe Joueur abstraite est plus difficile à implémenter. Contentons-nous dans cette première étape de créer la classe Joueur.

Le résultat est sûrement moins valorisant, mais plus sûr : inutile de faire face en même temps à toutes les difficultés.

Codage de Joueur

Un joueur doit savoir s'il joue avec les croix (x) ou le rond (o). L'attribut `couleur` le permet.

```
classe Joueur
Debut
Prive: couleur: entier;

Publique:
  Joueur(){
        this.couleur ← 0; // +1:celui qui commence ou -1:l'autre
  }

  getCouleur(): entier
  {       retourne couleur;
  }

  setCouleur(couleur: entier): vide
  {       this.couleur ← couleur;
  }

  toString(): Chaine
  {
        si (couleur = -1) alors retourne(new Chaine("o"));
        sinon retourne(new Chaine("x"));
  }

  choisirCoup(g: Grille): entier
  variables: col:entier;
  {
        ecrire("entrez la colonne: ");
        lire(col);
        tant_que (g.coupValide(col) = Faux) faire
        {
                ecrire("entrez la colonne: ");
                lire(col);
        }
        retourne(col);
  }
Fin
```

Codage de Pion et de Position

```
classe Pion
Debut
  p: Position;
  couleur, blanc, noir: entier;

  Pion(p: Position, couleur: entier)
  {     this.p ← p;
        this.couleur ← couleur;
        blanc ← +1;
        noir ← -1;
  }
```

```
    toString(): Chaine
    {       si (couleur = 1) alors retourne(new Chaine("x"));
            sinon retourne(new Chaine("o"));
    }
    getCouleur(): entier
    {       retourne(couleur);
    }
    estNoir(): booléen
    {       retourne(couleur = -1);
    }
    estBlanc(): booléen
    {       retourne(couleur = 1);
    }
Fin
```

et la position

```
classe Position

Debut
// déclaration des attributs
Privee: x, y: entier;

// déclaration des constructeurs
Publique:
  Position(x: entier, y: entier)
  {       this.x ← x;
          this.y ← y;
  }

  getX(): entier
  {       retourne x;
  }
  getY(): entier
  {       retourne y;
  }

  estValide(g: Grille): booléen
  {   retourne(x ≥ 0 ET x < g.dimensionH ET y ≥ 0 ET y < g.dimensionV);
  }
Fin
```

Codage de la classe Grille

```
classe Grille

// attributs
  dimensionH: entier;          // largeur de la Grille = 7
  dimensionV: entier;          // hauteur de la Grille = 6
  taille: entier;              // nombre de pion à aligner = 4
  place: tableau[] d'entiers;
```

```
    tab: tableau[][] de Pion;

    nbCaseLibre: entier;

Debut
// déclaration des constructeurs
    Grille()
    variable: i:entier;
    {
            dimensionH ← 7;
            dimensionV ← 6;
            taille ← 4;

            gagnant ← 0;    // personne ne gagne au début !!!

            place ← new entier[dimensionH]; // si place[2]=1, la prochaine
                // fois qu'on joue en 2,
                // le pion ira sur la ligne 1
            pour (i ← 0) jusqu'a (dimensionH) faire
                  place[i] ← 0;

            tab ← new Pion[dimensionH][dimensionV];
            init();
    }

    init(): vide
    variables: lig, col: entier;
    {
            pour (lig ← 0) jusqu'a (dimensionV) faire
                  pour (col ← 0) jusqu'a (dimensionH) faire
                        tab[col][lig] ← null;
    }

    estFini()): booléen
    { retourne((gagnant ≠ 0) OU (nbCaseLibre = 0));
    }

    coupValide(coup: entier): booléen
    {
            si ((coup < 0) OU (coup ≥ dimensionH)) alors
                  retourne Faux;
            retourne(place[coup] < dimensionV);
    }

    deplacement(coup: entier, joueur: Joueur): booléen
    {       si (place[coup] = dimensionV) alors
                  retourne Faux;
            // on peut jouer !
            tab[coup][place[coup]] ←
        new Pion(new Position(coup,place[coup]),joueur.getCouleur());
            place[coup]  ← place[coup]+1;
            retourne Vrai;
    }
Fin
```

Codage de la classe Puissance4

Le premier joueur (joueur1) aura la couleur 1 et le deuxième (joueur2) aura la couleur −1.

```
classe Puissance4

Debut
Privee : Grille jeu;
         joueur1, joueur2: Joueur;

Publique : Puissance4()
{
         jeu ← new Grille();
         joueur1 ← new JHumain();
         joueur2 ← new JMachine(3);
}

jouer(): vide
variables: joueur: Joueur;          // polymorphisme
           c: entier;
{
         joueur1.setCouleur(1);
         joueur2.setCouleur(-1);
         joueur1.setAdversaire(joueur2);
         joueur2.setAdversaire(joueur1);

         ecrire(jeu);
         joueur ← joueur1;
         tant_que (jeu.estFini() = Faux) faire
         {
                 c ← joueur.choisirCoup(jeu);
                 jeu.deplacement(c,joueur);
                 ecrire(jeu);
                 ecrire("eval pour joueur1 ", jeu.getExamen(joueur1));
                 ecrire("eval pour joueur2 ", jeu.getExamen(joueur2));
                 si (joueur = joueur1) alors
                       joueur ← joueur2;
                 sinon
                       joueur ← joueur1;
         }
}
Fin
```

Respecter les règles de fin de partie

La partie doit s'arrêter quand un joueur a gagné ou quand la grille est complètement remplie. Le joueur « ordinateur » doit pouvoir jouer. Faire une évaluation numérique de Grille (plus la valeur est grande, plus la position de ses pions est favorable).

La partie est nulle

La partie est nulle lorsque toutes les cases ont un pion et que personne n'a gagné. Il faut donc savoir quand toutes les cases sont remplies. Deux solutions s'offrent à nous.

- Parcourir tout le tableau pour chercher si une case est vide, et dès que cette case vide est trouvée, arrêter la recherche : cette méthode est coûteuse en temps de calcul.

- Une autre solution est d'ajouter un compteur qui compte le nombre de pions qu'il est encore possible de jouer. Il suffit de l'initialiser à 42 (égale 8 × 6) et de le décrémenter à chaque fois qu'un joueur joue. La partie est terminée quand ce compteur arrive à 0. Ce compteur est un attribut supplémentaire pour la classe Grille.

Dans le constructeur :

```
nbCaseLibre ← dimensionH × dimensionV;
```

Dans la méthode deplacement, si le coup est joué :

```
nbCaseLibre ← dimensionH × dimensionV;
```

Un joueur a gagné

Un joueur joue : comment savoir si ce nouveau coup est gagnant ? Il faut tester dans toutes les directions (horizontale, verticale et en diagonale) si ce pion fait partie d'une suite de quatre pièces alignées.

Faire jouer l'ordinateur

Évaluer la grille

Où évaluer la valeur d'une grille ? Cette valeur est indissociable de la grille elle-même, c'est donc dans la classe Grille qu'il faut ajouter une méthode examine() qui retourne une valeur entière correspondant à l'évaluation de la grille.

Comment évaluer la valeur d'une grille ? Plusieurs solutions peuvent être valables.

Un joueur semble proche de la victoire si la position de ses pièces est telle que beaucoup sont alignées. Il suffit de comptabiliser le nombre de croix (x) alignées.

Reprenons l'exemple de la grille figure 10-1 et représentons en pointillé tous les alignements possibles de deux croix.

Figure 10-11

Compter le nombre d'alignements.

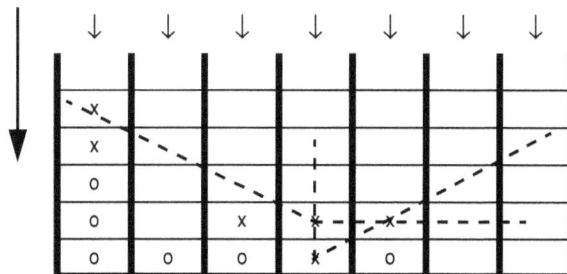

Joueur	1 pion	2 pions	3 pions	4 pions
(x)	9	4	2	0
(o)	4	0	2	0

Or il semble que le joueur (x) a une meilleure position que son adversaire. Il faut donc faire le calcul en tenant compte uniquement des séries de pions qui peuvent potentiellement apporter la victoire, pions avec lesquels le joueur pourrait aligner 4 pions.

La figure précédente devient alors la figure 10-12.

Figure 10-12

Compter le nombre d'alignements utiles.

Joueur	1 pion	2 pions	3 pions	4 pions
(x)	9	4	1	0
(o)	4	0	0	0

Réalisons donc la méthode examine() qui retourne la valeur de la grille.

Pour chaque case de la grille (nous introduirons une double boucle), il faut analyser si cette case peut participer à l'alignement de 4 pièces identiques. Cet alignement peut être dans tous les sens : horizontal vers la droite, les deux diagonales vers la droite et vertical vers le haut.

Le tableau des possibilités

Il reste à stocker les informations obtenues. Il semble indiqué de le faire sous forme de tableau comme pour l'analyse.

• potentiel : tableau d'entiers[][] qui sera initialisé à 0 ;

• potentiel ← new entier[2][5] ;

Pour simplifier l'écriture de l'algorithme, potentiel[0][i] représente le nombre de fois où « i » pions sont alignés (qui peuvent potentiellement mettre 4 pièces identiques alignées) sur la grille pour le joueur « 0 ». À noter que potentiel[0][0] et potentiel[1][0] ne signifient rien.

Pour remplir le tableau potentiel, une méthode analysera chaque case de la grille :

```
lig ← dimensionV-1;
tant_que (lig ≥ 0) faire
{
      col ← 0;
      tant_que (col < dimensionH) faire
      {     examine(potentiel, new Position(col,lig));
            col ← col + 1;
      }
      lig ← lig - 1;
}
```

> **Remarque**
>
> Une amélioration possible serait d'arrêter le calcul si un des deux joueurs a aligné 4 pions : la partie est terminée quel que soit le reste de la grille.

Évaluer le tableau des possibilités

Il restera ensuite à attribuer et retourner une unique valeur pour la grille à partir du tableau potentiel[][].

Chaque série potentielle formée respectivement de 1, 2 et 3 pions vaut respectivement 1, 10 et 100 points.

Les points sont comptés positivement pour le premier joueur (le joueur 1), et négativement pour l'autre joueur.

Quatre pions alignés valent 100 000 points.

```
// transformer le tableau "potentiel" en une seule valeur
  puissance10 ← 1;
  valeur ← 0;
  col ← 1;
  tant_que (col < taille) faire
  {
        valeur ← valeur + potentiel[1][col] × puissance10;
        valeur ← valeur − potentiel[0][col] × puissance10;
        puissance10 ← 10 × puissance10;
        col ← col + 1;
  }
  // quatre aligné : c'est fini !
  valeur ← valeur + potentiel[1][taille] × 100000;
  valeur ← valeur − potentiel[0][taille] × 100000;

  retourne(valeur);
```

Comment examiner toutes les possibilités à partir d'une position particulière nommée p ? Écrivons la méthode examine(potentiel, p). Pour cette position p, l'algorithme analyse 4 fois la même chose (à savoir combien de pièces sont potentiellement alignées) pour quatre directions différentes.

Chaque direction peut être identifiée par deux valeurs dx et dy.

- horizontale droite : dx = 1 et dy = 0 ;
- diagonale droite vers le haut : dx = 1 et dy = 1 ;
- verticale : dx = 0 et dy = 1 ;
- diagonale droite vers le bas : dx = 1 et dy = −1.

En partant de la position d'origine, regardons 4 cases plus loin si on est toujours dans la grille (condition indispensable pour pouvoir aligner 4 pions) :

```
si (new Position(p.getX() + dx × (taille−1),
                 p.getY() + dy × (taille−1)).estValide(this) = Faux) alors
        retourne 0;
```

Plaçons-nous dans le cas horizontal vers la droite (figure 10-13).

X   X   X

Figure 10-13

Compter le nombre de croix alignées.

Maintenant, case par case parmi les 4 étudiées, cherchons la première non vide.

```
i ← 0;
tant_que ((i < taille) ET (tab[p.getX() + dx × i][p.getY() + dy × i] = null)) faire
      i ← i + 1;
```

Dans le cas où les cases sont toutes vides (i = taille), il est inutile de continuer.

```
si (i = taille) alors
      retourne 0;
```

Par contre, si une case non vide est trouvée, sa couleur est identifiée par la variable couleur.

```
couleur ← tab[p.getX() + dx × i][p.getY() + dy × i].getCouleur();
nbCase ← 1;
```

Il reste alors à continuer pour les prochaines cases, avec trois possibilités à chaque fois.

1. La case suivante est vide : on passe à la suivante.

2. La case suivante est de la couleur de la première : on incrémente nbCase.

3. La case suivante n'est pas de la couleur de la première : on sort car cette série de 4 cases ne pourra jamais convenir à une série de 4 pions identiques.

```
j ← i + 1;
tant_que (j < taille) faire
{
      si (tab[p.getX() + dx × j][p.getY() + dy × j] = null) alors
            vide ← vide + 1;
      sinon si (tab[p.getX() + dx × j][p.getY() + dy × j].getCouleur()
            = couleur) alors
                  nbCase ← nbCase + 1;
            sinon
                  retourne 0;
      j ← j + 1;
}
```

Il suffit alors de retourner le nombre de cases de la couleur trouvée (couleur à égale +1 ou −1).

```
retourne(nbCase × couleur);
```

Mettre à jour le tableau potentiel

La méthode examine doit examiner les 4 directions.

La valeur retournée par la méthode examinée est un entier positif pour le joueur 1 et négatif pour le joueur 2.

```
classe Examiner comporte examine(pot: tableau[][] d'entiers, p: Position): vide
variable: ex: entier;
{
        ex ← examine(p,1,0);          // examen horizontale
        si (ex < 0) alors pot[0][-ex] ← pot[0][-ex] + 1;
        si (ex > 0) alors pot[1][ex]  ← pot[1][ex] + 1;

        ex ← examine(p,1,1);          // en diagonale vers le haut

        si (ex < 0) alors pot[0][-ex] ← pot[0][-ex] + 1;

        si (ex > 0) alors pot[1][ex]  ← pot[1][ex] + 1;

        ex ← examine(p,1,-1);         // en diagonale vers le bas
        si (ex < 0) alors pot[0][-ex] ← pot[0][-ex] + 1;
        si (ex > 0) alors pot[1][ex]  ← pot[1][ex] + 1;

        ex ← examine(p,0,1);          // examen verticale
        si (ex < 0) alors pot[0][-ex] ← pot[0][-ex] + 1;
        si (ex > 0) alors pot[1][ex]  ← pot[1][ex] + 1;
}
```

Un choix intelligent

Pour terminer cette étape, vérifions que l'ordinateur possède un peu d'intelligence...

C'est à l'ordinateur de jouer, il a 7 possibilités : comment trouver la meilleure ? Il va jouer chaque case et analyser la valeur de la grille obtenue. Il lui suffit de mémoriser le coup correspondant au résultat maximal.

Pour jouer 7 fois de suite, il faut jouer un pion puis annuler le dernier coup pour ne pas perturber la grille.

Annuler le dernier coup

Modifions la classe `Grille` pour pouvoir annuler le dernier coup joué : une pile stockant tous les coups joués semble appropriée.

La méthode `annuler` sera assez simple à écrire et il ne faudra pas oublier de vérifier que la pile n'est pas vide.

Un nouvel attribut `mémoire` de type pile d'entiers sera introduit et initialisé dans le constructeur. La position de chaque coup joué sera stockée dans la pile lors du déplacement.

```
classe Grille comporte déplacement(coup: entier, joueur: Joueur): booléen
{
        si (place[coup] = dimensionV) alors
                retourne Faux;
        // on peut jouer !
```

```
        tab[coup][place[coup]] ← new Pion(new
                        Position(coup,place[coup]), joueur.getCouleur());
        place[coup] ← place[coup]+1;

        memoire.push(coup);
        // donne une valeur au jeu !
        examen ← examine();
        nbCaseLibre ← nbCaseLibre-1;

        retourne Vrai;

}
```

L'annulation du dernier coup joué remet le jeu dans son état avant le déplacement.

```
classe Grille comporte annuler(): booléen
variable: coup: entier;
Debut
        si (memoire.estVide()) alors
                retourne Faux;
        coup ← memoire.depiler();          // le dernier coup joué
        place[coup] ← place[coup]-1;
        tab[coup][place[coup]] = null;     // enlever le pion
        nbCaseLibre ← nbCaseLibre+1;       // une place de plus
        gagnant ← 0;
        retourne Vrai;
Fin
```

Trouver le meilleur coup parmi les sept colonnes

Le choix du meilleur coup de l'ordinateur est alors assez simple : jouer toutes les colonnes, évaluer le coup et l'annuler. Puis choisir la colonne dont la valeur est la plus grande.

```
classe Joueur comporte choisirCoup(g: Grille): entier
variable: i, max, posMax, valeur: entier;
{
        g.deplacement(0,this)
        max ← g.getExamen(this);
        posMax ← 0;
        i ← 1;
        tant_que (i < taille) faire
        {
                g.deplacement(i,this);
                valeur = g.getExamen(this);
                si (valeur > max) alors
                {
                        max ← valeur;
                        posMax ← i;
                }
                g.annuler();
        }
        retourne(posMax);
}
```

Faire « réfléchir » l'ordinateur

L'étape précédente a su donner à l'ordinateur une vision du jeu un coup à l'avance en choisissant le meilleur parmi les 8 colonnes. Pour connaître plusieurs coups à l'avance, l'ordinateur doit faire de même et se mettre à la place de son adversaire pour deviner son meilleur coup... et tout faire pour l'empêcher de pouvoir le jouer.

Deux coups d'avance

L'ordinateur devra tester chaque colonne et pour chaque colonne testée, l'adversaire testera à son tour toutes les colonnes.

La grille est évaluée pour chaque coup de l'adversaire : il choisit le coup qui engendre la grille dont la valeur est maximale.

Donc l'ordinateur a le choix entre 7 valeurs qui déboucheront chacune sur une valeur (la meilleure issue des 7 coups testés de l'adversaire) : l'ordinateur va choisir la case de manière à minimiser la valeur obtenue par l'adversaire.

Construisons l'arbre de décision.

Le joueur (x) doit choisir une des sept colonnes.

Supposons qu'il choisisse la première colonne, c'est alors au joueur (o) de jouer : celui-ci va tester les 7 colonnes et évaluer celle qui, pour lui (o), représente le meilleur coup (ici, la colonne 4) :

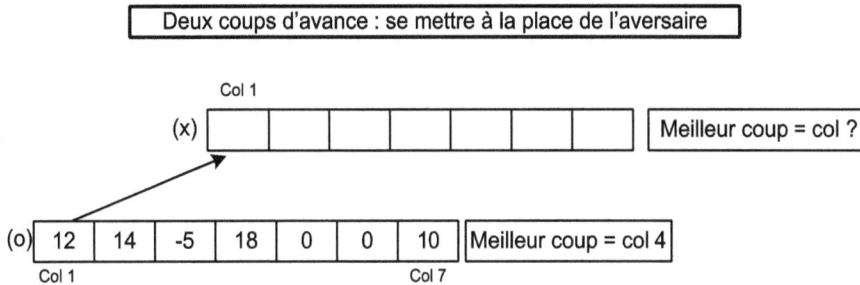

Figure 10-14

Le joueur (o) cherche le meilleur coup.

Le joueur (x) va ainsi de suite placer sa croix dans chaque colonne et regarder le meilleur coup (et la valeur associée) que jouerait le joueur (o) dans chaque cas.

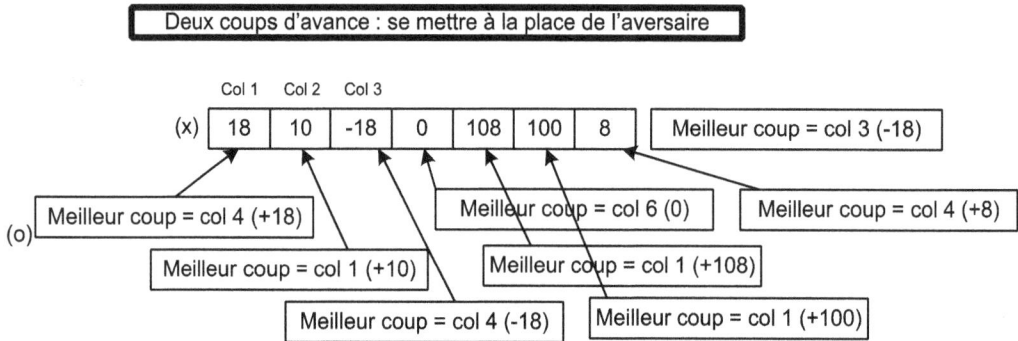

Figure 10-15

Le joueur (x) cherche à son tour le meilleur coup.

- S'il place sa croix (x) dans la première colonne, l'adversaire (o) jouera en colonne 4 et la grille vaudra +18.

- S'il place sa croix (x) dans la deuxième colonne, l'adversaire (o) jouera en colonne 1 et la grille vaudra +10.

Le joueur (x) a intérêt a jouer de manière à minimiser la valeur de la grille pour le joueur (o) : il préférera la colonne 2 à la colonne 1.

En analysant tous les meilleurs coups que jouerait l'adversaire (o), il en déduit qu'il doit jouer la colonne 3 pour le gêner au maximum.

Trois coups d'avance

L'ordinateur devra tester chaque colonne.

Pour chaque possibilité, l'adversaire teste à son tour toutes les colonnes. Puis pour chaque position jouée par l'adversaire, l'ordinateur doit tester à son tour toutes les colonnes, évaluer la valeur de la grille et choisir le coup qui engendre la valeur maximale.

L'adversaire va choisir le coup qui fait perdre l'ordinateur à la fin : il va donc minimiser la valeur de l'ordinateur.

Enfin l'ordinateur, pour son premier coup, va faire en sorte d'avoir à la fin la plus grande valeur possible : il va jouer de manière à maximiser la valeur obtenue par l'adversaire.

Un peu de théorie : la méthode du MiniMax

La méthode décrite précédemment s'appelle la « méthode du MiniMax ». En effet, à chaque niveau de prise de décision, chaque joueur maximise la valeur de la grille pour lui, en minimisant la valeur de la grille pour son adversaire.

Seule la valeur du dernier joueur est mesurée. Le dernier joueur maximise toujours la valeur de la grille. Cette valeur sera ensuite remontée dans l'arbre de décision.

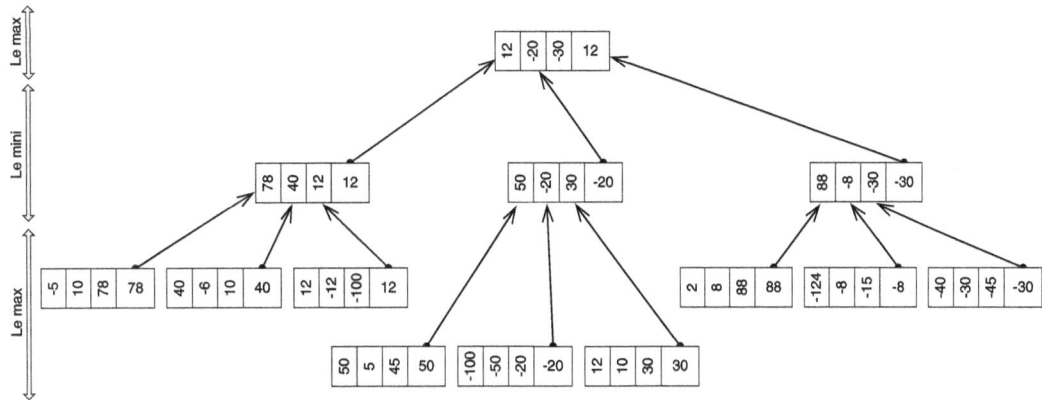

Figure 10-16

La remontée du meilleur coup.

Les valeurs de l'arbre sont donc toujours des valeurs obtenues pour le joueur qui a joué en dernier.

Puis, il y a deux possibilités :

- Si le dernier joueur est l'ordinateur, l'adversaire va choisir un coup de manière à minimiser les valeurs possibles pour l'ordinateur alors que l'ordinateur va maximiser les valeurs possibles pour l'adversaire.

- Sinon, l'adversaire va maximiser les valeurs et l'ordinateur les minimiser (puisque les valeurs sont celles obtenues par l'adversaire en fin de test).

Un arbre et des cellules

Pour introduire ce système, il suffit d'introduire un arbre et donc une cellule. Chaque `CelluleChoix` pointe vers les 7 colonnes feuilles, et contient 2 valeurs : la colonne choisie (`indiceMiniMax`) et la valeur (`miniMax`) de la grille qui correspond à ce choix.

Figure 10-17

Une cellule pour stocker les décisions.

```
classe CelluleChoix
Debut
  Prive :
  miniMax, indiceMiniMax: entier;        //miniMax doit être initialisé à 0 par défaut
  possibilite: tableau[] de CelluleChoix;
  chercheMax: booléen;
```

```
public :
CelluleChoix(miniMax: entier, indiceMiniMax: entier)
   {
          this.miniMax ← miniMax;
          this.indiceMiniMax ← indiceMiniMax;
          possibilite ← new CelluleChoix[Grille.dimensionH];
   }
Fin
```

La classe MiniMax suivante implémente l'arbre qui est principalement une tête sur la première CelluleChoix. Cet arbre doit aussi connaître la profondeur de recherche (le nombre de coups à anticiper) ainsi que le joueur qui termine la recherche (pour savoir s'il faut maximiser ou minimiser son score).

```
classe MiniMax

Debut
Prive :
  tete: CelluleChoix;
  g: Grille;
  joueurFin, joueurTete: Joueur;
  profondeurMax: entier;

Public :
MiniMax(g: Grille, profondeurMax: entier, joueurTete: Joueur): vide
{
        this.g ← g;
        this.joueurTete ← joueurTete;
        si (profondeurMax%2 = 0) alors
               this.joueurFin ← joueurTete;
        sinon
               this.joueurFin ← joueurTete.getAdversaire();
        this.profondeurMax ← profondeurMax;
        tete ← remplir(0, joueurTete);
}

meilleurChoix(): entier
{
        return tete.getIndiceMiniMax();
}
Fin
```

Remplir l'arbre

```
classe MiniMax comporte remplir(profondeur: entier, joueur: Joueur): CelluleChoix
variables: examen, coup: entier;
           c: CelluleChoix;
Debut
```

La condition d'arrêt est atteinte quand la profondeur désirée est atteinte.

```
si (profondeur = profondeurMax+1) alors
   {
```

```
        examen ← d.getExamen(joueurFin);
        CelluleChoix cFinale ← new CelluleChoix(examen, −1);
        retourne(cFinale);
    }
```

L'arbre se remplit récursivement avec toutes les cellules nécessaires : une cellule par colonne.

```
    c ← new CelluleChoix(0, −1);
    pour (coup ← 0) jusqu'a (Grille.dimension) faire
    {
        si (g.deplacement(coup, joueur)) alors
        {
            si (g.estGagnant()) alors
            {        // stop si quelqu'un a gagné
                si (joueur = joueurFin) alors
                        c ← new CelluleChoix(100000, coup);
                sinon
                        c ← new CelluleChoix(−100000, coup);
                d.annuler();
                retourne(c);
            }
            c.setPossibilite(coup,
                    remplir(profondeur+1,joueur.getAdversaire()));
            g.annuler();
        }

    }
```

Une fois que toute la cellule a été fabriquée et possède ses feuilles, il faut mettre à jour les valeurs miniMax et indiceMiniMax.

```
    si (joueur = joueurFin) alors
            c.setMiniMax(Vrai);    // cherche à maximiser le dernier coup
    sinon
            c.setMiniMax(Faux);    // cherche à maximiser le dernier coup
```

Et retourner la cellule créée :

```
    retourne c;
Fin
```

Bien évidemment, la méthode setMiniMax de la classe CelluleChoix est essentielle : utilisons une petite astuce pour écrire une seule méthode qui cherchera parfois le minimum (calculMaxi = Faux), et parfois le maximum (calculMaxi = Vrai) dans les cellules feuilles.

```
Classe MiniMax comporte setMiniMax(calculMaxi: booléen): vide

variables: valeur, debut, i: entier ;
Debut
// cherchons toujours le maximum
// pour avoir le minimum, il suffit de rendre négatifs tous les nombres
    valeur ← -1;             // entre {6,5} on a −5 > 6 => -5 => 5 = mini
    si (calculMaxi) alors
        valeur ← 1;          // entre {6,5} on a 6 > 5 => 6 = max
```

```
        debut ← 0;
        tant_que (possibilite[debut] = null) faire
        {
            debut ← debut + 1;
            miniMax ← possibilite[debut].miniMax;
            indiceMiniMax ← debut;
            i ← debut + 1;
            tant_que (i < Grille.dimensionH) faire
            {    si (possibilite[i] - null) alors
                {
                    si (valeur × possibilite[i].miniMax > valeur × miniMax) alors
                    {
                        miniMax ← possibilite[i].miniMax;
                        indiceMiniMax ← i;
                    }
                }
                i ← i + 1;
            }
        }

    Fin
```

L'algorithme permet de trouver la case la plus avantageuse à jouer. Les calculs peuvent prendre beaucoup de temps (exponentiel en fonction du nombre de coups anticipés). Il est possible d'améliorer encore cet algorithme en arrêtant l'analyse de certaines branches qui semblent peu prometteuses dès les premiers coups.

Solutions des exercices

Chaque chapitre se terminait par une série de petits exercices : en voici les solutions expliquées.

Algorithmique simple

Les variables

Exercice 1.1

Algorithme calcul-de-facture				
variables:				
valeur, prixHT, prixTTC: réel;	**nombre**	**valeur**	**prixHT**	**prixTTC**
nombre: entier				
Debut	?	?	?	?
valeur ← 7, 50;	?	7,5	?	?
nombre ← 4;	4	7,5	?	?
prixHT ← nombre × valeur;	4	7,5	30	?
ecrire(prixHT);	4	7,5	30	?
prixTTC ← prixHT × 1,196;	4	7,5	30	35,88
ecrire(prixTTC);	4	7,5	30	35,88
Fin	Les variables disparaissent à la fin			

Exercice 1.2

Écrire un algorithme qui effectue la conversion de francs en euros (1 € = 6,56 francs).

L'énoncé comprend une donnée (la somme en francs) et un résultat (la somme en euros).

```
Algorithme franc-euro
variables: franc, euro: réel;
Debut
        lire(franc);
        euro ← franc / 6.56;
        ecrire(euro);
Fin
```

Exercice 1.3

Écrire un algorithme qui prend une somme en euros, et la décompose en billets de 10 €, et en pièces de 2 € et de 1 €.

Une seule donnée est introduite : la somme initiale. Prenons 153 €, qui se décomposera en 15×10 € plus 1×2 € et 1×1 €. Analysons les étapes élémentaires utilisées pour calculer cela. Il faut d'abord garder les deux premiers chiffres et enlever le dernier (avec 153 DIV 10 et 153 MOD 10).

```
Algorithme decomposer-en-euro
variables: somme, reste: entier;
           nb10Euros, nb2Euros, nb1Euros: entier;
Debut
        lire(somme);

        nb10Euros ← somme DIV 10;
        reste ← somme MOD 10;

        nb2Euros ← reste DIV 2;

        nb1Euros ← reste MOD 2;
Fin
```

Exercice 1.4

Trouvez la valeur booléenne des expressions suivantes :

```
b1 ← (10 > 10) ET (5 = 5);          = Faux ET Vrai = b1 = Faux
b2 ← (a = 10) OU (b = 5) OU (3 = 6); = Vrai OU Faux OU Faux = b2 = Vrai
b3 ← (a > b) ET ((5 = 5) OU (b < a)); = Vrai ET (Vrai OU Vrai) = b3 = Vrai
b4 ← (FAUX) ET (VRAI) OU (a > b);    = Faux ET Vrai OU Vrai = b4 = Vrai
```

Vous noterez que les opérations s'effectuent de gauche à droite dans un ordre de priorité précis :

1) les parenthèses ;

2) les multiplications, les divisions et les modulos ;

3) les additions et les soustractions ;

4) les comparaisons =, >, <, ≥, ≠, ≤ ;

5) le opérateurs logiques ET puis OU.

L'opération prioritaire est effectuée en premier. Si plusieurs opérations ont le même niveau de prioroté, elles sont effectuées dans l'ordre d'écriture.

Exercice 1.5

Faire lire une chaîne à l'utilisateur, remplacer le dernier caractère par un 's' et l'afficher.

Supposons que l'utilisateur saisisse la chaîne "bonjour", celle-ci est changée en "bonjous" et est affichée.

```
Algorithme Utilisation de la Chaine
variables: mot: Chaine;
           lg: entier;
Debut
        mot ← new Chaine();
        mot.lire();                    // l'utilisateur saisit ce qu'il veut
        lg ← mot.longueur();           // lg contient la longueur du mot nom
        mot.modifierIeme(lg-1, 's');   // la 6e lettre change
        mot.ecrire();                  // on écrit le nom
Fin
```

Exercice 1.6

Lire une date et afficher si elle est bissextile.

```
Algorithme Utilisation-de-la-Date
variables: d: Date;
           j, m, a: entier;
Debut
        lire(j, m, a);
        d ← new Date(j, m, a);
        ecrire(d.estBissextile());
Fin
```

Exercice 1.7

Définir un tableau de 10 réels et échanger le premier et le dernier élément.

Le premier élément du tableau est à l'indice 0. Pour pouvoir faire un échange, une variable intermédiaire est nécessaire.

```
Algorithme tableau-et-echange
variables: tab: tableau[] de réels;
           temp: réel;
Debut
        tab ← new réel[10];
        lire (tab[0]);
        lire (tab[9]);

        temp ← tab[0];
        tab[0] ← tab[9];
        tab[9] ← temp;
Fin
```

Exercice 1.8

Définir un tableau de 6 éléments, dont les trois premiers pointent sur une même instance de chaîne de caractères enfant.

```
Algorithme tableau-6-Chaine-echange
variables: tab: tableau[] de Chaine;
Debut
        tab ← new Chaine [6];

        tab[0] ← new Chaine("enfant");
        tab[1] ← tab[0];
        tab[2] ← tab[0];
Fin
```

Les structures de contrôle

Exercice 2.1

Une assurance propose trois tarifs (Vert, Orange et Rouge) selon l'âge et le nombre d'accidents des automobilistes.

Identifions tout d'abord les variables : l'âge du conducteur (donné) et le nombre d'accidents (donné), puis le type de l'assurance proposée (à calculer) : trois variables.

```
variables: age, nb: entier;
           type: caractère;
```

Nous constatons que 4 types de contrats sont proposés, identifions dans l'ordre les conditions impliquant un contrat Vert, puis Orange, puis Rouge.

Vert	age $\geq$ 25 ET nb = 0
Orange	(age < 25 ET nb = 0) OU (age $\geq$ 25 ET (nb = 1 OU nb = 2))
Rouge	(age < 25 ET (nb = 1 ou nb = 2)) OU (age $\geq$ 25 ET (nb $\geq$ 3 ET nb $\leq$ 6))

D'où l'algorithme suivant :

```
Algorithme Tarif de l'assurance
variables: age, nb: entier;
           type: caractère;
Debut
  lire(age);
  lire(nb);

  si (age ≥ 25 ET nb = 0) alors
  {
        type ← 'V';
  }
  sinon si ((age < 25 ET nb = 0) OU (age ≥ 25 ET (nb = 1 OU nb = 2))) alors
  {
        type ← 'O';
  }
```

```
    sinon si ((age < 25 ET (nb = 1 OU nb = 2))
         OU (age ≥ 25 ET (nb ≥ 3 ET nb ≤ 6)))alors
    {
         type ← 'R';
    }
    sinon
    {
         type ← 'X';  // X pour exclus
    }
    ecrire(type);
 Fin
```

Les conditions de cet algorithme peuvent encore être améliorées :

```
    si (age ≥ 25 ET nb = 0) alors
    {
         type ← 'V';
    }
    sinon si ((age < 25 ET nb = 0) OU (age ≥ 25 ET (nb ≤ 2))) alors
    {
         type ← 'O';
    }
    sinon si ((age < 25 ET (nb ≤ 2)) OU (age ≥ 25 ET (nb ≤ 6))) alors
    {
         type ← 'R';
    }
    sinon
    {
         type ← 'X';  // X pour exclus
    }
```

Exercice 2.2

Vous désirez comparer deux offres d'abonnement téléphonique.

Identifions les variables : pour cela, traitons un exemple comme si nous n'avions pas d'ordinateur...

Supposons que je téléphone 100 minutes par mois. Avec l'opérateur `Telecom1`, ma facture s'élève à : $10 € + 0,50 € × 100 = 60 €$; avec l'opérateur `Telecom2`, ma facture s'élève à : $15 € + 0,42 € × 100 = 57 €$. Je choisis donc `Telecom2` qui est plus intéressant.

J'ai effectué deux calculs de tarif à partir du nombre de minutes estimé.

```
 variables: nombreMinute: entier;
            tarif1, tarif2: réel;


 lire(nombreMinute);
 tarif1 ← 10 + 0.50 × nombreMinute;
 tarif2 ← 15 + 0.42 × nombreMinute;

 si (tarif1 < tarif2) alors
 {
```

```
        ecrire("choisir Telecom1");
}
sinon
{
        ecrire("choisir Telecom2");
}
```

Exercice 2.3

Il faut se rappeler le tableau suivant :

Logique d'arrêt	=	≠	≥	<	>	≤	ET	OU
Logique de continuité	≠	=	<	≥	≤	>	OU	ET

Condition d'arrêt	Condition de continuité
(nb = 4) ET (age < 25)	(nb ≠ 4) OU (age ≥ 25)
(de = 6) OU (nbCoup > 5)	(de ≠ 6) ET (nbCoup ≤ 5)
(de1 = 6 ET de2 = 6) OU (nbCoup > 5)	(de1 ≠ 6 OU de2 ≠ 6) ET (nbCoup ≤ 5)
(de1 = 6 OU de2 = 6)	(de1 ≠ 6 ET de2 ≠ 6)

Exercice 2.4

Écrire un algorithme qui demande à l'utilisateur de saisir une série de nombres entiers entre 0 et 20 et les stocke dans un tableau de 50 éléments. La saisie s'arrête si l'utilisateur saisit −1 ou si le tableau est complet. Sinon, à chaque erreur de saisie, l'utilisateur doit recommencer.

Dans un premier temps, peu importe si le nombre est entre 0 et 20…

Identifions les variables : on a besoin d'un tableau et de lire un nombre. Pour identifier la position du nombre dans le tableau, il faut utiliser un compteur incrémenté à chaque fois que le nombre est inséré dans le tableau.

```
variables: nombre, compteur: entier;
           tableau: tableau[] d'entiers;
```

Il y a une boucle, donc les trois caractéristiques :

- L'initialisation (le nombre a été lu, le compteur vaut 0).
- La condition de continuité : on sort de la boucle quand le compteur vaut 50 ou quand le nombre lu vaut −1. D'où la condition de continuité : le compteur ≠ 50 ET quand le nombre lu est différent de −1.
- L'incrémentation : incrémenter le compteur et lire un nouveau nombre.

L'algorithme est le suivant :

```
variables: nombre, compteur: entier;
           tableau: tableau[] d'entiers;
Debut
        tableau ← new entier[50];
        compteur ← 0;
        lire(nombre);
```

```
                tant_que (nombre ≠ −1 ET compteur ≠ 50) faire
                {
                        tableau[compteur] ← nombre;
                        compteur ← compteur + 1;
                        lire(nombre);
                }
    Fin
```

Pour tenir compte du fait que le nombre doit être compris entre 0 et 20, l'instruction lire(nombre) ; ne suffit pas. Elle doit être remplacée par l'algorithme suivant. Le nombre doit être saisi à nouveau s'il n'est pas compris entre 0 et 20 : il faut une boucle initialisée du nombre.

```
    lire(nombre);
    tant_que (nombre < −1 OU nombre > 20) faire
    {
        lire(nombre);
    }
```

L'algorithme final devient :

```
    Algorithme saisie-de-nombres
    variables: nombre : entier;
            tableau: tableau[] d'entiers;
    Debut
            tableau ← new entier[50];
            compteur ← 0;
            lire(nombre);
            tant_que (nombre < −1 OU nombre > 20) faire
            {
                lire(nombre);
            }
            tant_que (nombre ≠ −1 ET compteur ≠ 50) faire
            {
                    tableau[compteur] ← nombre;
                    compteur ← compteur + 1;
                    lire(nombre);
                    tant_que (nombre < −1 OU nombre > 20) faire
                    {
                            lire(nombre);
                    }
            }
    Fin
```

Exercice 2.5

Écrire un algorithme qui permet de saisir un tableau d'entiers contenant 3×4 dates postérieures au 1er janvier 2000.

Identifions les variables : un tableau, deux compteurs (ligne et colonne) et la date saisie (pour cela, il faut saisir le jour, le mois et l'année).

```
Algorithme saisir-tableau-de-dates
variables: ligne, colonne: entier;
           jour, mois, annee: entier;
           valeur: Date;
           tab: tableau[][] de Date;
```

Il suffit alors d'écrire une double boucle.

```
Debut
        tab ← new Date[3][4] ;
        ligne ← 0;
        colonne ← 0;

        lire(jour);
        lire(mois);
        lire(annee);
        valeur ← new Date(jour, mois, annee);

        tant_que (ligne < 4) faire
        {
                tant_que (colonne < 3) faire
                {
                        tab[colonne][ligne] ← valeur;

                        lire(jour);
                        lire(mois);
                        lire(annee);
                        valeur ← new Date(jour, mois, annee);

                        colonne ← colonne + 1;
                }
                ligne ← ligne + 1;
                colonne ← 0;
        }
Fin
```

Pour être certain que la date saisie est postérieure au 1er janvier 2000, il faut remplacer les quatre lignes :

```
        lire(jour);
        lire(mois);
        lire(annee);
        valeur ← new Date(jour, mois, annee);
```

par une boucle :

```
        lire(jour);
        lire(mois);
        lire(annee);
        valeur ← new Date(jour, mois, annee);
        tant_que (valeur.precede(dateMin) = VRAI) faire
        {
                lire(jour);
                lire(mois);
                lire(annee);
                valeur ← new Date(jour, mois, annee);
        }
```

La variable dateMin (de type Date) est initialisée au début de l'algorithme :

```
dateMin ← new Date(1,1,2000);
```

Exercice 2.6

Écrire un algorithme qui permet d'afficher les tables de multiplication de 1 à 10. Pour cela, il faudra écrire deux boucles : une boucle pour chaque ligne et une autre pour chaque colonne.

```
Algorithme table-multiplication
variables: ligne, colonne : entier;
Debut
        ligne ← 1;
        colonne ← 1;
        tant_que(ligne ≤ 10) faire
        {
          tant_que (colonne ≤ 10) faire
          {
              ecrire ("|", ligne*colonne);
              si (ligne*colonne ≤ 9) alors
                  ecrire (" ");
              colonne ← colonne+1;
          }
          ecrire ("|");
          colonne ← 1;
          ligne ← ligne + 1;
        }
Fin
```

Les fonctions

Exercice 3.1

Écrivons le calcul du tarif de l'assurance sous forme de fonction :

```
fonction calculTarif(age: entier, nb: entier): caractere
variable: type: caractere;
Debut
        si (age ≥ 25 ET nb = 0) alors
    //... c'est le même algorithme que dans le chapitre 2

        retourne type;    // la valeur du type ('V', 'O', 'R' ou 'X')
Fin
```

Écrivons la fonction permettant de lire un nombre entre −1 et 20 compris.

```
fonction lireNombre(): entier
variable: nombre: entier;
Debut
        lire(nombre);
```

```
        tant_que (nombre < -1 OU nombre > 20) faire
        {
                ecrire("erreur(recommencez)");
                lire(nombre);
        }

        retourne(nombre);                    // la valeur saisie est retournée
Fin
```

Reste à écrire une fonction permettant de saisir une date postérieure au 1er janvier 2000.

```
fonction lireDate(): Date
variable: jour, mois, annee: entier;
          valeur, dateMin: Date;
Debut
        dateMin ← new Date(1, 1, 2000);
        lire(jour);
        lire(mois);
        lire(annee);
        valeur ← new Date(jour, mois, annee);

        tant_que (valeur.precede(dateMin) = vrai) faire
        {
                lire(jour);
                lire(mois);
                lire(annee);
                valeur ← new Date(jour, mois, annee);
        }
        retourne valeur;
Fin
```

Exercice 3.2

Déterminer le maximum de deux entiers se fait grâce à une structure conditionnelle SI...ALORS...SINON. L'astuce pour définir le maximum de trois entiers est d'utiliser la fonction précédente.

```
fonction maxDe3Valeurs(p1, p2, p3: entier): entier
Debut
        retourne(maxDe2Valeurs(maxDe2Valeurs(p1,p2),p3));
Fin
```

Exercice 3.3

Écrire une fonction qui permet de mélanger un jeu de 32 cartes.

Chaque carte est représentée par un nombre : de 1 à 32. Le jeu sera un tableau d'entier contenant 32 éléments, ayant chaque valeur une seule fois.

Nous pouvons donc séparer nos actions en 2 : l'initialisation du jeu de cartes et le mélange du jeu.

```
fonction initialiser(nbCartes: entier): tableau[] d'entier
variable: compteur: entier;
          jeu: tableau[] d'entier
Debut
        jeu ← new entier[nbCartes];
```

```
                compteur ← 0;

                tant_que (compteur < nbCartes) faire
                {
                        jeu[compteur] ← compteur + 1;
                        compteur ← compteur +1;
                }
                retourne jeu;
        Fin
```

Pour mélanger le jeu de cartes, le plus simple consiste à tirer une carte au hasard et de la placer à la fin du jeu. Puis de recommencer avec les cartes qui n'ont pas été tirées au sort.

```
fonction melanger(jeu: tableau[] d'entier, nbCartes:entier): tableau[] d'entier
variable: tempEchange: entier;
         positionCarteHasard: entier;
Debut
        positionCarteHasard ← hasard(nbCartes);
        tant_que (nbCartes > 0) faire
        {
                tempEchange ← jeu[nbCartes-1];
                jeu[nbCartes-1] ← jeu[positionCarteHasard];
                jeu[positionCarteHasard] ← tempEchange;

                positionCarteHasard ← hasard(nbCartes);
                nbCartes ← nbCartes - 1;
        }
        retourne jeu;
Fin
```

Exercice 3.4

La version itérative est très simple.

```
fonction afficherEnvers(t: tableau[] d'entier, dernierePosition: entier): vide
variable: indice: entier;
Debut
        indice ← dernierePosition;
        tant_que (indice ≥ 0) faire
        {       ecrire(t[indice]);
                indice ← indice - 1 ;          // ligne suivante
        }
        retourne;
Fin
```

Et la version récursive :

```
fonction afficherEnversRec(t: tableau[] d'entier, dernierePosition :entier): vide
variable: indice: entier;
Debut
        indice ← dernierePosition;
        si (dernierePosition < 0) alors        // condition d'arrêt
            retourne;
```

```
        ecrire(t[indice]);
        afficherEnversRec(t, dernierePosition-1);
        retourne;
Fin
```

Exercice 3.5

Écrire la fonction de Fibonacci en récursif terminal.

La difficulté consiste à passer les bons paramètres U_{n-1} et U_{n-2}.

```
fonction Fibonacci(n: entier, Un-1:entier, Un-2:entier): entier
// Explication : calcul récursif à partir de la formule Un = Un-1 + Un-2
Debut
  si (n = 0) alors
        retourne(Un-2);
  si (n = 1) alors
        retourne(Un-1);
  sinon                              // Appel récursif en utilisant la formule.
        retourne( Fibonacci(n, Un-1 + Un-2 , Un-1));
  Fin
```

Exercice 3.6

Écrire une fonction qui retourne la somme de deux entiers `somme(entier, entier) retourne entier` et un algorithme qui l'utilise. Expliquer à travers cet exemple la notion de variables locales.

```
fonction somme(p1:entier, p2:entier) : entier
Debut
        retourne (p1+p2);
Fin
```

Peu importe le nom des variables locales dans la fonction. Seules les valeurs sont passées pendant l'appel. Dans l'algorithme, le fait que le paramètre soit a, p1 ou 45 ne change rien à la fonction.

```
algorithme utilisation-fonction-somme
variable: a, b: entier;
Debut
        a ← 4;
        b ← 10;
        ecrire("45 et 12 :", somme(45,12));
        ecrire("a et b (en réalité leurs valeurs: 4 et 10) :", somme(a,b));
        ecrire ("a (sa valeur:4) et 12 :", somme(a,12));
Fin
```

Exercice 3.7

Écrire un programme qui demande à l'utilisateur de deviner un nombre entre 1 et 1 000. À chaque proposition, le programme indique si le nombre à trouver est inférieur ou supérieur à celui saisi. Pour cela, nous allons créer une boucle pour demander la valeur au joueur, puis la comparer à la valeur à trouver.

```
algorithme jeu-moins-plus
variable: aDeviner, valeur : entier;
```

```
Debut
        aDeviner ← hasard(1000);// entre 1 et 1000

        ecrire("saisissez un nombre entre 1 et 1000 :");
        lire(valeur);
        tant_que (valeur ≠ aDeviner) faire
        {
          si (valeur < aDeviner) alors
            ecrire("trop petit : recommencez");
          sinon
            ecrire("trop grand : recommencez");

          lire (valeur);

        }

        ecrire("vous avez gagne !!");
Fin
```

Les objets

Utilisation des objets

Exercice 4.1

Dresser le schéma mémoire de l'algorithme suivant.

```
Algorithme faire-un-schema
variable: dupond: Etudiant;
          d1,d2: Date;
          note: entier
Debut
        d1 ← new Date(25,12,1981);
        d2 ← d1;
        dupond ← new Etudiant(new Chaine("tutu"), d2);
Fin
```

Remarquons que l'algorithme contient trois fois l'opérateur new : trois instances sont donc créées. Les variables d1 et d2 référencent le même objet. Regardez le constructeur de la classe Etudiant il crée par copie une nouvelle instance de chaîne et une nouvelle instance de date. Il y'a donc cinq objets.

Figure 11-1

État de la mémoire.

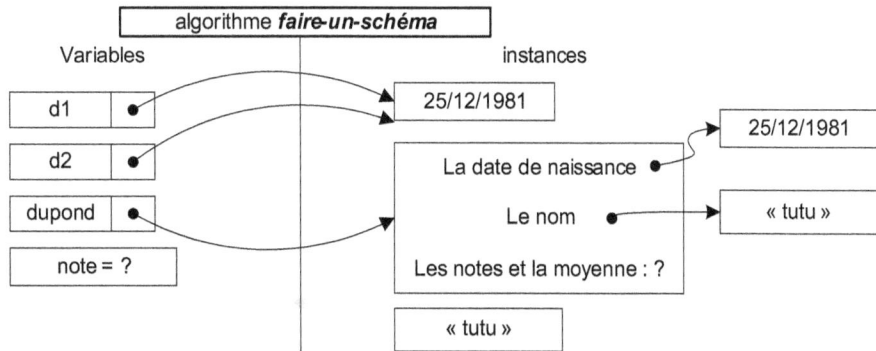

> **Remarque**
>
> La variable note n'a pas été initialisée.

Exercice 4.2

Écrire un algorithme permettant de générer le schéma mémoire suivant.

Figure 11-2

État de la mémoire.

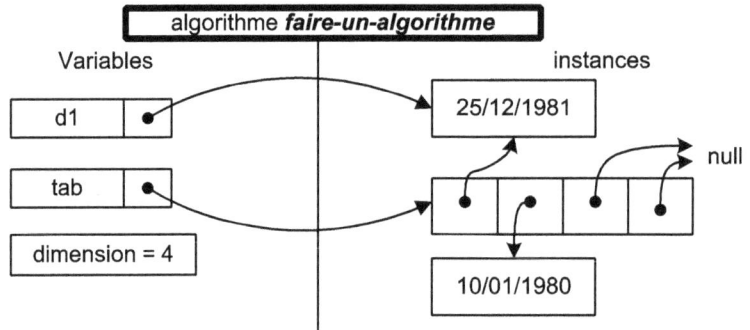

Ce schéma mémoire identifie trois instances : l'algorithme contient donc trois fois l'opérateur new. La partie variable est immédiate : elle définit d1, tab et dimension.

```
algorithme faire-un-algorithme
variable: tab: tableau[] de Date;
          d1: Date;
          dimension: entier
Debut
        dimension ← 4;
        tab ← new Date[dimension];
        d1 ← new Date(25,12,1981);
        tab[0]  ← d1 ;
        tab[1]  ← new Date(10,01,1980);
        tab[2]  ← null ;
        tab[3]  ← null ;
Fin
```

Exercice 4.3

Déterminons les erreurs de la fonction suivante.

```
fonction fabriqueEtudiant(d2:Date, nom:Chaine): Etudiant
variable: d1, d2: Date;
          et: Etudiant;
Debut
        d1 ← d2;
        et ← new Etudiant(new Chaine("tutu"),d1);
Fin
```

Tout d'abord, la variable d2 est passée en paramètre : elle ne doit pas être définie comme variable.

Le nom est passé en paramètre : il faut le réutiliser dans la fonction.

La variable d1 ne sert à rien.

La fonction doit retourner l'instance créée.

```
fonction fabriqueEtudiant(d2:Date, nom :Chaine): Etudiant
variable: et: Etudiant;
Debut
        et ← new Etudiant(nom, d2);
        retourne(et);
Fin
```

Exercice 4.4

Indiquer le nombre d'instances créées. Il faut compter le nombre d'opérateurs new utilisés : il y a eu six objets créés directement par new et deux instances (Date et Chaine) créées pour chaque Etudiant donc 6 + 2 + 2 = 10 objets.

Exercice 4.5

Utiliser les objets chaîne de caractères dans les trois langages Java, C++ et VB pour définir une instance bonjour et indiquer le nombre de caractères.

En Java, cela donne :

```
class Exercice4_5 {

    public static void main(String[] args){

        String ch = "bonjour";
        int nb;

        nb = ch.length();
        System.out.println("longueur = "+nb);
    }
}
```

En Visual Basic, cela donne :

```
Module Module1

    Sub Main()
        Dim ch As String
        Dim nb As Integer
        ch = "bonjour"
        nb = ch.len()
        Console.WriteLine("longueur = " & nb)
        Console.ReadKey()
    End Sub
End Module
```

En C++, avec la librairie standard, cela donne :

```
#include <cstdlib>
#include <iostream>
using namespace std;
```

```
int main(int argc, char *argv[])
{
    std::string ch = "bonjour";
    int nb;

    nb = ch.length();
    cout << "longueur = " << nb;
}
```

Nous pouvons constater par l'exemple que les langages informatiques se ressemblent.

Classes simples

Exercice 5.1

Écrire une méthode supplémentaire à la classe Date permettant de savoir si une date est postérieure ou égale à celle passée en paramètre.

Déterminons la signature de la nouvelle méthode : par rapport à l'instance courante this, elle demande une date en paramètre et retourne un booléen.

```
Classe Date comporte méthode estSuperieurOuEgale(dateParam: Date): booléen
```

Pour ajouter une nouvelle méthode à la classe Date, voyons les différentes informations auxquelles nous avons accès (dans la méthode).

- Les attributs de l'instance qui exécute la méthode (le jour, le mois et l'année).
- Les attributs des autres instances de Date (en précisant le nom de l'instance devant l'attribut).
- Toutes les méthodes de la classe Date.
- Toutes les autres classes pour une utilisation en utilisateur.

On peut alors reprendre la logique de la méthode precede pour écrire la nouvelle méthode :

```
Classe Date comporte methode estSuperieurOuEgale(dateParam: Date): booléen
Debut
   si (annee > dateParam.annee) alors
        retourne Vrai ;          // comparaison des années
   si (annee = dateParam.annee ET mois > dateParam.mois) alors
        retourne Vrai;           // même année, comparaison des mois
   si (annee = dateParam.annee ET mois = dateParam.mois
        ET jour ≥ dateParam.jour ) alors
        retourne Vrai;           // même année, même mois, comparaison des jours
   retourne Faux;
Fin
```

Mais il est plus judicieux d'utiliser les méthodes déjà écrites :

```
Classe Date comporte methode estSuperieurOuEgale(dateParam: Date): booléen
Debut
        retourne(this.estEgale(dateParam)
                OU this.precede(dateParam) = Faux);
Fin
```

Exercice 5.2

Écrire la classe `Carte` et la classe `JeuDeCarte`.

Chaque carte a une couleur et une valeur (le valet, la dame et le roi valent respectivement 10, 11 et 12).

Le jeu de cartes possède 32 cartes différentes et une méthode pour les mélanger de manière homogène.

Le plus délicat consiste à créer les classes.

Dans un jeu de cartes, nous avons des cartes et un jeu : introduisons les deux classes associées.

Figure 11-3

L'interface programmeur de la classe Carte.

Carte
– valeur: entier – couleur: entier
+ Carte( ) + Carte(valeur: entier, couleur:entier) + getCouleur( ): entier + getValeur( ): entier + afficher( ): vide

```
classe Carte
Debut
Prive:
// Attributs :
   valeur, couleur: entier
```

Les constructeurs :

```
Public:
 Carte()
  {
        this.valeur ← 0;
        this.couleur ← 0;
  }

  Carte(valeur: entier, couleur: entier)
  {
        this.valeur ← valeur;
        this.couleur ← couleur;
  }
```

Les accesseurs :

```
    getCouleur(): entier
    {
        retourne couleur;
    }

    getValeur(): entier
    {
        retourne valeur;
    }
```

La méthode d'affichage :

```
afficher(): vide
{
      ecrire("{",getCouleur(),"-",getValeur(),"}");
}
```

Figure 11-4

*L'interface programmeur
de la classe JeuDeCarte.*

JeuDeCarte

– nbCartes: entier
– tab: tableau[ ] de Carte

+ JeuDeCarte( )
+ JeuDeCarte(nbCartes: entier)
+ melanger( ): vide
+ afficher( ): vide

Le jeu de carte réutilise pour mélanger les cartes une méthode identique à celle vue à l'exercice 3.3.

```
classe JeuDeCarte
Debut
      nbCartes: entier;
      tab: tableau [] de Carte;
```

Les constructeurs :

```
JeuDeCarte()
  {
      this(32);
  }

  JeuDeCarte(nbCartes: entier)
variable: compteur: entier;
  {

      this.nbCartes ← nbCartes;
      tab ← new Carte[nbCartes];

      compteur ← 0;
      tant_que (compteur < nbCartes) faire
      {
            tab[compteur]  ← new Carte(compteur DIV 4,
                                       compteur MOD 4);
            compteur ← compteur + 1;
      }
  }
```

La méthode melanger :

```
melanger(): vide
variable:
{
      carteModifie: entier;
```

```
        Carte tempEchange;
        positionCarteHasard: entier;

        carteModifie ← nbCartes;
        positionCarteHasard ← hasard(carteModifie);
        tant_que (carteModifie > 0) faire
        {
              tempEchange ← tab[carteModifie−1];
              tab[carteModifie−1]  ← tab[positionCarteHasard];
              tab[positionCarteHasard]  ← tempEchange;

              positionCarteHasard ← hasard(carteModifie);
              carteModifie ← carteModifie − 1;
        }
    }
Fin
```

Exercice 5.3

Écrire une classe de Personne définie par un nom et un âge. Écrire une classe Couple qui permet de réunir et de séparer deux personnes. Donner un exemple d'utilisation.

Créons les classes Personne et Couple.

```
classe Personne

Debut
Prive :
   nom : Chaine;
    age : entier;

Public :
Personne(a:entier, n:Chaine){
    nom ← new Chaine(n);
    age ← a;
}

toString(): Chaine
variables :  tmpNom, tmpAge :Chaine ;
{
    tmpAge ← new Chaine(this.age) ;
    tmpNom ← new Chaine(this.nom) ;
    tmpNom.concatener(new Chaine(" - ")) ;
    tmpNom.concatener(tmpAge);
    return tmpNom;
}
Fin      // Fin de la classe Personne

classe Couple
Debut

Prive :
   p1, p2 : Personne;
```

```
public :
Couple(){   // constructeur par défaut
    this.p1 ← null;
    this.p2 ← null;
}

Couple(p1:Personne, p2:Personne){   // constructeur
    this.p1 ← p1;
    this.p2 ← p2;
}

reunir(p1:Personne, p2:Personne) : vide
{
    this.p1 ← p1;
    this.p2 ← p2;
}

separer() : vide
{
    this.p1 ← null;
    this.p2 ← null;
}

toString() : Chaine
 variable: tmp:Chaine;
{
    si (p1 ≠ null ET p2 ≠ null) alors
    {
      tmp ← p1.toString() ;
      tmp.concatener(new Chaine(" et "));
      tmp.concatener(p2.toString());
    }
    sinon
      tmp ← new Chaine("pas un vrai couple !");
    retourne(tmp) ;
}

Fin // de la classe Couple
```

Utilisons les deux classes ci-dessus.

```
algorithme utilise-Couple-Personne
variables: c1, c2: Couple;
Debut
    c1 ← new Couple( new Personne(18,"toto"),
                     new Personne(19, "titi"));
    c2 ← new Couple();
    ecrire("c1 : " , c1);
    ecrire ("c2 : " , c2);
    c1.separer();
    c2.reunir(new Personne(21,"tutu"), new Personne(22,"tata"));
    ecrire ("c1 : " , c1);
    ecrire ("c2 : " , c2);
Fin
```

Classes avancées

Exercice 6.1

Le problème de gestion de notes des étudiants permet, dans une première analyse, d'identifier plusieurs objets : l'étudiant, la promotion (ensemble d'étudiants) sans oublier le logiciel permettant de les gérer (l'initialisation, le menu…).

Figure 11-5

L'interface programmeur de la classe Promo.

Promo
– liste: tableau [ ] d'Etudiant;
– nbEtudiant: entier;
– nombreMaxEtudiant: entier
+ Promo(nbMaxEtudiant: entier)
+ add(etud: Etudiant)
+ saisirNotes( ): vide
+ afficher( ): vide

Figure 11-6

L'interface programmeur de la classe Promo.

GestionNotes
– p: Promo;
+ GestionNotes(nbMaxEtudiant: entier)
+ getPromo( ): Promo
+ menu( ): vide
+ afficher( ): vide

Exercice 6.2

Il convient avant de commencer d'identifier les méthodes à garder et à redéfinir. La méthode setA1 doit être redéfinie puisque l'attribut b2 est changé. La méthode getA1 reste inchangée : il ne faut pas la redéfinir.

```
classe B specialise de la classe A
Debut
  Prive:
        b2: entier;
```

Le constructeur commence par super (appel du constructeur de la classe mère).

```
Public:
// constructeurs
B(a1: entier)
Debut
        super(a1);
        this.b2 ← 2 × a1;
Fin


Fin // de la classe
```

L'attribut a1 est privé, donc inaccessible depuis la classe B. Il faut appeler l'accesseur en écriture de la classe mère pour modifier sa valeur.

```
// accesseurs
setA1(nouveauA1: entier): vide
Debut
        super.setA1(nouveauA1);
        this.b2 ← 2 × nouveauA1;
Fin
```

Exercice 6.3

En utilisant la classe Point (un point a comme propriétés ses coordonnées réelles x et y), écrire la classe PointCouleur qui ajoute une couleur (sous forme d'un entier). Définir également la classe Figure qui est déterminée par un ensemble de moins de 10 points. Donner un exemple d'utilisation.

Commençons par définir la classe Point, avec ses deux attributs et son constructeur.

```
classe Point
Debut
//attributs
x, y :entier ;

Point(){
    x ← 0;
    y ← 0;
 }
Point(a:entier, b:entier){
    x ← a;
    y ← b;
}
toString():Chaine
 variables: res, tmpX, tmpY:Chaine;
 {
      tmpX ← new Chaine(x) ;
      tmpY ← new Chaine(y) ;
      res ← new Chaine("[") ;
      res.concatener(tmpX.concatener(new Chaine("-"))) ;
      res.concatener(tmpY.concatener(new Chaine("]"))) ;
      return res;
}
Fin // de la classe Point
```

À partir de la classe Point, par héritage, écrivons la classe PointCouleur.

```
classe PointCouleur specialise classe Point   // un héritage
Debut
Prive : couleur : entier;
Public :
PointCouleur(a:entier, b:entier, c:entier)
{
    super(a,b);
    couleur ← c;
}
```

```
toString() : Chaine
variable   tmp :Chaine ;
{
    tmp ← super.toString().concatener(new Chaine(" - couleur : ")) ;
    tmp.cancatener(new Chaine(couleur)) ;
    retourne (tmp) ;
}
```

Fin // de la classe PointCouleur

Nous pouvons alors définir la classe Figure qui stocke jusqu'à dix points. Introduisons un attribut entier nbPoint pour comptabiliser le nombre de points composant la figure, afin de ne pas dépasser dix.

```
classe Figure
Debut
Prive :
    tab : tableau [] de Point;
    nbPoint : entier;//nb de points dans la figure (10 max)

Public :
Figure()
{
    nbPoint ← 0;
    tab ← new Point[10];
}

ajouterPoint(Point p) : vide
{
    si (nbPoint = 10) alors    // dans ce cas : le tableau n'est plus assez grand
        retourne;
    tab[nbPoint] ← p;
    nbPoint ← nbPoint + 1;
}

toString() : Chaine
    res : chaine;
    i : entier;
{
    res ← new Chaine();
    pour(i←0) jusqu'a  (nbPoint)
        res.cancatener(tab[i].toString());
    retourne(res);
}
Fin    // de la classe Figure


Algorithme Utilisation de Point-Figure
variables: p1, p2: Point;
           pc1, pc2 : PointCouleur;
           f : Figure ;
Debut
    p1 ← new Point (44,20);
    p2 ← new Point (88,0);
```

```
        pc1 ← new PointCouleur(55,55,1);
        pc2 ← new PointCouleur(13,79,5);

        f ← new Figure();

        f.ajouterPoint(p1);
        f.ajouterPoint(p2);
        f.ajouterPoint(pc1);// le polymorphisme
        f.ajouterPoint(pc2);

        f.toString().ecrire();
    Fin
```

Les structures de données

Structures de tableaux

Exercice 7.1

Implémenter la classe VecteurEntierTrie, un vecteur d'entiers où tous les éléments sont toujours triés. Par héritage, améliorons la classe VecteurEntier suivante :

Figure 11-7

La classe VecteurEntier.

VecteurEntier
– tab: tableau[ ] d'entier
– taille: entier
+ VecteurEntier( )
+ VecteurEntier(nb: entier)
+ setEntierAt(nb: entier, position: entier): vide
+ getEntierAt(position:entier): entier
+ getTaille( ): entier
+ triSelection( ): vide

Identifions les méthodes capables de modifier l'ordre du tableau. Mis à part les constructeurs (qui sont obligatoirement écrit avec l'opérateur super), il suffit simplement de redéfinir la méthode SetEntierAt en ajoutant un tri à la suite de l'insertion.

```
Classe VecteurEntierTrie specialise VecteurEntier
Debut
Attributs :
   // pas de nouvel attribut
```

Les constructeurs n'insèrent pas d'éléments dans le tableau : ils sont identiques à ceux de la classe mère.

```
Constructeurs :
  VecteurEntier()
{
        super();
}
```

```
    VecteurEntier(nb: entier)
{

        super(nb);
}
```

La méthode à modifier :

```
    setEntierAt(nb: entier, position: entier ): vide
{

        super.setEntierAt(nb, position);
        this.triSelection();
}
```

Exercice 7.2

Commençons par dresser le schéma d'une file de 7 éléments (de type caractère dans un premier temps, pour que ce soit plus explicite).

Figure 11-8

Schémas d'une file.

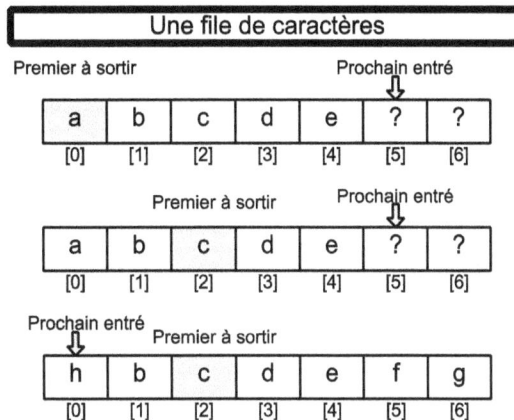

La première file est obtenue après avoir entré dans l'ordre les caractères « a, b, c, d, e ». Le premier caractère qui sortira sera le caractère « a », puisqu'il était le premier entré.

La deuxième file est obtenue après avoir fait sortir deux caractères « a » puis « b ». Le prochain caractère à sortir sera le « c ».

La troisième file est obtenue après avoir fait entrer trois nouveaux caractères « f » puis « g » puis « h ». Notons qu'arrivé en bout de tableau, il faut revenir au premier élément d'indice 0 (l'opération modulo avec la taille du tableau le permet simplement).

Les attributs utiles pour définir la file sont :
- Le nombre d'éléments dans la file.
- La taille du tableau.
- La position du prochain élément à faire sortir (appelé premier).
- La position du prochain élément à faire entrer (appelé prochain).

Introduisons la classe `FileEtudiant`.

Figure 11-9

La classe FileEtudiant vue par son concepteur.

FileEtudiant

+ tab: tableau[] d'Etudiant
+ nbElement: entier
+ premier: entier
+ prochain: entier
+ taille: entier

+ FileEtudiant( )
+ FileEtudiant(taille: entier)
+ entrer(valeur: Etudiant): vide
+ sortir( ): Etudiant
+ estVide( ): booléen

```
Debut
   tab: tableau[] d'Etudiant;
   nbElement: entier;
   taille: entier;
   premier,prochain: entier;
```

Les constructeurs initialisent les cinq attributs :

```
public FileEtudiant()
   {
         this.nbElement ← 0;
         this.tab ← new Etudiant[7];
         this.taille ← 7;
         this.premier ← 0;
         this.prochain ← 0;
   }
public FileEtudiant(taille: entier)
   {
         this.nbElement ← 0;
         this.tab ← new Etudiant[taille];
         this.taille ← taille;
         this.premier ← 0;
         this.prochain ← 0;

   }
```

On insère l'étudiant dans la liste.

```
public entrer(etud:Etudiant):vide
   {
       si (nbElement = taille) alors        // impossible d'entrer
           retourne;

       tab[prochain] ← etud;
       nbElement ← nbElement + 1;
       prochain ← (prochain + 1) MOD taille;
   }
```

On retourne l'étudiant qui était entré en premier. La variable premier désigne alors celui qui devient le premier de la liste.

```
public sortir(): Etudiant
  Variables:    sortie:Etudiant;
  {

        si (nbElement = 0) alors            // impossible de sortir
              retourne null;

        nbElement ← nbElement - 1;
        sortie ← tab[premier];
        premier ← (premier + 1) MOD taille;
        retourne sortie;
  }
```

La file est vide si elle ne contient pas d'étudiants.

```
    public estVide(): booléen
    {
          retourne(nbElement = 0);
    }
  Fin
```

Exercice 7.3

Ajouter une méthode pour afficher le nombre d'éléments d'une pile d'entiers (donner une solution itérative et une solution récursive).

Le principe même d'une pile est d'accéder uniquement à la valeur supérieure.

Figure 11-10

L'interface utilisateur.

PileEntier
+ PileEntier( )
+ PileEntier(n: entier)
+ empiler(valeur: entier): vide
+ depiler( ): entier
+ estVide( ): booléen

Solution itérative : pour savoir combien il y a d'éléments, il suffit de tous les dépiler (et d'incrémenter un compteur en même temps). Pour remettre la pile dans son état initial, il suffit de sauvegarder au fur et à mesure les entiers dans une pile intermédiaire.

```
Algorithme utilisation-PileReel
variables: p: PileEntier;
           pTemp: PileEntier;
           profondeur: entier;
Debut
           p ← new PileEntier();
           p.empiler(5);
           p.empiler(15);
           p.empiler(25);
           p.empiler(10);
```

```
                pTemp ← new PileEntier();
                profondeur ← 0;
                tant_que (p.estVide() = FAUX) faire
                {
                     pTemp.empiler(p.depiler());
                     profondeur ← profondeur + 1;
                }
                p ← pTemp;          // grâce aux objets, inutile de recopier
     Fin
```

La récursivité implique l'utilisation d'une fonction : celle-ci doit retourner la profondeur (un entier) de la pile passée en paramètre, sa signature est la suivante :

```
   fonction profondeur(para: PileEntier): entier
```

Identifions la condition d'arrêt récursif : quand la pile est vide, sa profondeur vaut 0.

```
                si (para.estVide()) alors
                     retourne 0;
```

Définissons l'appel récursif. Il faut dépiler la pile, l'appel à la fonction profondeur(p) est égal alors à la profondeur du reste de la pile : la profondeur initiale vaut donc 1 + profondeur(p). La valeur dépilée doit aussi être empilée à nouveau...

```
   fonction profondeur(PileEntier para): entier
   variables: valeurDepilee, profondeur: entier;
   Debut
                si (para.estVide()) alors              // arrêt
                     retourne 0;

                valeurDepilee ← para.depiler();
                profondeur ← 1 + profondeur(para); // appel récursif
                para.empiler(valeurDepilee);
                retourne profondeur;
     Fin
```

Une erreur fréquente est de retourner la profondeur avant d'empiler l'entier précédemment dépilé. L'instruction empiler ne sera jamais atteinte.

```
      // FAUX
                valeurDepilee ← para.depiler();
                profondeur ← 1 + profondeur(para); // appel récursif
                retourne(profondeur);
                para.empiler(valeurDepilee);          // ligne jamais atteinte
```

Ou bien (sans utiliser de variable profondeur) :

```
      // FAUX
                valeurDepilee ← para.depiler();
                retourne(1 + profondeur(para));       // appel récursif
                para.empiler(valeurDepilee);          // ligne jamais atteinte
```

Pour éviter cette erreur, ne mettez jamais de ligne après l'instruction retourne.

Exercice 7.4

Ajouter le calcul du nombre de tests effectués, utile notamment pour calculer la performance. Pour cela, il faut introduire une nouvelle variable entière (locale à la méthode), initialisée à zéro au début de la méthode :

```
nbTest : entier;
nbTest  ← 0;
```

Ce compteur sera incrémenté à chaque itération de la boucle principale :

```
Tant_que (indiceNonTrie < taille) faire
debut
    nbTest ← nbTest +1;
    …
```

Ce compteur sera retourné à la fin de la fonction : n'oubliez pas de définir correctement le prototype de la méthode pour indiquer qu'elle retourne un entier.

```
retourne (nbTest);
```

Structures de cellules

Exercice 8.1

Écrire une méthode dans la classe ListeReel qui supprime le dernier élément.

Soit la signature de la méthode publique :

```
retirerQueue(): vide
```

Il est possible d'écrire cette méthode de plusieurs manières.

Écrivons une méthode itérative. On parcourt toutes les cellules jusqu'à l'avant-dernière : il suffit alors de supprimer sa suivante.

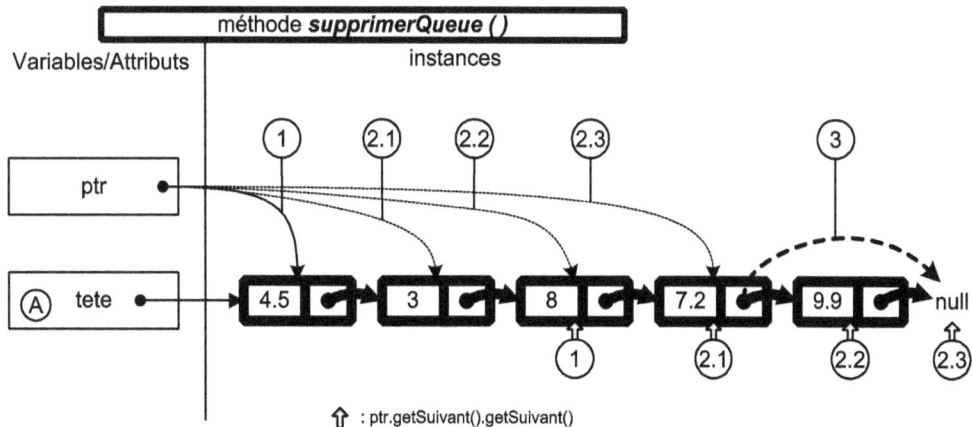

Figure 11-11

Suppression de la dernière cellule.

Voici les trois étapes :

1. La variable ptr pointe sur la tête de la liste.

2. On boucle jusqu'à obtenir la valeur de ptr.getSuivant().getSuivant() égale à null. La variable ptr est égale alors à l'avant-dernière cellule de la liste indiquée (2.3) sur la figure 11-11.

3. On supprime la dernière cellule : l'avant-dernière cellule n'a plus de suivant.

Traitons avant cela les cas particuliers d'une liste ayant zéro ou un seul élément.

```
Classe ListeReel comporte methode retirerQueue(): vide
variable: ptr: CelluleReel;
Debut
        si (tete = null) alors
            retourne ;

        si (tete.getSuivant() = null) alors
        {
            tete ← null;
            retourne;
        }

        ptr ← tete;
        tant_que (ptr.getSuivant().getSuivant() ≠ null) faire
        {
            ptr ← ptr.getSuivant();
        }
        ptr.setSuivant(null);
Fin
```

Exercice 8.2

Écrire une méthode (récursive) qui retourne le nombre d'éléments de la classe ListeReel.

Soit la signature de la méthode publique :

```
profondeur(): entier
```

La récursivité implique l'utilisation d'un paramètre : celle-ci doit retourner la profondeur (un entier) de la pile passée en paramètre, sa signature est la suivante :

```
Prive : profondeur(c: CelluleReel): entier
```

Elle sera appelée par la méthode profondeur sans paramètre :

```
Classe ListeReel comporte methode profondeur(): entier
Debut
            retourne(profondeur(tete));
Fin
```

Identifions la condition d'arrêt récursif : quand la cellule en paramètre est null, sa profondeur vaut 0.

```
                si (c = null) alors

                    retourne 0;
```

Déterminons l'appel récursif. La profondeur de la liste vaut 1 plus la profondeur du reste de la liste.

```
Classe ListeReel comporte méthode profondeur(c: CelluleReel): entier
Debut
        si (c = null) alors                    // arrêt
            retourne 0;

        retourne(1 + profondeur(c.getSuivant()));
Fin
```

Remarque

Une solution plus rapide serait d'ajouter un attribut entier nbElement incrémenté à chaque insertion et décrémenté à chaque suppression. Comme d'habitude, on peut gagner en rapidité ce qu'on perd en place mémoire.

Exercice 8.3

Écrire une méthode de la classe ListeReel qui retourne la valeur de l'élément le plus grand. Pour cela, le plus simple consiste à parcourir la liste de manière itérative (avec un itérateur).

```
Classe ListeReel comporte méthode trouverMax (): réel
    iterateur : CelluleReel; // variables locales à la méthode
    max : réel;
Debut
    si (tete = null) alors
        retourne (-9999); // valeur pour une liste vide

    iterateur ← tete ;
    max ← tete.getValeur();
    tant_que(iterateur ≠ null) faire
    {
        si (iterateur.getValeur() > max) alors
            max ← iterateur.getValeur(); // on quitte la méthode
        iterateur ← iterateur.getSuivant() ;
    }
    retourne  max;
Fin
```

Structures de nœuds

Exercice 9.1

Écrire une méthode pour supprimer une valeur (passée en paramètre) dans un ABR.

Déterminons l'élément à supprimer. Puis, s'il existe :
- si c'est une feuille, il suffit de la supprimer ;
- si c'est un sommet qui n'a qu'un fils, on le remplace par ce fils ;
- si c'est un sommet qui a deux fils, on a deux solutions :
  - le remplacer par le sommet de plus grande valeur dans le sous-arbre gauche puis supprimer (récursivement) ce sommet ;
  - le remplacer par le sommet de plus petite valeur dans le sous-arbre droit puis supprimer (récursivement) ce sommet.

```
Methode supprime(val: entier):booléen
variables: g, d: ABREntier;
          x: entier;
Debut
        si (racine = null) alors
        {
                retourne(Faux) ;                    // arrêt récursif
        }

        x ← racine.getValeur();
        g ← racine.getGauche();
        d ← racine.getDroit();

        si (val = x) alors
        {
                si (g.racine = null) alors
                    racine ← d.racine;
                sinon si(d.racine = null) alors
                    racine ← g.racine;
                sinon
                {
                                            // il faut mettre le plus grand gauche ou le plus petit droit
                }
                retourne(Vrai);                    // arrêt récursif
        }
        sinon si (val < x) alors
        {
                retourne g.supprime(val);          // appel récursif
        }
        sinon
        {
                retourne d.supprime(val);          // appel récursif
        }
Fin
```

Il reste à écrire la portion d'algorithme qui supprime un nœud ayant deux fils. Représentons ce cas par un schéma où il faut enlever le nœud 55. Deux solutions sont possibles et équivalentes.

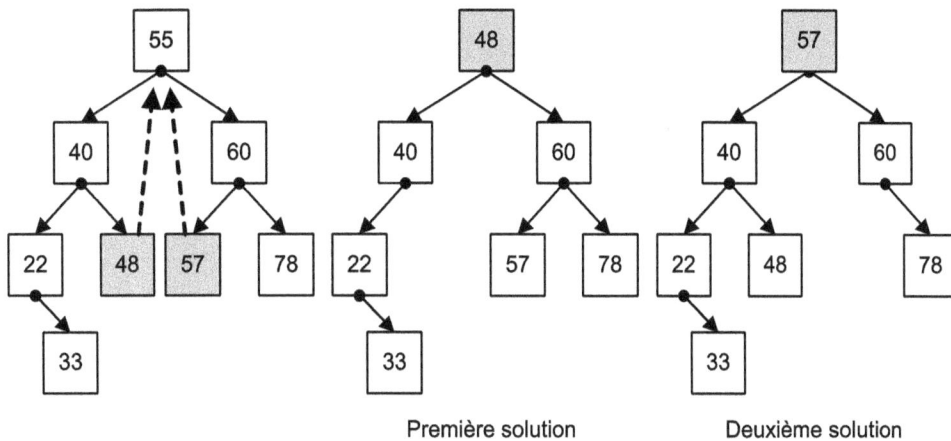

Figure 11-12

Supprimer un nœud dans un arbre binaire de recherche.

Il faut choisir une des deux solutions : remplaçons la cellule à supprimer par la cellule la plus grande de son sous-arbre gauche (la première solution pour la figure 11-12).

Introduisons la méthode **rechercherMax** qui retourne la valeur maximale d'un arbre binaire de recherche. En partant de la racine, il suffit d'accéder récursivement au sous-arbre le plus à droite.

```
Méthode rechercherMax(): entier
variables: d: ABREntier;
Debut
        d ← racine.getDroit();

        si (d.racine = null) alors          // arrêt récursif
        {
                retourne racine.getValeur();
        }
        retourne d.rechercherMax();         // appel récursif
Fin
```

Et on peut compléter le bout de code manquant dans la méthode de suppression :

```
variable: plusGrand: entier;
Debut
(…)
                sinon
                {       // trouver la valeur pour remplacer la racine
                        plusGrand ← g.rechercherMax();
                        // remplacer la racine
                        racine.setValeur(plusGrand);
                        // supprimer le plus grand (qui est une feuille)
                        g.supprime(plusGrand);
                }
(…)
Fin
```

Exercice 9.2

Stocker des paris de courses de chevaux dans un ABR. Chaque pari est identifié par 3 nombres entiers différents et ordonnés de 1 à 20. Après avoir saisi 3 000 paris au hasard, identifier le nombre de gagnants dans l'ordre.

Introduisons les classes Pari et ABRPari. La classe ABRPari représente un arbre binaire de recherche permettant de stocker des paris : il est nécessaire d'introduire une méthode de comparaison de deux paris. La méthode estValide permet se savoir si les trois chevaux du pari sont différents.

Figure 11-13

L'interface utilisateur de la classe Pari.

Pari
+ Pari(entier, entier, entier)
+ comparer(p: Pari): entier
+ egale(p: Pari): booléen
+ estValide( ): booléen

Je vous laisse le soin d'écrire la classe ABRPari en vous inspirant de la classe ABREntier déjà étudiée. Seule différence : un même pari peut être joué plusieurs fois. La méthode rechercher retourne le nombre de fois où le pari passé en paramètre a été joué.

Figure 11-14

L'interface utilisateur de la classe ABRPari.

ABRPari
+ ABRPari(Pari)
+ ajouter(p: Pari): booléen
+ rechercher(p: Pari): entier

L'algorithme qui génère 3 000 paris sera donc :

```
Algorithme 3000 paris
variables: compteur: entier;
           a: ABRPari;
           p, pGagnant: Pari;
Debut
  compteur ← 0;
  tant_que (compteur < 3000) faire
  {
        p ← new Pari(hasard(20), hasard(20), hasard(20));
        tant_que (p.estValide() = Faux) faire
        {         // cette solution n'est pas élégante, mais elle est simple et rapide à écrire
              p ← new Pari(hasard(20), hasard(20), hasard(20));
        }

        a.ajouter(p);
        compteur ← compteur + 1;// incrémentation du compteur
  }
 // l'arrivée : le 10, 12 et 1 dans l'ordre.
  pGagnant ← new Pari(10,12,1);
  ecrire(« nombre de gagnants : », a.rechercher(pGagnant));
Fin
```

Écrivons la classe Pari :

```
Classe Pari
DEBUT
Prive :
// Attributs :
  c1, c2, c3: entier

// Constructeurs :
Public :
Pari(c1, c2, c3: entier)
Debut
        this.c1 ← c1;
        this.c2 ← c2;
        this.c3 ← c3;
Fin

comparer(p: Pari): entier
Debut
        si (c1 = p.c1) alors
              si (c2 = p.c2) alors
                    si (c3 = p.c3) alors
                            retourne 0;
                    sinon
                            retourne c3-p.c3;
              sinon
                      retourne c2-p.c2;
        sinon
                retourne c1-p.c1;
Fin

egale(p: Pari): booléen
Debut
        retourne((c1 = p.c1) ET (c2 = p.c2) ET (c3 = p.c3));
Fin

estValide(): booléen
Debut
        retourne((c1 ≠ c2) ET (c2 ≠ c3) ET (c1 ≠ c3));
Fin
FIN
```

Introduisons la classe NoeudPari qui permettra de stocker chaque pari et le nombre de fois où il a été joué.

```
Classe Pari
Debut
Prive :
  p: Pari;
  nbPari: entier
  gauche, droit: ABRPari;
```

```
Public :
Nœud(p: Pari)
Debut
        this.p ← p;
        this.nbPari ← 1;
        gauche ← new ABREntier();
        droit ← new ABREntier();
Fin

Nœud(p: Pari, gauche: ABRPari, droit: ABRPari)
Debut
        this(p);
        this.gauche ← gauche;
        this.droit ← droit;
Fin
```
  // et la méthode pour signaler qu'un pari déjà joué a été rejoué
```
rejouer()  : vide
Debut
        nbPari ← nbPari + 1;
Fin

Fin
```
 // de la classe Pari

Exercice 9.3

Dans l'exercice précédent, afficher le nombre d'itérations nécessaires pour trouver le résultat. Pour cela, la récursivité de la recherche dans un arbre nous oblige à passer ce nombre en paramètre pour conserver sa valeur à chaque appel.

```
Classe ABRPari comporte rechercher2 (val:Pari, nbIteration:entier): entier
    G, d : ABRPari;
    X : Pari;
Debut
// utiliser rechercher2 (val, 0), puisqu'il faut donner une valeur à nbIteration

    si (racine = null) alors
        retourne 0;

    x ← racine.getValeur();
    si (val.equals(x))alors  // on a trouvé : on affiche le nb d'itérations
    {
        écrire ("nb iteration =" , nbIteration);
        retourne racine.getNbPari();
    }
    sinon si (val.compareTo(x)<0) alors
    {
            g ← racine.getGauche() ;
            retourne (g.rechercher2(val, nbIteration + 1));
    }
```

```
     sinon
     {
            d ← racine.getDroit() ;
            retourne (d.rechercher2(val, nbIteration + 1));
     }
Fin
```

Je vous laisse le soin d'écrire la classe ABRPari et de tester l'exemple donné sur l'extension Web du livre sur http://www.editions-eyrolles.com.

12

Exemples d'applications en Java, Visual Basic et C++

L'utilisation concrète des structures de données dans différents langages améliore la vision du programmeur débutant. Mettons en application la théorie du langage algorithmique à travers quelques programmes. L'important est avant tout d'illustrer l'implémentation générique des techniques déjà exposées et la spécificité de chacun des trois langages. De plus, si vous avez choisi l'un de ces langages, vous trouverez ici quelques repères pratiques.

Définition d'une classe Date

Écrivons les classes Date et DateHistorique. Par manque de place, nous indiquerons seulement quelques méthodes, en plus des attributs et constructeurs. Remarquez par la même occasion la taille des programmes : elle varie beaucoup d'un langage à l'autre. Mais attention, elle n'est pas proportionnelle à la vitesse d'exécution.

Java

La classe simple en Java

Le langage Java a fortement inspiré le langage algorithmique : les deux codes se ressemblent fort. Voici le code du fichier Date.java. La classe String (plus précisément java.lang.String) permet de manipuler les chaînes de caractères en Java.

```
public class Date {

private int jour, mois, annee;   // les attributs

// les constructeurs
public Date(){
    jour = 1;
    mois = 1;
    annee = 1970;
}
public Date(int jour, int mois, int an){
    this.jour = jour;
    this.mois = mois;
    annee = an;
}
public Date(Date d){
    this(d.jour, d.mois, d.annee);
}
// les accesseurs
public int getAnnee(){ return annee;}
public int getMois() { return mois; }
public int getJour() { return jour; }
public void setJour(int jour) { this.jour = jour; }
public void setMois(int mois) { this.mois = mois; }
public void setAnnee(int annee){ this.annee= annee;}

// les autres méthodes
public String toString(){ return(jour+"/"+mois+"/"+annee); }

public String dateEnChaine(){ return(this.toString()); }

public boolean estEgale(Date DateParam) {
    return (jour == DateParam.jour && mois == DateParam.mois
            && annee == DateParam.annee);
}
}// fin de la classe Date
```

L'héritage en Java

La déclaration d'un héritage est effectuée par le mot-clé extends ; l'appel à la classe mère est réalisé par l'opérateur super.

```
public class DateHistorique extends Date{

private String description; // les attributs

// les constructeurs
public DateHistorique(){
    super();
    description = "";
}
```

```java
    public DateHistorique(int jour, int mois, int an, String de){
        super(jour,mois,an);
        this.description = de;
    }

    public DateHistorique(DateHistorique d){
        this(d.getJour(), d.getMois(), d.getAnnee(), d.description);
    }

// les méthodes : les accesseurs
    public String getdescription(){ return description;}
    public void setdescription(String description){ this.description= description;}

// les autres méthodes
    public String dateEnChaine(){
        return(super.toString() + "\n" + description);
    }

    public boolean estEgale(DateHistorique DateParam) {
        return (getJour()==DateParam.getJour() &&
                super.getMois()==DateParam.getMois() &&
                super.getAnnee()==DateParam.getAnnee() &&
                description.equals(DateParam.description));
    }

    public String dateEnChaineComplete() {
        return (super.dateEnChaineComplete() + "\n" + description);
    }

    }
```

L'utilisation en Java

Présentons comment utiliser les classes précédentes pour les manipuler à travers un exemple simple.

```java
import java.io.*;

public class UtiliseDate {

    public static void main(String[] args){
        Date d1  = new Date(18, 6, 1940); //declaration ET instanciation
        Date d2;     //declaration
        Date d3;
        boolean b;

        d2 = new Date(14, 7, 1789);     //instanciation

        System.out.println("la date d1 =" + d1.dateEnChaine());
        b = d1.estEgale(d2);
        System.out.println("d1 egale d2 :" + b); // faux

        d3 = d2; //modifier d2 = modifier d3 : c est la meme instance
        d2.setJour(d1.getJour());
```

```
    d2.setMois(d1.getMois());
    d2.setAnnee(d1.getAnnee());

    System.out.println("la date d3 =" + d3.dateEnChaine());
    b = d1.estEgale(d2);
    System.out.println("d1 egale d2 :" + b); //vrai

    DateHistorique d4 = new DateHistorique(18, 6, 1940, "l'appel");
    DateHistorique d5 = new DateHistorique();
    d5 = new DateHistorique(d4);
    System.out.println("la date d5 =" + d5.dateEnChaine());
  }
}
```

Visual Basic (VB)

La classe simple en VB

Le développement d'un programme VB s'effectue par l'interface fournie. Vous trouverez assez facilement le menu permettant de créer une nouvelle application console. À partir de là : ajouter un nouvel élément… une classe VB. Comme tous les langages plus ou moins objet, vous pouvez définir les attributs, les constructeurs puis les méthodes. Ces dernières sont soit du type Function, elles retournent alors une valeur, soit du type Sub, elles n'en retournent pas.

La classe Date existe déjà dans le langage VB ; définissons une autre classe appelée MaDate, pour illustrer la déclaration d'une classe.

```vb
Public Class MaDate

    Private jour, mois, annee As Integer      'trois attributs privés
    Sub New()
        Me.jour = 1
        Me.mois = 1
        Me.annee = 1970
    End Sub
    Sub New(ByVal j As Integer, ByVal m As Integer, ByVal a As Integer)
        Me.jour = j
        Me.mois = m
        Me.annee = a
    End Sub
    Sub New(ByVal d As MaDate)
        Me.New(d.jour, d.mois, d.annee)
    End Sub
    Public Function getJour() As Integer
        Return jour
    End Function
    Public Function getMois() As Integer
        Return mois
    End Function
    Public Function getAnnee() As Integer
```

```
            Return annee
        End Function
        Public Sub setJour(ByVal j As Integer)
            jour = j
        End Sub
        Public Sub setMois(ByVal m As Integer)
            mois = m
        End Sub
        Public Sub setAnnee(ByVal a As Integer)
            annee = a
        End Sub
        Public Overridable Function dateEnChaine() As String
            Return "" & jour & "/" & mois & "/" & annee
        End Function

        Public Function estEgale(ByVal DateParam As MaDate) As Boolean
            Return (jour = DateParam.jour And mois = DateParam.mois
                    And annee = DateParam.annee)
        End Function

End Class
```

L'héritage en VB

En VB, l'héritage s'écrit globalement comme en Java : seule la syntaxe change. La définition d'un héritage nécessite le mot-clé Inherits, l'appel à la classe mère est réalisé par l'opérateur MyBase et les méthodes surchargées sont identifiées par le mot clé Overrides.

```
Public Class DateHistorique
    Inherits MaDate

    Private description As String

    Sub New()
        MyBase.New()
        description = ""
    End Sub
    Sub New(ByVal j As Integer, ByVal m As Integer, ByVal a As Integer, ByVal d As String)
        MyBase.New(j, m, a)
        Me.description = d
    End Sub
    Sub New(ByVal dh As DateHistorique)
        Me.New(dh.getJour(), dh.getMois(), dh.getAnnee(),
                dh.description)
    End Sub
    Public Function getDescription() As Integer
        Return description
    End Function
    Public Sub setDescription(ByVal d As Integer)
        description = d
    End Sub
```

```
    Public Overrides Function dateEnChaine() As String
        Return MyBase.dateEnChaine() & " : " & description
    End Function
    Public Overloads Function estEgale(ByVal DateParam As DateHistorique) As Boolean
            Return (getJour() = DateParam.getJour() And getMois() = DateParam.getMois() And
            getAnnee() = DateParam.getAnnee())
    End Function

End Class
```

L'utilisation en VB

Utilisons les classes `MaDate` et `MaDateHistorique`. L'affichage apparaîtra dans une console. Si vous désirez visualiser le résultat dans une fenêtre, remplacez `Console.WriteLine` par `MsgBox`.

```
Module Module1
    Public d1, d2 As MaDate
    Public b As Boolean

    Sub Main()

        Dim d1 As New MaDate(18, 6, 1940)  'déclaration ET instanciation
        Dim d2 As MaDate       'déclaration
        Dim d3 As MaDate

        d2 = New MaDate(14, 7, 1789)        'instanciation

        Console.WriteLine("la date d1 =" & d1.dateEnChaine())
        b = d1.estEgale(d2)
        Console.WriteLine("d1 égale d2 :" & b)  'c'est faux

        d3 = d2  'modifier d2 = modifier d3 : c'est la même instance
        d2.setJour(d1.getJour())
        d2.setMois(d1.getMois())
        d2.setAnnee(d1.getAnnee())

        Console.WriteLine("la date d3 =" & d3.dateEnChaine())
        b = d1.estEgale(d2)
        Console.WriteLine("d1 égale d2 :" & b)  'c'est vrai

        Dim d4 As New DateHistorique(18, 6, 1940, "l'appel")
        Dim d5 As New DateHistorique
        d5 = New DateHistorique(d4)
        Console.WriteLine("la date d5 =" & d5.dateEnChaine())
        Console.ReadKey()

    End Sub

End Module
```

C++

La classe simple en C++

L'écriture de la classe Date a lieu en deux temps : le fichier d'en-tête Date.h contient les structures de données et les signatures des méthodes, et le fichier Date.cpp contient le code proprement dit.

Voici le fichier d'entête Date.h.

```cpp
#include <iostream>
#include <cstdlib>

#ifndef _DATE_H
#define _DATE_H

class Date {

private:
int jour, mois, annee;// attributs privés

public:
Date ();   // Constructeurs
Date (int jour,int mois,int an);
Date ( Date * paramDate);

~Date();      // Destructeur

int getJour( ) const ;
int getMois( ) const ;
int getAnnee( ) const ;

std::string dateEnChaine ( ) const ;

bool estBissextile( ) const;
bool estEgale(const Date *)  const;
bool precede(const Date *) const ;

};    // ne pas oublier le ";" à la fin de la déclaration !
#endif
```

Voici le code du fichier Date.cpp.

```cpp
#include "Date.h"          // on utilise la classe Date
#include <cstdlib>
#include <sstream>

using namespace std;

Date::Date () {
        jour=1; mois=1; annee=1970;
}

Date::Date(int jour,int mois,int an) {
```

```
            this->jour=jour;
            this->mois=mois;
            this->annee=an;
    }

Date::Date( Date * paramDate )  {
            jour = paramDate->getJour( ) ;
            mois = paramDate->getMois( ) ;
            annee = paramDate->getAnnee( ) ;
    }

Date::~Date(){
        cout << "\n destructeur (Date) : ";
        cout << this->jour<<"/"<<this->mois<<"/"<<this->annee<<" disparait de la mémoire \n";
    }

// les méthodes appelées accesseurs
int Date::getJour( ) const { return jour;}
int Date::getMois( ) const { return mois;}
int Date::getAnnee( ) const { return annee;}
// les méthodes d'affichage

std::string Date::dateEnChaine( ) const {
    std::ostringstream oss; // on passé par un flux
    oss << jour << "/" << mois << "/"<< annee ;
    std::string resultat(oss.str());

    return   resultat;
}

bool Date::estEgale(const Date * DateParam)  const {
    if ( annee==DateParam->getAnnee()
      && mois==DateParam->getMois( )
      && jour==DateParam->getJour() )
       return true ;        // même année, même mois et même jour !
    else
       return false ;
}
```

L'héritage en C++

Le langage C++ est plus ancien que Java et VB.NET. Il n'en est pas moins puissant, bien au contraire, dans l'écriture de classes ou de par sa vitesse d'exécution. Tout comme la classe Date, la classe Date-Historique est définie dans deux fichiers : DateHistorique.h et DateHistorique.cpp.

```
// le fichier d'en-tête : DateHistorique.h
#ifndef _DATEH_
#define _DATEH_
#include "Date.h"
class DateHistorique:public Date {
```

```
private:
    std::string description;

// Constructeurs
DateHistorique ();
DateHistorique (int jour,int mois,int an, std::string ch);
DateHistorique (DateHistorique * paramDate);

// Destructeur
~DateHistorique();

// les méthodes appelées accesseurs
int getJour( ) const ;
int getMois( ) const ;
int getAnnee( ) const ;

std::string getDescription( ) const ;
void setDescription(std::string ch) ;

// les méthodes d'affichage
std::string dateEnChaine ( ) const ;

// les méthodes de Test
bool estEgale(const DateHistorique)  const;

} ; // ne pas oublier le ";" à la fin de la déclaration !

#endif
```

Voici le code des méthodes dans le fichier DateHistorique.cpp :

```
#include "DateHistorique.h"
#include <cstdlib>
#include <sstream>

using namespace std;

DateHistorique::DateHistorique():Date() {   // entre le ":" et le "{", c'est le super
    description = std::string();
}

DateHistorique::DateHistorique(int j, int m, int a, std::string d):Date(j, m, a){
    description = std::string(d);
}

DateHistorique::DateHistorique(DateHistorique * d){
    DateHistorique(d->getJour(), d->getMois(), d->getAnnee(),
                   std::string(d->getDescription()) );
}

std::string DateHistorique::getDescription() const {
    return description;
}

void DateHistorique::setDescription(std::string  d) {
```

```
        this->description = std::string(d);
    }

    // les autres méthodes

    std::string DateHistorique::dateEnChaine() const{
        std::ostringstream oss;
        oss << dateEnChaine() << " : "<< description ;
        std::string resultat(oss.str());
        return(resultat);
    }

    bool DateHistorique::estEgale(DateHistorique DateParam) const {
        return (getJour()==DateParam.getJour()
            && getMois()==DateParam.getMois()
            && getAnnee()==DateParam.getAnnee()
            && description==DateParam.description);
    }
```

L'utilisation en C++

Trouver les bonnes bibliothèques est souvent une des tâches primordiales du programmeur : en C++, utiliser stdlib (la librairie standard) est devenu un passage quasiment incontournable et rend la programmation bien plus agréable.

```
#include <cstdlib>
#include <iostream>
#include "DateHistorique.h"
#include "Date.h"

using namespace std;

int main(int argc, char *argv[])
{
    Date * d = new Date();
    cout << d->dateEnChaine() << std::endl;;
    delete(d);

    Date d1, d2, d3; // appel du constructeur par défaut 3 fois !!!
    bool b ;

    d1 = Date(18, 6, 1940); //instanciation
    d2 = Date(14, 7, 1789);

    cout << "la date d1 =" << d1.dateEnChaine() << std::endl;
    b = d1.estEgale(&d2);
    cout << "d1 egale d2 :" << b << std::endl; //c'est faux

    d3 = d2; //modifier d2 = modifier d3 : c'est la même instance
    d2.setJour(d1.getJour());
    d2.setMois(d1.getMois());
```

```
        d2.setAnnee(d1.getAnnee());

        cout << "la date d3 =" << d3.dateEnChaine() << std::endl;
        b = d1.estEgale(&d2);
        cout << "d1 egale d2 :" << b << std::endl; //c'est vrai

        DateHistorique d4(18, 6, 1940, std::string("l'appel"));
        DateHistorique d5;
        d5 = DateHistorique(&d4);
        cout << "la date d4 =" << d4.dateEnChaine() << std::endl;

        delete (&d5);

        system("PAUSE");
        return EXIT_SUCCESS;
}
```

Les tableaux et les structures type liste

Vous ne trouverez pas ici la solution à tous vos problèmes d'implémentation, ce n'est pas l'objectif. Par contre, lisez bien les extraits de code pour vous inspirer des méthodes et pensez à utiliser les bibliothèques fournies par votre langage.

Java

Voici les classes de Collection définies par les concepteurs du langage Java.

Les classes LinkedList et Vector sont souvent utilisées en Java. Il s'agit de collections faciles à appréhender et à manipuler.

La théorie	Java
Tableau	Vector, Arrays
Liste	List, ArrayList, LinkedList, SortedList
Pile	Stack, Queue
Table de hachage (association)	Map, HashMap, TreeMap
Les ensembles	Set, HashSet, TreeSet

Les tableaux d'objets

Voici un exemple d'utilisation de tableaux d'objets. Remarquez l'utilisation de la classe Arrays pour trier.

```
import java.io.*;
import java.util.*;

class UtiliseTableau {
```

```java
    public static void main(String[] args){

        int i, t1[], t1bis[];
        t1 = new int[3];

        t1[0] = 12;
        t1[1] = 7;
        t1[2] = 15;
        t1bis = t1;
        for (i = 0; i<=2; i++)
            System.out.println("t1[" + i + "] = " + t1[i]);

        Arrays.sort(t1);
        for (i = 0; i<=2; i++)
            System.out.println("t1[" + i + "] = " + t1[i]);

        Date t2[], t2bis[];//un tableau de Date
        t2 = new Date[3];

        t2[0] = new Date(23, 4, 2003);
        t2[1] = new Date();
        t2[2] = null;
        t2bis = t2;    //copie du tableau : pas des dates
        t2[2] = new Date(23,4,1999);
        for (i = 0; i<=2; i++)
            System.out.println("t2bis["+i+"]="+
                        t2bis[i].dateEnChaine());
    }
}
```

Les structures de type liste

L'exemple suivant implémente une classe LinkedList pour stocker des chaînes de caractères avec un parcours par itérateur.

```java
import java.util.*;

public class UtiliseLinkedList {
    public static void main(String[] args) {

        LinkedList liste1; // une liste de String
        liste1 = new LinkedList();    //instanciation

        liste1.addFirst("toto");
        liste1.addLast( "titi");
        liste1.add( 1, "tata");
        liste1.add( "tutu");
        //parcours par un itérateur
        Iterator it = liste1.listIterator();
        while(it.hasNext()){
            System.out.println(it.next());
        }
    }
}
```

Visual Basic

Utilisons les classes Collection du Framework. Voici les équivalences dans le langage VB des structures de listes étudiées dans ce manuel.

La théorie	Visual Basic 2008
Tableau	Array
Liste chaînée	ArrayList, LinkedList, SortedList
Pile	Stack, Queue
Table de hachage - Arbre	HashTable - HashSet

Les tableaux d'objets

Les tableaux sont des objets : reportez-vous à la documentation pour constater la richesse des méthodes disponibles, comme la méthode de tri classique sort. Chaque tableau peut contenir des objets. Lorsqu'un tableau est copié, les objets contenus sont les mêmes (les instances ne sont pas dupliquées). Pour dupliquer aussi les instances, il faudrait utiliser la méthode clone.

```vb
Module Module1

    Sub Main()
        'un tableau d'entiers
        Dim i, t1(3), t1bis(3) As Integer
        t1(0) = 12
        t1(1) = 7
        t1(2) = 15
        t1bis = t1
        For i = 0 To 2
            Console.WriteLine ("t1["& i &"] = "& t1(i))
        Next

        'un tableau de Date
        Dim t2(3), t2bis(3) As Date
        t2(0) = New Date(2000, 4, 23)
        t2(1) = New Date(620000000000000000)
        t2(2) = Nothing
        t2bis = t2    'copie du tableau : pas des dates
        t2(2) = New Date(1999, 4, 23)
        For Each v As Date In t2bis
            Console.WriteLine("[" & v & "] ")
        Next

        Array.Sort(t2)
        For Each v As Date In t2bis
            Console.WriteLine("[" & v & "] ")
        Next

        Console.ReadKey()
    End Sub

End Module
```

Les structures de type liste

La classe `LinkedList`, tout comme en Java, nous aide à manipuler, comme ci-dessous, une liste de chaînes de caractères :

```
Dim liste1 As LinkedList(Of String) 'une liste de String
liste1 = New LinkedList(Of String)    'instanciation
liste1.AddFirst("toto")
liste1.AddAfter(liste1.Last, "titi")
liste1.AddAfter(liste1.First, "tata")
liste1.AddAfter(liste1.Last, "tutu")
'parcours par un énumarateur
Dim custEnum As IEnumerator = liste1.GetEnumerator()
custEnum.Reset()
While custEnum.MoveNext()
    Console.WriteLine(custEnum.Current())
End While
'parcours par une boucle simple
For Each obj In liste1
    Console.WriteLine(obj)
Next
```

C++

Voyons en C++ les équivalences pour la librairie `stdlib` des structures de listes étudiées dans ce manuel.

La théorie	La librairie standard stdlib
Tableau - Liste chaînée	list, vector, deque
Pile	stack, queue, priority_queue
Arbre	map, set, multimap, multiset

Les tableaux d'objets

La bibliothèque `stdlib` permet de standardiser de nombreux outils du langage C++. Voici un exemple de tri de tableau et d'utilisation de `vector`, une classe conteneur simple à utiliser.

```
#include <cstdlib>
#include <iostream>
#include "Date.h"
#include <vector>
#include <algorithm>
```

```
using namespace std;

int main(int argc, char *argv[])
{

    //un tableau d'entiers
    int i ;
    int t1[3] ;
    int t1bis[3] ;
    t1[0] = 12;
    t1[1] = 7;
    t1[2] = 15;
    //t1bis = t1;  INTERDIT : ce ne sont pas des objets !!!
    sort(t1, t1+2); // trier des tableaux !!!
    for( i = 0 ; i<3; i++)
        cout << "t1[" << i << "] = " << t1[i] << endl;

    //un tableau de Date
    Date t2[3] ;
    Date t2bis[3] ;
    t2[0] = new Date(23, 4, 2000);
    t2[1] = new Date();
    //t2bis = t2;  'copie du tableau : IMPOSSIBLE
    t2[2] = new Date(14, 7, 1789);

    // Utilisation de la classe Vector d'entiers
    std::vector<int> v(5);
    std::vector<int> vbis(5);
    for( i = 0 ; i<3; i++)
        v[i] = t1[i];
    vbis = v; // copie de Vector !!!
    for( i = 0 ; i<3; i++)
        cout << "ex2 - vbis[" << i << "] = " << vbis[i] << endl;

    // Utilisation de la classe Vector de Date
    vector<Date> tabV(4); // création de 4 instances de Date !!!
    tabV.push_back(t2[0]);
    tabV[1] = t2[1];
    tabV.push_back(t2[2]);
    tabV.push_back(new Date(18, 6, 1940));

        vector<Date>::const_iterator cit;
        for(cit=tabV.begin(); cit!=tabV.end(); cit++)
        {
            cout << "ex3 - " << (*cit).dateEnChaine() << endl;
        }

        system("PAUSE");
        return EXIT_SUCCESS;
}
```

Les structures de type liste

Les classes `list` et `stack` sont des illustrations des outils disponibles qui évitent une réécriture des méthodes de manipulation des listes. Par contre, avoir compris la théorie sous-jacente permet de les utiliser au mieux. N'oublions pas de déclarer `#include <list>` dans les déclarations.

```
list<std::string> liste1;       //une liste de String

liste1.push_back("toto");    // à la fin
liste1.push_front("titi");   // au début
liste1.insert(++liste1.begin(),"tata");   //2ème élément
liste1.push_back("tutu");

list<std::string>::iterator iter;

for(iter=liste1.begin(); iter != liste1.end(); ++iter)
    cout << *iter << " ";
cout << endl;
```

Les tableaux associatifs

Java

La classe HashMap

Une table de hachage est définie dans la librairie `java.util`. Voici un exemple très simple d'utilisation. Notez que la relation est établie entre deux objets, ici `Integer` et `String`.

```
import java.util.*;

class Hachage {
  public static void main(String[] args) {

    HashMap maTableHachage = new HashMap();

    maTableHachage.put(new Integer(40), "toto");
    maTableHachage.put(new Integer(8000), "titi");
    maTableHachage.put(new Integer(500), "tata");
    maTableHachage.put(new Integer(9), "tutu");
    System.out.println(maTableHachage);
  }
}
```

Visual Basic

La classe Hashtable

Voici un exemple simple montrant comment associer une valeur entière à un objet : c'est une sorte de dictionnaire avec des associations.

```
Sub Main()
    Dim maTable As Hashtable
    maTable = New Hashtable

    maTable.Add(10, New Date(2000, 4, 23))
    maTable.Add(2000, New Date(1800, 7, 4))
    maTable.Add(2500, New Date(2000, 1, 1))
    maTable(2501) = New Date(2005, 5, 5)

    maTable.Remove(2500)

    Dim entree As DictionaryEntry
    For Each entree In maTable
        Console.WriteLine("ID: " & entree.Key
                        & ", Valeur: " & entree.Value)
    Next entree

    Dim ID As Object
    For Each ID In maTable.Keys
        Console.WriteLine("ID: " & ID)
    Next ID

    Console.ReadKey()

End Sub
```

C++

Utilisation de l'objet *map* de la librairie standard

L'exemple ci-dessous montre une utilisation de la classe map avec des tables de hachage entre entiers et dates ou chaînes de caractères. Notez que les conditions de cet algorithme peuvent encore être améliorées.

```
#include <iostream>
#include <iterator>
#include <map>  // pour std::map
#include <string>  // pour std::string
#include <cstdlib>
#include "Date.h"

using namespace std;

int main(int argc, char *argv[])
```

```
{
    std::map<int, Date> maTable;
    Date * d1 = new Date (1,1,3333);

    // soit on crée une paire d'association int<->Date
    maTable.insert(make_pair(100, d1));
    maTable.insert(make_pair(2000, new Date(23,4,2000)));
      // soit on écrit directement : appel du constructeur par défaut de Date
    maTable[2002] = new Date(4,7,1800);
    maTable[2500] = Date(1,1,2000);
    maTable[2501] = Date(5,5,2005);
    cout << "acces immediat : " << maTable[2500].dateEnChaine() << std::endl;
    maTable.erase(maTable.begin());

    map<int, Date>::iterator it = maTable.begin();
    for(it=maTable.begin();it!=maTable.end();it++){
        cout << " liste = ID=" << it->first << " valeur=" << (*it).second.dateEnChaine()
        << std::endl;
    }

    std::map<std::string,int> maTable2;
    maTable2["dupond"]=1;
    maTable2["durant"]=2;
    maTable2["dupuis"]=3;

    std::map<std::string,int>::const_iterator mit(maTable2.find("dupuis")); //on cherche "dupuis" dans la map !

    std::map<std::string,int>::const_iterator fin(maTable2.end());
    if(mit!=fin){
        std::cout << std::endl << "trouve ! ID=" << mit->first << " valeur=" << mit->second
        << std::endl;
    }else{
        std::cout << "pas trouve !" << std::endl;
    }

    // itérateur sur le début de la map
    map<std::string, int>::iterator debut = maTable2.begin();
    std::advance(debut, 1);              // l'élément numéro 1 de la map

    std::string Mot ;
    Mot = debut->first;       // ce qui est pointé par l'itérateur
    std::cout << Mot <<std::endl;
    system("PAUSE");
    return EXIT_SUCCESS;
}
```

Première approche graphique

Pourquoi aborder un aspect graphique dans un manuel théorique de programmation ? Premièrement, le programmeur aime visualiser le résultat de son travail. Deuxièmement, utiliser des classes graphiques (fenêtres, boutons...), c'est avant tout utiliser des classes comme nous l'avons fait tout au long de ce manuel : instancier l'objet et le manipuler à travers les propriétés et méthodes disponibles. C'est un exercice simple et très gratifiant.

Java

Une fenêtre simple

Utilisons la librairie Swing pour afficher une fenêtre JFrame en Java.

```java
import javax.swing.*;

public class FenetreJava {
    public static void main(String[] args) {
        JFrame maFenetre = new JFrame("Bonjour!");
        maFenetre.setDefaultCloseOperation(JFrame.DISPOSE_ON_CLOSE);
        maFenetre.getContentPane().add((new JLabel("dedans")));
        maFenetre.pack();
        maFenetre.setVisible(true);
        maFenetre.setSize(200,200);
    }
}
```

Visual Basic

Une fenêtre et une barre de progression

Cet algorithme permet d'afficher une fenêtre contenant une barre de défilement. Dans l'outil de développement graphique Visual Basic 2008, vous prendrez soin de définir un nouvel objet window que vous nommerez maFenetre, dans laquelle vous aurez dessiné une ProgressBar.

```vb
Module Module1

    Sub Main()
        Dim frm As New maFenetre      'on instancie la fenêtre
        frm.TopMost = True' une propriété de la fenêtre
```

```
            frm.Show()
            frm.Focus()
            For i = 1 To 10
                Console.ReadKey()
                frm.ProgressBar1.Increment(10)
            Next
        End Sub

    End Module
```

C++

En C++, il n'existe pas une unique librairie graphique standardisée : c'est un langage beaucoup moins centralisé que Java ou VB.NET. Je vous encourage à chercher la bibliothèque graphique qui vous convient le mieux. Citons parmi les plus connues : WxWidgets, QT ou celles proposées dans Visual…

Je vous laisse le soin de télécharger les exemples de ce chapitre sur l'extension Web du livre sur le site http://www.editions-eyrolles.com.

Annexes

ANNEXE 1

Approche procédurale
– approche objet

Ce manuel aborde les fonctions et les objets. Les lignes de code écrites ne suffisent pas pour les distinguer : en effet, dans les deux cas il faudra utiliser des variables, des conditionnelles, des boucles et des tableaux... La différence se situe au niveau de la conception :

- L'approche procédurale aborde le problème pour y trouver les variables et les traitements qui le décrivent.
- L'approche objet aborde le problème pour y trouver les objets qui le constituent.

L'approche procédurale

Dans une approche procédurale, un programme est l'assemblage de bibliothèques de fonctions et de variables.

Définition

Approche procédurale

L'approche procédurale, appelée aussi approche fonctionnelle ou approche traitement, est définie par une conception reposant sur la recherche des variables et des traitements constitutifs de l'application.

L'approche objet

Dans une approche objet, un programme est l'assemblage de bibliothèques d'objets.

> **Définition**
>
> **Approche objet**
>
> L'approche objet est définie par une conception basée sur la recherche des objets (et de leur actions) constitutifs de l'application.

Un exemple : le jeu de cartes

Prenons l'exemple d'un jeu de cartes déjà abordé en exercices corrigés au chapitre 3 et au chapitre 5. Il faut mélanger un jeu de 32 cartes.

L'analyse et le codage de ce jeu sont différents, mais le programme est identique pour son utilisateur final.

L'approche procédurale

L'approche procédurale verra le jeu comme un ensemble de données et de traitements.

Les données sont constituées par des cartes stockées dans un tableau :

```
jeu: tableau[] d'entiers
```

Les traitements permettent d'initialiser, de manipuler et d'afficher les données.

```
fonction initialiser(nbCartes: entier): tableau[] d'entier
```

et

```
fonction melanger(jeu: tableau[] d'entier, nbCartes: entier)
        : tableau[] d'entiers
```

et

```
fonction afficher(): vide
```

Chaque carte est identifiée par une valeur et une couleur. Il est utile de créer des fonctions qui retournent ces informations selon l'élément du tableau passé en paramètre.

```
fonction getCouleur(carte: entier): entier
```

et

```
fonction getValeur(carte: entier): entier
```

Présentons également l'algorithme appelant ces éléments introduits par la conception.

```
algorithme jeu-de-Cartes
```

L'approche objet

L'approche objet suppose de se poser une question : quels sont les objets que mon programme manipule ? La réponse est simple : les cartes et le jeu de cartes.

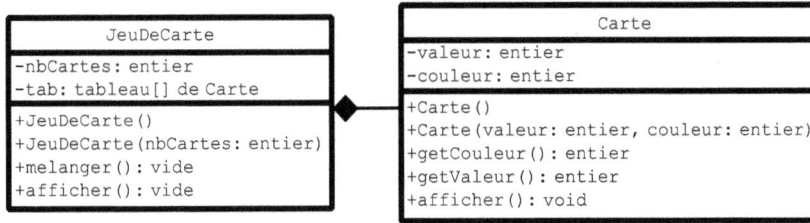

Figure A1-1

La conception des classes.

Pour visualiser les algorithmes des différentes méthodes, reportez-vous à l'exercice correspondant du chapitre 5.

L'algorithme permettant de résoudre le problème doit utiliser les classes JeuDeCarte et Carte.

    algorithme jeu-de-Cartes

Comparaison des deux conceptions

Similitudes

Les deux approches utilisent les mêmes données de bases : un tableau pour stocker les cartes et un entier représentant le nombre de cartes.

On retrouve avec les fonctions leurs homologues dans les méthodes.

Les fonctions	Les méthodes
fonction initialiser(nbCartes: entier): tableau[] d'entiers	Les constructeurs
fonction melanger(jeu: tableau[] d'entiers, nbCartes: entier): tableau[] d'entiers	Méthode melanger() de la classe JeuDeCarte
fonction getCouleur(carte: entier): entier fonction getValeur(carte: entier): entier	Les accesseurs de la classe Carte
fonction afficher()	Les méthodes afficher()

Mis à part la manière d'accéder aux variables, les deux algorithmes pour mélanger les cartes sont identiques.

Différences

Les différences ne sont pas réellement dans les lignes de programmes écrites mais dans leur utilisation et les évolutions futures de l'application.

La conception objet permet de mieux séparer les éléments utilisés en encapsulant (en cachant) les attributs et les méthodes inutiles à leur utilisation. Pour le programmeur désirant simplement utiliser une carte, il est inutile de savoir comment celle-ci est conçue.

L'évolution future du programme est simplifiée si les objets sont bien identifiés.

- Ajouter par exemple une nouvelle carte comme le joker devient plus facile : il suffit de modifier le classe `Carte` ou de créer par héritage (ou non) une nouvelle classe.
- Ajouter ou modifier une méthode ne changera que la classe modifiée.

Notons que la conception fonctionnelle peut également fournir les avantages de la conception objet à la condition qu'elle soit faite dans un environnement aussi rigoureux : en englobant les fonctions semblables dans des bibliothèques particulières avec des structures de données adéquates. La notion d'objet est d'ailleurs issue de cette pratique.

Néanmoins, l'approche procédurale ne pourra pas faire profiter des facilités de conception telles que l'héritage ou les classes abstraites…

ANNEXE 2

Méthodes d'écriture d'un programme

Avant d'écrire un programme, il est nécessaire d'y avoir réfléchi : un crayon et une feuille de papier sont alors des outils indispensables. Ensuite, il faut passer sur une machine, choisir son matériel et respecter certaines règles. Ce chapitre cherche à vous donner des méthodes simples à suivre dans l'écriture de vos programmes. Cette liste est issue des erreurs que j'ai pu constater ou commettre : vous gagnerez certainement du temps en suivant ces conseils.

La méthode de travail

La méthode de travail utilisée dépend de l'ampleur de la tâche. Ne pensez pas aborder un TP de 2 heures avec la même approche qu'un développement nécessitant plusieurs mois de travail.

L'analyse du cahier des charges

Il est conseillé de connaître son objectif avant d'essayer d'y répondre. Pour les problèmes ayant un cahier des charges, vous devrez l'analyser : comprendre les objectifs, dénombrer les notions abordées, supprimer les synonymes pour faire le dictionnaire des données.

Pour les petits problèmes à réaliser en peu de temps, l'analyse est souvent confondue avec la conception.

La conception de l'application

Vous connaissez maintenant vos objectifs, il faut concevoir les outils qui vous permettront d'y arriver.

Quels sont les nouveaux objets à introduire, avec quels attributs, avec quelles interfaces ? Comment les objets sont-ils reliés ? Autant de questions auxquelles il faut répondre sur papier.

Cette phase est malheureusement trop souvent réalisée pendant la programmation.

La programmation

La programmation est déjà suffisamment complexe, il faut donc veiller à ne pas la mélanger avec la phase de conception. En effet, avant d'aborder la programmation, vous devez savoir exactement ce que vous voulez programmer : la classe avec ses attributs et ses méthodes doit être totalement connue.

> La programmation peut être réalisée par quelqu'un qui n'a pas fait la conception.

Pour des raisons techniques, vous aurez peut-être besoin d'introduire une nouvelle méthode privée qui n'aura pas été prévue lors de la conception.

Au cours de la programmation, il est indispensable d'avoir un papier et un crayon. Faites des schémas, même (et surtout) s'ils sont très simples !

Respectez les règles pour écrire une boucle et respectez la présentation : un programme mal présenté est un programme illisible et incompréhensible, même par son créateur.

Une règle bien utile : vous devez à tout moment pouvoir exécuter ce que vous avez écrit, en commentant la partie (ou la méthode) sur laquelle vous êtes en train de travailler.

> Vous devez tester votre programme au fur et à mesure.

Les tests

Les tests valident de manière systématique l'ensemble d'un programme. Ils doivent être réalisés en parallèle de la programmation et non à la fin comme c'est trop souvent le cas. Beaucoup de programmeurs écrivent trois pages de code sans rien tester, ce qui se traduit par une phase de correction très lourde.

Le programme de test

Le programme de test est généralement délaissé, ou tout au moins incomplet. Prenons deux exemples, celui d'un algorithme et celui d'une méthode, et écrivons pour chacun le programme de test adapté.

Je vous conseille de joindre le résultat de vos tests à la fin de votre algorithme, en commentaires. Un test doit « passer » par toutes les lignes de votre programme.

Tester un algorithme

Reprenons le premier exemple avec une conditionnelle du chapitre 2 : l'algorithme `Max-de-deux-entiers`. Il faut tester trois séries de nombres, par exemple {4 ; 5} et {5 ; 4}, et deux nombres identiques {5 ; 5} pour obtenir respectivement les résultats 5, 5 et 5.

Tester une méthode

Reprenons une méthode de la classe Date du chapitre 5 : estBissextile. Il faut tester toutes les dates possibles.

```
algorithme algorithme-de-test
variables: b: booléen;
Debut
    b ← (new Date(1,1,2000)).estBissextile();    // Vrai
    b ← (new Date(1,1,1900)).estBissextile();    // Faux
    b ← (new Date(1,1,2001)).estBissextile();    // Faux
    b ← (new Date(1,1,1996)).estBissextile();    // Vrai
Fin
```

Ne prévoyez pas de saisie (les valeurs sont déjà dans le programme de test) ni d'affichage autres que les résultats pour votre test.

L'interface graphique

L'aspect graphique de la conception ou de la programmation n'a pas été abordé dans cet ouvrage. En effet, il est plus difficile de se dégager du langage utilisé.

Une bonne approche pour concevoir une IHM (Interface homme-machine) cohérente est de la séparer du code. Pour cela, je vous conseille d'écrire vos classes sans penser à l'IHM, en fournissant simplement les méthodes utiles à la résolution du problème.

Ensuite vous pourrez concevoir l'IHM qui appellera simplement les classes métier déjà implémentées. Pour cela, étudiez la méthode de conception Modèle-Vue-Contrôleur qui sépare l'IHM en trois entités

- un modèle (les classes métier, le modèle de données) ;
- une vue (les fenêtres, les boutons) ;
- un contrôleur (gestion des événements).

Les bases de données

Les structures de données permettent d'utiliser des données en cours d'exécution. Mais quel est donc le lien avec les bases de données ? La réponse tient en un seul mot, la persistance.

Définition

La persistance

La persistance d'une donnée est sa caractéristique à être conservée dans le temps.

Si vous désirez que vos données ne soient pas perdues à la fin du programme, ou lorsque la machine s'éteint (volontairement ou accidentellement), vous devez les rendre persistantes.

La solution consiste à sauvegarder vos données dans des fichiers directement ou indirectement grâce à une base de données.

Chaque langage propose des paquetages spécifiques à la gestion des fichiers et à l'accès aux bases de données. Il est hors de propos dans cet ouvrage de développer plus avant cette voie que je vous encourage à explorer.

ANNEXE 3

Du langage algorithmique vers les langages Java, C++ et Visual Basic

Ce manuel s'adresse à tous les étudiants débutant en programmation. Les langages pour introduire ces notions changent bien souvent d'un enseignant à l'autre, mais les objectifs demeurent les mêmes. Pour adapter les notions introduites en langage algorithmique au langage Java, C++ ou Visual Basic, il est nécessaire de pouvoir passer simplement de l'un à l'autre. Cette annexe présente de manière concise le lien entre ces différents langages.

Bien sûr, l'ensemble de ces instructions est repris sur l'extension Web de l'ouvrage : d'autres langages pourraient être ajoutés en fonction de vos demandes.

Algorithmes et Java

Structure générale d'un programme

Commençons par visualiser les types de base :

Langage algorithmique	entier	réel	booléen	Vrai	Faux	Chaîne
Langage Java	int	double	boolean	true	false	String

La structure d'un programme :

<table>
<tr><th>Langage algorithmique</th><th>Langage Java</th></tr>
</table>

```
                                  class FrancEuro
                                  {
Algorithme franc-euro               public static void main(String[] args)
variables: franc, euro: réel;       {
Debut                                 double franc, euro;
        franc ← 100;
        euro ← franc / 6.56;          franc = 100;
        ecrire (euro);                euro = franc / 6.56;
Fin                                   System.out.println("euro: "+euro);
                                    }
                                  }
```

Structures de contrôle

Les structures de contrôle sont très semblables.

<table>
<tr><th>Langage algorithmique</th><th>Langage Java</th></tr>
</table>

```
si (x > y) alors                  if (x > y)
{                                 {
    max ← x;                          max = x;
}                                 }
sinon                             else
{                                 {
    max ← y;                          max = y;
}                                 }


compteur ← 1;                     compteur = 1;
tant_que (compteur ≤ 5) faire     while (compteur <= 5)
Debut                             {
    ecrire (compteur);                System.out.print(compteur);
    compteur ← compteur + 1;          compteur = compteur + 1;
Fin                               }
```

Les opérations usuelles :

Langage algorithmique	=	≠	≥	<	>	≤	ET	OU	DIV	MOD
Langage Java	==	!=	>=	<	>	<=	&&	||	/	%

Fonctions utiles

Les fonctions sous Java sont définies par des méthodes `static`.

Langage algorithmique	Langage Java

`variables:`
 	
  `nb: entier;`
  `resultat: réel;`
`Debut`
  `nb ← hasard(6);` // affecte une valeur entre 0 et 5
  `resultat ← racineCarree(nb);` // la racine carrée
  `nb ← valeurAbsolue(nb);` // la valeur absolue
 	
`Fin`
	`import java.lang.Math;` // à mettre au début du fichier
	(... entete du programme...)
	`{`
	  `int nb;`
	  `double resultat;`
	  // Math.random() renvoie un 'double' entre 0 et 0.9999...
	  `nb = (int) (Math.random() × 6);`
	  `resultat = Math.sqrt();` // la racine carrée (square root)
	  `resultat = Math.abs(nb);` // la valeur absolue
	`}`

Les tableaux

Concernant la gestion des tableaux, le langage algorithmique est fortement inspiré du langage Java.

Langage algorithmique	Langage Java

`variables:`
  `tab: tableau[] d'entiers;`
`Debut`
  `tab ← new entier[5];`
  `tab[0] ← 14;`
`Fin`
	`int tab[];`
	
	`tab = new int[5];`
	`tab[0] = 14;`

La classe

Définition d'une classe

Langage algorithmique	Langage Java

classe MaClasse
 	
Debut
 	
Attributs :
 	
    nombre: entier;   // attribut
 	
Constructeurs :
 	
    MaClasse()   // le constructeur
      Debut
        // instructions ...
      Fin
 	
Méthodes :
 	
    methode1(): entier
      variables:
      Debut
      // instruction..
      Fin
 	
Fin
	class MaClasse {
	
	    int nombre; // attribut
	
	    public MaClasse()
	
	    { // le constructeur
	
	      // ...instructions
	
	    }
	
	    int methode1()
	
	    { // une méthode
	
	      //...les variables locales
	
	      //...instructions
	
	    }
	
	}

Utilisation d'une classe

Langage algorithmique	Langage Java

Algorithme: utilise-MaClasse
 	
Variables:
    instance: MaClasse;
 	
    nb: entier;
 	
Debut
 	
    instance ← new MaClasse();
 	
    nb ← instance.methode1();
 	
Fin
	class UtiliseMaClasse
	
	{
	
	  public static void **main**(String[] args)
	
	  {
	    int nb;
	    MaClasse instance;
	
	    instance = new MaClasse();
	
	    nb = instance.methode1();
	
	  }
	
	}

Héritage

Langage algorithmique	Langage Java
classe MaClasse **spécialise** ClassMere	class MaClasse **extends** ClassMere
Debut	{
Fin	}

Algorithmes et C++

Le langage C++ reste un des langages les plus rapides à l'exécution. La multitude de compilateurs et de bibliothèques le rendent moins générique. Le programmeur doit maîtriser la notion de pointeur et faire lui-même l'effacement des instances non utilisées (il faut faire le ménage !) : cela rend le langage C++ peut-être un peu plus difficile.

Structure générale d'un programme

Commençons par visualiser les types de base. Nous utiliserons la classe std::string de la librairie standard.

Langage algorithmique	entier	réel	booléen	Vrai	Faux	Chaîne
Langage C++	int	double	int	1	0	std ::string

La structure d'un programme :

Langage algorithmique	Langage C++

Algorithme franc-euro
variables: franc, euro: réel;
Debut
    franc ← 100;
    euro ← franc / 6.56;
    ecrire (euro);
Fin
	main()
	{
	    double franc, euro;
	    franc = 100;
	    euro = franc / 6.56;
	    cout << "euro: " << euro;
	}

Structures de contrôle

Les structures de contrôle sont très semblables.

Langage algorithmique	Langage C++
`si (x > y) alors`	`if (x > y)`
`{`	`{`
`    max ← x;`	`    max = x;`
`}`	`}`
`sinon`	`else`
`{`	`{`
`    max ← y;`	`    max = y;`
`}`	`}`
`compteur ← 1;`	`compteur = 1;`
`tant_que (compteur ≤ 5) faire`	`while (compteur <= 5)`
`Debut`	`{`
`    ecrire (compteur);`	`    cout << compteur << endl ;`
`    compteur ← compteur + 1;`	`    compteur = compteur + 1;`
`Fin`	`}`

Les opérations usuelles :

Langage algorithmique	=	≠	≥	<	>	≤	ET	OU	DIV	MOD
Langage C++	==	!=	>=	<	>	<=	&&	||	/	%

Fonctions utiles

Les fonctions en C++ sont définies dans des bibliothèques.

Langage algorithmique	Langage C++
	```#include <cstdlib>```
	```#include <iostream>```
	```#include <cmath>``` // pour sqrt() et abs()
	```using namespace std;```

variables:
   nb: entier;
   resultat: réel;
	```main ()```

	```{```
Debut	```int nb;```
	```double resultat;```
nb ← hasard(6);	```srand((unsigned) time(NULL));```
// affecte une valeur entre 0 et 5 resultat ← racineCarree(nb);	```nb = (int)(6.0 * rand()/(RAND_MAX+1.0));```
	```resultat = sqrt(nb);```
// la racine carrée nb ← valeurAbsolue(nb);	// la racine carrée (square root)
// la valeur absolue	```resultat = abs(nb);```
Fin	```cout << resultat << " et " << nb;```
	```}```

Les tableaux

Voici une déclaration d'un tableau d'entiers en C++.

Langage algorithmique	Langage C++
Variables:	
tab: tableau[] d'entiers;	```{```
Debut	```int tab[5];```
tab ← new entier[5];	```tab[0] = 14;```
tab[0] ← 14;	```}```
Fin	

La classe

Définition d'une classe

Langage algorithmique	Langage C++
| | ```
class MaClasse {
public :
``` |
`classe MaClasse`	`    int nombre;` // attribut
`Debut`	`    MaClasse(void)` // le constructeur
`Attributs :`	`    {`
`    nombre: entier;` // attribut	`        // ...instructions`
`Constructeurs :`	`    }`

`    MaClasse()` // le constructeur
`        Debut`
`            // instructions...`
`        Fin`
	`    ~MaClasse(void)` // le destructeur
	`    {`
	`        // ...instructions`
	`    }`

`Méthodes :`	`    int methode1(void)`

`    methode1(): entier`
`        variables:`
`        Debut`
`        // instruction...`
`            Fin`
	`    {` // une méthode
	`        //...les variables locales`
	`        //...instructions`
	`    }`

`Fin`	`}`

Utilisation d'une classe

Une classe peut s'utiliser de deux manières différentes : statiquement ou dynamiquement.

Dans les appels dynamiques, une notion plus délicate du langage C++ consiste à nettoyer explicitement la mémoire pour détruire une instance d'objet. Dans un premier temps, une bonne méthode consiste à vérifier qu'il y a le même nombre d'opérateurs new et d'opérateurs delete dans le programme.
```

Langage algorithmique	Langage C++
| | ```
main ()

{
    int nb;


// utilisation statique
    MaClasse instance1;  // l'objet est créé !
    nb = instance1.methode1();      // appel de la méthode


// utilisation dynamique
    MaClasse * instance2;        // définition de la variable
    instance2 = new MaClasse();
    // l'objet est créé !
    nb = instance2 -> methode1(); // appel de la méthode
    delete(instance2);
    // l'objet est détruit !

}
``` |

Dans la colonne de gauche (langage algorithmique) :

```
variables:
    instance: MaClasse;
    nb: entier;
Debut
    instance ← new MaClasse();
    nb ← instance.methode1();
Fin
```

Héritage

Langage algorithmique	Langage C++
`classe MaClasse specialise ClassMere`	`class MaClasse: public ClassMere`
`Debut`	`{`
`Fin`	`}`

Algorithmes et Visual Basic

Le langage Visual Basic vous permettra de définir et d'utiliser des classes.

Structure générale d'un programme

Commençons par visualiser les types de base. Nous utiliserons la classe `String` de la librairie standard. N'hésitez jamais à consulter l'aide ou Internet pour trouver la fonction ou la classe que vous cherchez. Avec un peu d'expérience et par analogie, les recherches deviennent plus rapides.

Langage algorithmique	entier	réel	booléen	Vrai	Faux	Chaîne
Langage Visual Basic	Integer	Double	Boolean	True	False	String
```

La structure d'un programme :

Langage algorithmique	Langage Visual Basic
| ```
Algorithme franc-euro
variables: franc, euro: réel;
Debut
        franc ← 100;
        euro ← franc / 6.56;
        ecrire (euro);
Fin
``` | ```
Module Module1
    Sub Main()
        Dim franc, euro As Double
        Franc = 100
        Euro = franc / 6.56
        Console.WriteLine(" " & euro)
    End Sub
End Module
``` |

Structures de contrôle

Les structures de contrôle sont assez proches.

Langage algorithmique	Langage Visual Basic
| ```
si (x > y) alors
{
    max ← x;
}
sinon
{
    max ← y;
}
compteur ← 1;
tant_que (compteur ≤ 5) faire
Debut
    ecrire (compteur);
    compteur ← compteur + 1;
Fin
``` | ```
If (x > y) Then
    max = x
Else
    max = y
End If
compteur = 1
Do While (compteur <= 5)
    Console.WriteLine(" " & compteur )
    compteur = compteur + 1
Loop
``` |

Les opérations usuelles :

Langage algorithmique	=	≠	≥	<	>	≤	ET	OU	DIV	MOD
Langage Visual Basic	=	<>	>=	<	>	<=	And	Or	\	Mod

Fonctions utiles

Les fonctions sous Visual Basic sont accessibles directement dans des bibliothèques.

Langage algorithmique	Langage Visual Basic

`variables:`
`    nb: entier;`
`    resultat: réel;`
 	
`Debut`
 	
`    nb ← hasard(6);`
 	
`    // affecte une valeur entre 0 et 5`
`  resultat ← racineCarre(nb);`
 	
`    // la racine carrée`
`  nb ← valeurAbsolue(nb);`
 	
`    // la valeur absolue`
 	
`Fin`
	`Dim nb As Integer`
	
	`Dim resultat As Double`
	
	`nb = random.Next(6)`
	
	`resultat = Sqrt(nb)`
	
	`nb = Abs(nb)`

Les tableaux

Vous pouvez tout à fait définir des tableaux d'objets en Visual Basic.

Langage algorithmique	Langage Visual Basic

`Variables:`
 	
`  nb: entier;`
 	
`  resultat: réel;`
`Debut`
`  nb ← hasard(6);` // affecte une valeur entre 0 et 5
 	
`  resultat ← racineCarree(nb);` // la racine carrée
 	
`  nb ← valeurAbsolue(nb);` // la valeur absolue
`Fin`
	`Dim nb As Integer`
	`Dim resultat As Double`
	
	`nb = random.Next(6)`
	`resultat = Sqrt(nb)`
	`nb = Abs(nb)`

La classe

Définition d'une classe

Langage algorithmique	Langage Visual Basic

```
classe MaClasse

Debut

Attributs :

    nombre: entier;   // attribut

Constructeurs :

    MaClasse()   // le constructeur
        Debut
          nombre ← 1// instructions ...
        Fin

Methodes :

    methode1(): entier
        variables:
        Debut
        // instruction..
        Fin


Fin
```

```vbnet
Public Class MaClasse

    'attributs privés

    Private nombre  As Integer


    Sub New()     'constructeur

        Me.nombre = 1

    End Sub

    Public Function methode1() As Integer

        …

        Return jour

    End Function

End Class
```

Utilisation d'une classe

L'utilisation d'une classe en Visual Basic est très proche de celle du langage algorithmique.

Langage algorithmique	Langage Visual Basic

```
variables:
    instance: MaClasse;

    nb: entier;
Debut

    instance ← new MaClasse();

    nb ← instance.methode1();

Fin
```

```vbnet
Module Module1

    Sub Main()

        Dim instance As MaClasse

        Dim nb As Integer

        instance = New MaClasse ()        'instanciation

        nb = instance.methode1()

    End Sub

End Module
```

Héritage

Langage algorithmique	Langage Visual Basic

```
classe MaClasse spécialise ClassMere

Debut

Fin
```

```vbnet
Public Class MaClasse

    Inherits ClassMere

End Class
```

Index

www.ingramcontent.com/pod-product-compliance
Lightning Source LLC
Chambersburg PA
CBHW080514220326
41599CB00032B/6073